国家林业和草原局普通高等教育"十三五"规划教材
热带作物系列教材

咖啡加工学

陈治华　主编

中国林业出版社

内 容 简 介

本书是应农学(热带作物方向)和涉及热带农产品加工等专业必修课和选修课教学需要编写。本书以咖啡加工基本原理为主要线索，系统介绍咖啡加工理论基础、咖啡初加工、咖啡深加工、咖啡加工的质量评价、咖啡产品及咖啡副产物开发利用等内容。全书共4篇13章。

本书编写内容体现了应用型本科专业发展要求，具有较强的针对性、实用性和可操作性。本书不仅适用于热带地区高等院校涉农和农产品加工专业本科生、函授生和咖啡产品质量检验人员，还可供相关方面的从业人员和科技工作者使用。

图书在版编目(CIP)数据

咖啡加工学 / 陈治华主编. —北京：中国林业出版社，2020.10(2025.1重印)
国家林业和草原局普通高等教育"十三五"规划教材
热带作物系列教材
ISBN 978-7-5219-0841-1

Ⅰ. ①咖… Ⅱ. ①陈… Ⅲ. ①咖啡–食品加工–高等学校–教材 Ⅳ. ①TS273.4

中国版本图书馆CIP数据核字(2020)第193377号

中国林业出版社·教育分社

策划编辑：高红岩	责任编辑：高红岩　李树梅	责任校对：苏　梅
电　话：(010)83143554	传　真：(010)83143516	
E-mail: jiaocaipublic@163.com		

出版发行　中国林业出版社(100009　北京市西城区德内大街刘海胡同7号)
　　　　　电话：(010)83143500
　　　　　http://www.forestry.gov.cn/lycb.html
经　　销　新华书店
印　　刷　北京中科印刷有限公司
版　　次　2020年10月第1版
印　　次　2025年1月第3次印刷
开　　本　787mm×1092mm　1/16
印　　张　13.5
字　　数　320千字
定　　价　42.00元

未经许可，不得以任何方式复制或抄袭本书之部分或全部内容。
版权所有　侵权必究

热带作物系列教材编委会

顾　　问：
　　唐　滢（云南农业大学副校长）
主任委员：
　　胡先奇（云南农业大学教务处长）
副主任委员：
　　宋国敏（云南农业大学热带作物学院党委书记）
　　李建宾（云南农业大学热带作物学院院长）
　　刘雅婷（云南农业大学教务处副处长）
　　廖国周（云南农业大学教务处副处长）
委　　员：（按姓氏笔画排序）
　　朱春梅　杜华波　李学俊　何素明　陈治华　周艳飞
　　赵维峰　袁永华　郭　芬　曹海燕　裴　丽
合作单位：
　　海南大学热带作物学院
　　中国热带农业科学院（香料饮料研究所、农产品加工研究所、橡胶研究所）
　　云南省热带作物研究所
　　云南省农业科学院热带亚热带经济作物研究所
　　云南省德宏热带农业科学研究所
　　云南省西双版纳州农垦管理局
　　西双版纳州职业技术学院
　　云南省德宏后谷咖啡有限公司

《咖啡加工学》编写人员

主　　编　陈治华
副 主 编　董文江　郭　芬　山云辉
编写人员　（按姓氏笔画排序）
　　　　　山云辉（德宏后谷咖啡有限公司）
　　　　　师　江（云南农业大学）
　　　　　陈云兰（云南农业大学）
　　　　　陈治华（云南农业大学）
　　　　　胡荣锁（中国热带农业科学院香料饮料研究所）
　　　　　郭　芬（云南农业大学）
　　　　　董文江（中国热带农业科学院香料饮料研究所）
　　　　　蒋快乐（云南农业大学）

序

热带作物是大自然赐予人类的宝贵资源之一。充分保护和利用热带作物是人类生存和发展的重要基础,对践行"绿水青山就是金山银山"有着极其重要的意义。

在我国热区面积不大,约 $48×10^4 km^2$,仅占我国国土面积的 4.6%(约占世界热区面积的 1% 左右),然而却蕴藏着极其丰富的自然资源。中华人民共和国成立以来,已形成了以天然橡胶为核心,热带粮糖油、园艺、纤维、香辛饮料作物以及南药、热带牧草、热带棕榈植物等多元发展的热带作物产业格局,优势产业带初步形成,产业体系不断完善。热带作物产业是我国重要的特色产业,在国家战略物资保障、国民经济建设、脱贫攻坚和"一带一路"建设中发挥着不可替代的作用。小作物做成了大产业,取得了令人瞩目的成就。

热带作物产业的发展,离不开相关学科专业人才的培养。20 世纪中后期,当我国的热带作物产业处于创业和建设发展时,以中国热带农业科学院(原华南热带作物科学研究院)和原华南热带农业大学为主的老一辈专家、学者,为急需专门人才的培养编写了热带作物系列教材,为我国热带作物科技人才培养和产业建设与发展做出了重大贡献。新时代热带作物产业的发展,专门人才是关键,人才培养所需教材也急需融入学科发展的新进展、新内容、新方法和新技术。

云南农业大学有一支潜心研究热带作物和热心服务热带作物人才培养的教师团队,他们主动作为,多年来在技术创新和人才培养方面发挥了积极的作用。为人才培养和广大专业工作者使用教材,服务好热带作物产业发展,在广泛调研基础上,他们联合海南大学、中国热带农业科学院等单位的一批专家、学者新编写了热带作物系列教材。对培养新时代的热带作物学科专业人才,促进热带作物产业发展,推进国家乡村振兴战略和"一带一路"建设等具有重要作用。

是以乐于为序。

朱有勇

2020 年 10 月 28 日

前言

咖啡加工学是农学(热带作物方向)和热带农产品加工等专业核心和选修课程。近年来,咖啡产业发展已经成为热带地区支柱产业,涉及咖啡生产加工技术的创新和推广应用,对教学和人才培养提出了新要求。但到目前为止,尚未找到合适的咖啡加工方面的教材。随着新工科的发展,新教材的编写显得异常迫切。

《咖啡加工学》是应农学(热带作物方向)和涉及热带农产品加工等专业人才培养需要编写的教材。本书体现并适应应用型本科专业发展方向,按相应的加工程序或方法设计学习任务,满足专业人才培养模式建设转变和教学方法改革,解决实用性教材缺乏的难题。

本书从咖啡鲜果特点入手,系统介绍了咖啡的特点、加工方法和要求。其主要特点是:第一,将内容分为基础知识和技术两大部分;第二,充分运用基础学科特别是咖啡加工学科的最新成果,使咖啡加工的学科体系更加完善;第三,考虑到现代加工理论在咖啡加工中的重要地位,重点体现咖啡现代绿色加工创新内容等。为方便教学和应用,本书内容分4篇13章。绪论主要介绍了咖啡和国内外咖啡加工现状及前景,重点阐述了咖啡物种特性、咖啡加工现状、咖啡副产物利用现状、咖啡加工工艺特点、咖啡加工发展方向及课程地位和学习要求;第1篇咖啡加工学原理(第1、2章),概述咖啡所含的主要成分和咖啡加工基础理论;第2篇咖啡初加工(第3~7章),主要介绍咖啡鲜果采收到咖啡豆精制加工的整个咖啡初加工工艺过程,重点分析咖啡黏稠度、甜感、果味、酸度等在干法加工、半湿法加工、湿法加工等工艺条件下的变化特点;第3篇咖啡深加工(第8~11章),主要介绍咖啡深加工工艺,分析咖啡深加工过程中咖啡成分变化与咖啡质量的关系;第4篇咖啡产品及副产物加工利用(第12、13章),主要包括混合型速溶咖啡的调配、常见咖啡饮品制作、咖啡冷冻制品加工、咖啡糖果加工、咖啡糕点加工以及咖啡果皮、咖啡果胶、咖啡壳、咖啡银皮和咖啡渣的加工利用等。

为配合任务驱动、行动导向教学法的实施,体现工学结合,力求理论与实践相结合,反映近期的生产发展情况,使学生能正确掌握基本概念和原理,提高分析问题和解决问题的能力,本书在每个章节给出了本章提要,为学生提炼学习重点提供依据。每章后附思考题,帮助使用者复习、应用和拓展,体现"知识、能力、素质"三位一体的知识要求。同时,本书图文并茂,层次清晰,容易学习,并邀请高校及科研单位专业人员参与编写。

本书编写由热带地区高校、科研和企业等单位从事咖啡生产加工专业人员共同完成，体现了地域代表性和老中青结合原则，编写分工如下：本书主编为云南农业大学热带作物学院陈治华，副主编为中国热带农业科学院香料饮料研究所董文江、云南农业大学热带作物学院郭芬和德宏后谷咖啡有限公司山云辉。中国热带农业科学院香料饮料研究所董文江编写绪论，第1章1.2~1.4和第2章2.2；中国热带农业科学院香料饮料研究所胡荣锁编写第1章1.1和第2章2.1；云南农业大学热带作物学院陈治华编写第3~5章，第6章6.3、6.4和第7章7.2、7.3；云南农业大学蒋快乐编写第6章6.1、6.2和第7章7.1；云南农业大学热带作物学院郭芬编写第8章8.2~8.4，第9、10章和第11章11.1~11.3；云南农业大学陈云兰编写第8章8.1和第11章11.4；德宏后谷咖啡有限公司山云辉编写第12章12.1~12.4和第13章；云南农业大学师江编写第12章12.5、12.6。

在编写过程中得到各位编委的密切配合，特此致谢。同时，参考了相关专家、学者、企业一线人员的建议，云南农业大学热带作物学院何松文参与了书中部分文字、图表的校对，一并表示谢意。

由于编者水平有限，书中难免出现不足和错误之处。敬请同行专家和读者及时将发现的问题反馈给主编和相关编写人员，以不断修改完善。

编　者

2020年5月

目录

序
前 言

绪 论 1
   0.1 咖啡概述 1
   0.2 国内外咖啡加工现状及前景 6
   0.3 学习咖啡加工学的要求 12

第 1 篇 咖啡加工学原理

第 1 章 咖啡的主要成分 15
   1.1 咖啡外果皮 15
   1.2 咖啡中果皮 16
   1.3 咖啡内果皮 16
   1.4 咖啡胚乳 17

第 2 章 咖啡加工理论基础 25
   2.1 咖啡初加工理论基础 25
   2.2 咖啡烘焙加工理论基础 26

第 2 篇 咖啡初加工

第 3 章 咖啡鲜果的预处理 37
   3.1 咖啡鲜果预处理工艺 37
   3.2 咖啡鲜果除杂分级 38
   3.3 咖啡鲜果脱皮 39
   3.4 咖啡湿豆脱胶 40

3.5 咖啡湿豆浸泡 42
3.6 咖啡湿豆清洗浮选 42

第 4 章　咖啡初加工工艺及原理　45

4.1 不同初加工对咖啡质量的影响 45
4.2 咖啡干法加工 49
4.3 咖啡湿法加工 51
4.4 咖啡半湿法加工 53
4.5 咖啡的发酵 55
4.6 湿刨处理法 59
4.7 低咖啡因处理法 60

第 5 章　咖啡湿豆干燥　63

5.1 咖啡湿豆的干燥原理 63
5.2 咖啡湿豆传统干燥 65
5.3 咖啡湿豆机械热风干燥 67

第 6 章　咖啡豆精制初加工　73

6.1 咖啡豆精制初加工工艺 73
6.2 咖啡豆的脱壳抛光 74
6.3 咖啡豆的分级 75
6.4 咖啡豆贮存 78

第 7 章　咖啡豆的质量评价　82

7.1 咖啡豆主要质量评价方法 82
7.2 咖啡豆主要质量评价指标 86
7.3 部分主产国咖啡豆的质量标准 89

第 3 篇　咖啡深加工

第 8 章　咖啡烘焙　95

8.1 咖啡豆拼配 95
8.2 咖啡深加工工艺 96
8.3 咖啡的烘焙 96

8.4 咖啡烘焙工艺 ··· 107

第9章 咖啡研磨 **112**

9.1 咖啡研磨概述 ··· 112
9.2 咖啡研磨工艺 ··· 114
9.3 咖啡的包装 ·· 116

第10章 咖啡萃取 **119**

10.1 咖啡萃取概述 ·· 119
10.2 咖啡萃取工艺 ·· 122

第11章 咖啡浓缩干燥与质量评价 **124**

11.1 咖啡浓缩 ·· 124
11.2 速溶咖啡 ·· 128
11.3 咖啡冷冻干燥 ·· 132
11.4 咖啡的质量评价 ··· 136

第4篇 咖啡产品及副产物加工利用

第12章 咖啡产品加工利用 **147**

12.1 不同主产地咖啡原料特征 ·· 147
12.2 混合型速溶咖啡的调配 ·· 151
12.3 常见咖啡饮品制作 ·· 153
12.4 咖啡冷冻制品加工 ·· 168
12.5 咖啡糖果加工 ·· 176
12.6 咖啡糕点加工 ·· 181

第13章 咖啡副产物加工利用 **186**

13.1 咖啡果皮的加工利用 ··· 186
13.2 咖啡果胶的加工利用 ··· 190
13.3 咖啡壳的加工利用 ·· 191
13.4 咖啡银皮的加工利用 ··· 193
13.5 咖啡渣的加工利用 ·· 193

参考文献 ··· 201

绪　论

【本章提要】

绪论简要介绍了国内外咖啡的发展状况，重点阐述了咖啡物种特性、咖啡加工现状、咖啡副产物加工现状、咖啡加工发展方向及课程地位和学习要求。提出了学习咖啡加工学需要具备和掌握的基础知识。

0.1　咖啡概述

咖啡原产于非洲。"咖啡"一词源自希腊语"kaweh"，意思是"力量与热情"，但咖啡这个名称被认为源自阿拉伯语"qahwah"——意为植物饮料。后来咖啡流传到世界各地，就采用其来源地"Keefa"命名，直到18世纪才正式以"coffee"命名。

咖啡、茶和可可并称世界三大无酒精饮料，咖啡的产量、消费量和经济价值均居三大饮料之首，在世界热带农业经济、国际贸易和人类生活中具有重要作用。由于咖啡含有淀粉、脂类、蛋白质、糖类、咖啡碱、绿原酸、芳香物质和天然解毒物质等多种化学成分，因而在食品、医药用品和工业上具有广泛的用途。据国际咖啡组织（International Coffee Organization，ICO）统计，截至2019年，全球共有80个国家和地区种植咖啡，其产地主要位于赤道两旁南北回归线之间的热带地区，集中于亚洲、非洲、拉丁美洲、大洋洲等热带发展中国家。

烘焙后的咖啡被磨碎，用水煮后就是我们今天喝咖啡的雏形。

0.1.1　咖啡物种

咖啡树属被子植物（Angiospermae）茜草科（Rubiaceae）。茜草科在世界上有500多属6 000多种。咖啡归于咖啡属作物（*Coffea*），是迄今为止最重要的茜草科作物（表0-1）。咖啡树自16世纪开始报道以来，就吸引了世界各地专家的关注，特别是19世纪发现了许多新物种。尽管已经发现了数百种咖啡，但专家仅研究了其中的90多种，其中25种已经得到了更广泛的研究。栽培种主要有阿拉比卡咖啡（*Coffea arabica*，俗称小粒种咖啡）、罗布斯塔咖啡（*Coffea robusta*，俗称中粒种咖啡）和利比里亚咖啡（*Coffea liberica*，俗称大粒种咖啡），前两个具有重要商业价值。

表 0-1　咖啡的植物学分类和咖啡属的一些主要物种

界	植物界
亚界	被子植物
纲	双子叶植物
亚纲	合瓣花亚纲
目	茜草目
科	茜草科
属	咖啡属
种	阿拉比卡咖啡；罗布斯塔咖啡；利比里亚咖啡；尤金尼亚艾德斯种咖啡；卡帕卡塔咖啡；康金西斯种咖啡；拉塞摩萨种咖啡；桑格巴里卡种咖啡；假桑给巴尔种咖啡；蒙斯种咖啡；思迪诺菲拉种咖啡；贝特兰迪种咖啡；佩里里种咖啡；百威种咖啡

0.1.2　咖啡形态

(1) 咖啡树形态

咖啡树的形状因种类和品种而异，通常咖啡树由一个直立的主干(树干)组成，主枝、次枝和第三枝均是侧枝。这些分枝在发育阶段称为吸盘，在最后阶段称为茎。叶子在吸盘上对生，每个叶对与下一个叶对交叉放置(图0-1)。

图 0-1　咖啡茎、叶

叶子看起来有光泽，波浪状和深绿色，有明显的脉。在每片叶子的腋中有4~6个连续的芽，在它们的正上方是一个稍大的芽，称为腋外芽；该腋下芽发育成斜生的或侧向的水平分枝。侧枝或斜生枝与主茎几乎呈直角生长。同一腋窝中没有其他芽可以长成侧向分枝，这意味着如果该分枝被切断，则在主垂直茎节上不会发生侧向再生。初级芽上的每个连续芽均可发育成花序(花)或二级分枝，其结构与初级分枝的结构相似。芽可发育成一小束浓缩的聚伞状花或高等分枝。如果次要分枝被切除或除去，则同一轴上的另一个次要分枝可以替换它，因此可以在主要分枝上再生次要分枝。根系系统包括一个主根以及侧根和小食根。

咖啡是短日植株，因此花的萌芽发生在日照8~11 h的条件下。从技术上讲，花朵是在仅稍稍硬化的1岁枝条上形成的。授粉在开花后6 h内发生，受精过程在授粉后24~48 h内完成。授粉后，果实发育为10~15 mm长的咖啡果实。

(2) 咖啡果实形态

咖啡的果实由暗绿色，历经微黄色，最后成为红色或黄色的成熟果实。成熟的咖啡鲜果形状很像樱桃。咖啡果实是浆果、簇生，多数有2粒种子，各以其平面的一边直立相连，形成扁平豆。有时种仁单粒生长，形成圆豆。偶有因多室子房或一室多胚珠而形成的3个以上种子，也有因其中一个胚珠发育不全而成单粒豆果实。果实宽1.3~1.5 cm，厚1.2~1.4 cm，长1.4~1.6 cm。果实构造(图0-2)可分为外果皮、中果皮、内果皮和种子。

 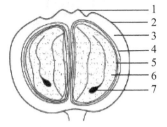 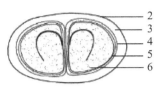

图 0-2　咖啡果实截面图
1. 果脐；2. 外果皮；3. 中果皮；4. 内果皮；5. 种皮；6. 胚乳；7. 胚

几乎所有的咖啡果实自生长不久后都是呈现出绿色的颜色，随着土壤、温度以及降水量等自然因素的作用下日渐成熟，咖啡果实表皮的颜色也慢慢地开始产生变化，通常情况下成熟的咖啡果实，其表皮的颜色多呈红色或者紫红色。但是也有成熟时果皮为金黄色的，如品种'黄波旁'，有时候也可以见到红色果皮与黄色果皮的咖啡树种的混种，即橘色果皮的品种，生产商们往往会大幅度地种植红色果皮的品种而非黄色果皮的，这样辨识咖啡果实成熟度的时候会相对容易很多，因为红色果皮的咖啡果实从生长不久后的绿色转变为黄色，再从黄色转变为红色，所以对于咖啡果实成熟度的辨识会大大提高，也方便采收。

0.1.3　咖啡主要品种

(1) 阿拉比卡咖啡

阿拉比卡咖啡（*Coffea arabica* L.），原产非洲埃塞俄比亚，为常绿灌木，可高达 6 m，叶片小而尖，长椭圆形，叶缘有波纹。咖啡因含量 1%~2%，品质香醇，具果酸味，深受各国消费者的喜爱。世界种植的咖啡 60%以上为阿拉伯种，主要分布于美洲、非洲、亚太地区，高海拔和温和的气候下生长良好。主要栽培品种有铁毕卡、波邦、卡杜拉、蒙多诺沃、卡蒂莫。部分商业栽培品种及主要特性见表 0-2 所列。

(2) 罗布斯塔咖啡

罗布斯塔咖啡（*Coffea robusta* 或 *Coffea canephora* Pierre），原产非洲刚果，为常绿灌木至小乔木，高度可达 10 m，树形开张，主干粗壮，叶片长而大，长椭圆形，叶缘有波纹。咖啡因含量 1.5%~2.5%，产量高，香味浓郁，味甘苦。主要分布于非洲、亚洲，低海拔和较温暖的气候下生长良好，抗病能力相对于阿拉比卡咖啡更高，但杯测质量相对略差，市场价值略低；其产量占全世界咖啡产量的近 40%。主要栽培品种有罗布斯塔、奎隆、乌干达以及各国选育的高产无性系，如中国热带农业科学院香料饮料研究所选育的罗布斯塔咖啡品种（8 个高产无性系 24、24-1、24-2、24-10、24-11、6、26、27），目前已在海南规模化推广种植。

(3) 利比里亚咖啡

利比里亚咖啡（*Coffea liberica*），原产非洲利比里亚，为常绿小乔木，树干粗壮，可高达 18 m，枝条粗硬，叶片椭圆或长椭圆形，革质，厚硬而有光泽，叶缘波纹不明显，果实大。咖啡因含量 1.4%~1.6%，品质浓烈，味较苦。在炎热、海拔低的气候下生长，杯测质量较差，易感疾病，市场占有率不到 1%，很少作为商业性栽培。

表 0-2 部分商业栽培品种及主要特性

种	品种	起源	主要特性
阿拉比卡咖啡	铁毕卡	也门	生长习性：半矮枝叶茂密 抗锈性：易感染 杯测质量：卓越
阿拉比卡咖啡	爪哇	印度尼西亚	生长习性：直立枝叶茂密 抗锈性：易感染 杯测质量：卓越
阿拉比卡咖啡和利比里卡咖啡之间的天然杂交品种	S795	印度	生长习性：高大直立枝叶散开 抗锈性：易感染 杯测质量：卓越
阿拉比卡咖啡	波旁	巴西	生长习性：半矮枝叶茂密 抗锈性：易感染 杯测质量：一般
卡杜拉和蒙多诺沃杂交品种	卡杜艾	巴西	生长习性：半矮枝叶茂密 抗锈性：易感染 杯测质量：好
波旁和铁毕卡杂交品种	卡蒂姆	哥伦比亚	生长习性：半矮紧凑 抗锈性：能抵抗各种锈病 杯测质量：一般
波旁和铁毕卡杂交品种	蒙多诺沃	巴西	生长习性：半矮品种 抗锈性：易感染 杯测质量：卓越
罗布斯塔咖啡	科尼伦	巴西	生长习性：高大 抗锈性：抗锈 杯测质量：低质量

0.1.4 咖啡产销现状

据联合国粮食及农业组织（FAO）统计，2019 年全球咖啡收获面积达 $1.065×10^7 hm^2$。其中，收获面积 $1×10^5 hm^2$ 以上的有巴西、印度尼西亚、科特迪瓦、哥伦比亚、埃塞俄比亚、墨西哥、越南、洪都拉斯、印度、秘鲁、乌干达、危地马拉、坦桑尼亚、尼加拉瓜、委内瑞拉、萨尔瓦多、肯尼亚和菲律宾 18 个国家，这些国家咖啡收获总面积 $9.5823×10^6 hm^2$，约占全球收获面积的 90%，其他 61 个国家约占 10%。

据美国农业部（USDA）统计，2019 年全球咖啡产量 $1.04784×10^7 t$（约 $1.747×10^8$ 袋），较上年增长 10.09%。从品种上看，2019 年阿拉比卡咖啡产量 $6.233×10^6 t$，占全球咖啡总产量的 59.48%；罗布斯塔咖啡产量 $4.2454×10^6 t$，占总产量的 40.52%；罗布斯塔咖啡主要用于加工速溶咖啡和拼配咖啡，少量利比里亚咖啡尚未纳入统计。从主产国看，咖啡总产量 $1×10^5 t$ 以上国家有 15 个，分别是巴西、越南、哥伦比亚、印度尼西亚、埃塞俄比亚、洪都拉斯、印度、乌干达、秘鲁、墨西哥、危地马拉、尼加拉瓜、中国、马来西亚和科特迪瓦，产量合计约 $9.9018×10^6$ t，占全球咖啡总产量的 94.50%，其他国家仅占 5.50%。

而据中国农业农村部统计，2019 年中国咖啡种植总面积 $1.227×10^5$ hm^2，较上年增长 2.35%，收获面积 $9.42×10^4$ hm^2，居全球第 21 位，其中云南咖啡种植面积占全国的 99.22%，海南占 0.37%。2019 年全国咖啡总产量 $1.379×10^5$ t，居全球第 13 位，其中云南产量约占全国产量的 99.45%，海南约占 0.40%，四川约占 0.15%。广东、广西、福建、贵州、西藏等省区也有少量种植未纳入统计。

我国咖啡种植面积及产量在世界排名都较后，但云南咖啡种植区地处高海拔气候温凉地区，年温差小，昼夜温差大，干湿季分明，白天有利于咖啡光合物质的形成，夜间低温有利于减少呼吸消耗，促进物质的转化、运输和积累，提高咖啡的有效成分，因而云南生产的阿拉比卡咖啡豆品质优，产品已远销西欧、美国、日本、韩国、新加坡、越南等 20 多个国家和地区。雀巢、麦斯威尔等世界著名厂商纷纷前来云南采购咖啡豆。海南万宁、澄迈等地区雨量充沛，年均气温高，非常适合罗布斯塔咖啡豆的生长，咖啡果实饱满、粒大、营养物质含量高，加工出的咖啡香味浓郁，品质好，深受消费者喜爱。

咖啡产地主要位于赤道两旁南北回归线之间的热带地区，集中于美洲、非洲、亚洲等热带发展中国家，而咖啡的消费主要在欧美等发达国家，咖啡贸易每年也为咖啡种植国带来可观的经济收入。2013—2018 年世界咖啡的消费需求量以平均 2.68% 的幅度上升。据 ICO 统计，世界咖啡主产国排名前 5 位的分别是：巴西（占世界总产量的 36.81%）、越南（占 18.24%）、哥伦比亚（占 8.11%）、印度尼西亚（占 5.51%）、埃塞俄比亚（占 4.55%）。其他主产国还有洪都拉斯、印度、乌干达、墨西哥、秘鲁和危地马拉等。咖啡主产国的产量占世界总产量的 90% 以上，2019 年咖啡主产国产量见表 0-3 所列。

表 0-3 2019 年咖啡主产国产量　　　　　　　　　　　　千袋，60 kg/袋

世界产量	巴西(A/R)	越南(R)	哥伦比亚(A)	印度尼西亚(R/A)	埃塞俄比亚(A)	洪都拉斯(A)
170 937	62 925	31 174	13 858	9 418	7 776	7 328

注：A 表示阿拉比卡咖啡，R 表示罗布斯塔咖啡。来源：ICO

巴西是世界上最大的咖啡出口国，占世界出口总额的 32.39%，越南 22.68%，哥伦比亚 9.61%，洪都拉斯 5.54%，印度尼西亚 3.68%。2019 年咖啡主要出口国及出(进)口量见表 0-4、表 0-5 所列。

表 0-4 2019 年咖啡主要出口国及出口量　　　　　　　　千袋，60 kg/袋

世界出口量	巴西	越南	哥伦比亚	洪都拉斯	印度尼西亚	乌干达	秘鲁
125 566	40 675	28 474	12 067	6 953	4 618	4 454	4 013

来源：ICO

表 0-5 世界咖啡主要进口量　　　　　　　　　　　　　千袋，60 kg/袋

年份	2013	2014	2015	2016	2017	2018
世界进口量	72 237	76 212	76 897	81 455	79 211	83 869

来源：ICO

ICO 近几年未统计各国咖啡进口量,但从过去数据可以看出欧美是主要进口国。同时,亚洲国家对咖啡的需求也正急速增长。据 USDA 估计,2014 年 9 月至 2019 年 9 月,印度尼西亚的咖啡消费量将跃增 54%,越南增长 14%,中国则增长 16%。由于新兴经济体的崛起,人员经济收入增加及饮食习惯日益西化,咖啡消费量预估将只增不减。我国咖啡进口量见表 0-6 所列。

根据 USDA 统计,2019 年中国人均咖啡消费量 13 杯/年,其中速溶咖啡占 72%,现磨咖啡占 18%,即饮咖啡占 10%,远低于美国的 261.5 杯/年。而中国香港地区和日本人均咖啡消费量也分别达到了 148.6 杯/年和 207.1 杯/年。与美、日等国家相比,目前我国咖啡消费量仍处于初期阶段,存在巨大的提升空间。

表 0-6 中国咖啡进口量　　　　千袋,60 kg/袋

年份	2012	2013	2014	2015	2016	2017	2018
中国内地	1 088	932	1 262	1 188	1 708	2 146	1 456
香港	283	273	249	298	346	403	721
澳门	26	30	28	31	33	37	48
台湾	476	557	583	667	698	851	789
合计	1 873	1 792	2 122	2 184	2 785	3 437	3 014

来源:ICO

0.2　国内外咖啡加工现状及前景

0.2.1　咖啡加工现状

咖啡加工是指从咖啡鲜果采收到咖啡产品(包括咖啡副产物)的加工利用的整个工艺过程。优质咖啡的主要特征是具有良好的感官特性,它取决于咖啡品种以及咖啡鲜果收获后的加工步骤。为了保持高质量,需要特别注意咖啡加工的各个阶段,包括咖啡鲜果的分选、干燥、烘焙、研磨、成品。不同的加工方法对咖啡质量影响较大。

(1)咖啡鲜果采收现状

咖啡鲜果采收是生产优质咖啡的重要步骤,主要有机械化、半机械化、人工手动采收。鲜果成熟度与杯测品质有着直接的关系。虽然咖啡鲜果(成熟的水果)往往会产生质量更好的饮料,未成熟和过熟的水果会产生劣质的低质量豆类,但由于同一棵咖啡树上的鲜果通常无法同时达到成熟状态,因此在大多数鲜果成熟时,可以用机械或手动采摘。

机械采摘是通过摇动树木或使用类似于柔性梳子的设备剥离树枝上的鲜果。机械采摘可以极大地节约人工,降低劳动力成本,减少采摘时间,在极短时间内完成鲜果收获。手动采摘是一个个摘取,选择性强,只采摘成熟鲜果,避免采摘未成熟、过熟和黑果等瑕疵果,保证咖啡鲜果的质量,但人工采摘时间长,人工成本高。每种采摘方式都有自己的优缺点,并不能说哪种是最好的。如果操作得当,使用两种方法都可以获得高质量的商业咖啡,但在实际操作中,采用哪种方法很大程度上取决于当地的可能性,如水的可用性、咖啡栽培的地形、劳动力成本等,这些因素很大程度上制约着采摘方式。

咖啡采摘时若操作不当会产生诸多的缺陷，对咖啡品质造成影响。外在缺陷主要是碎石、果壳、嫩枝等，在收获期间掺入到咖啡果中；内在缺陷主要是采摘时掺入未成熟果、过熟发酵果、黑果和虫害果等。具有内在缺陷的咖啡鲜果加工后往往会产生黑豆、酸豆、虫害豆等瑕疵豆，这些瑕疵豆会直接降低咖啡杯测质量。咖啡采摘后，若不及时加工，在贮存过程中也可能会造成微生物污染，尤其是产生霉菌毒素（主要是赭曲霉毒素）污染，这种污染不仅会降低咖啡杯测品质，还会损害人体健康。

（2）咖啡初加工现状

咖啡初加工最常用的方法是干法和湿法。各咖啡生产国采用的加工方式受当地种植农场条件所限略有不同，对干法和湿法加工方式都做了相当多的调整，但其基本原理是一致的。在初加工过程中，不同加工工艺会对化学成分造成很大影响。适当的技术和细节将能大大减少潜在缺陷豆的发生。咖啡豆中的水分含量对咖啡品质十分重要，过高的水分会造成细菌和霉菌的滋生。在收获期降雨往往会对咖啡干燥造成一定困难，空气干燥器能有效防雨，对确保咖啡品质十分重要。过低水分会加速咖啡老化，减少咖啡贮藏货架期。

1740年前，咖啡鲜果加工均采用干法加工。干法加工是较为原始、传统、简单的干燥方法。由于咖啡果实的含糖量很高，如果含水量也高的话，其内部还会继续进行反应，有过度发酵的危险。杯测黏稠度、甜感、果味较重，酸度低。干法加工通常用于巴西、厄瓜多尔、印度和埃塞俄比亚等国，那里阳光充沛，树枝剥离得也很彻底。干法加工生产的咖啡具有良好的醇厚度、甜度。由于干法加工用水量很少，产生的副产物较少，因此也被认为是一种环境友好的方法。

1740年，荷兰人发明了湿法加工。湿法加工通常倾向于生产更高质量的咖啡，只使用成熟鲜果，多适用于手工采摘咖啡的地方，如哥伦比亚、亚洲和中美洲。由于湿法加工咖啡品质较好，市场价值较高，巴西等产量较大国家的各农场也逐渐采用了这种方法。

湿法加工工艺相对复杂，首先将咖啡鲜果使用机械方式或在浮选罐/池中有选择地拣选和分离，清洗分选后，用机械去除咖啡中果皮和外果皮（脱浆），其后在发酵池中浸泡和发酵12~36 h，然后进行日晒或者使用空气干燥器干燥，直到干燥到含水量为10%~12%。咖啡脱皮后发酵，可以是自然发酵，也可以添加微生物或酶发酵，将剩余的果肉去除，在此过程中酸度增加，pH值可能降至4.5左右。发酵后清洗干燥，干燥可以是日晒干燥，也可以与热风干燥结合，干燥后通常带壳保存。虽然湿法加工咖啡优势明显，但湿法加工需要大量特定的设备，而且需要大量的水，且加工废水和咖啡果皮也会对环境造成一定的污染。为生产高品质的咖啡，世界各地对湿法加工工艺流程进行了很多改变，产生了许多不同的方法。

1990年后，巴西发明半湿法加工，介于干法和湿法之间，湿度大的产区不适宜使用此法。该方法包括在浮选槽中洗涤和选择咖啡豆，然后像湿法处理一样（除浆），不包括发酵步骤。半湿法加工咖啡具有湿法和干法加工的优点，既能保证有优良品质，增加咖啡甜度和醇厚度，又能减少对水的使用，降低废水的排放量。目前，半湿法加工被世界各国广泛采用，但由于其过程更为复杂，加工产品虽品质较高，但批次间重现性差。

2000年后，巴西的席拉多产区改良了半湿法加工，使用能更精确控制果胶厚薄度的去浆机，去除果皮果肉但保留一定比例的果胶，就直接进行日晒处理。由于咖啡豆仍然附带一层富含糖分的金黄色果胶，所以在干燥过程中果核表面的胶状物水分会蒸发，从而变得和蜂蜜一样黏稠，所以该方法就被命名为"蜜处理"，与半湿法加工的概念也就混淆着一起用了。蜜处理既不是完全的水洗处理，也不是完全的日晒处理，而是2种方式的折中。因此，蜜处理的过程更为复杂且容易受到污染和霉害，需要全程严密监管，不断翻动，加速干燥，以避免产生不良的发酵味。处理得当，有香甜浓郁的水果味。

(3) 咖啡深加工现状

1900年，希尔兄弟用真空罐包装咖啡，研磨机广泛应用，烘焙店迅速发展。1901年美籍日裔化学家瑟涛瑞·卡托在芝加哥发明了速溶咖啡，1906年英籍化学家乔治·康士坦特·华盛顿在危地马拉开始速溶咖啡批量制造。

1930年，为了应对咖啡豆过剩问题，巴西咖啡研究所同瑞士"雀巢"公司商量，请求他们设法生产一种加热水搅拌后立即成为饮料的干型咖啡。历经8年，1938年雀巢公司最终采用喷雾干燥技术，研制出了一种既能速溶于水，又能保存原香的咖啡粉末的最早商品化的速溶咖啡。

20世纪50年代速溶咖啡生产技术进一步完善，60年代中期喷雾干燥法已广泛应用。1967年喷雾干燥速溶咖啡生产商成功研制了凝聚速溶咖啡，其外形结构类似普通咖啡粉，但风味优于喷雾干燥速溶咖啡，也较易溶解不留有咖啡渣。但速溶咖啡的风味远不如烘焙咖啡粉的风味香醇，主要原因是烘焙咖啡粉没有经过高温萃取和干燥处理，保留有天然的咖啡香气。为了弥补此缺点，在生产中采取回收咖啡豆中的天然芳香物，即在喷雾干燥处理前将咖啡油(含有芳香挥发物)提取出来，在喷雾干燥工序后，再将咖啡油加入速溶咖啡粉中，不过目前世界上只有25%的速溶咖啡使用此法处理。

20世纪60年代中期，还出现了冷冻干燥法(简称冻干法)。利用真空冷冻干燥技术生产冻干速溶咖啡，避免了喷雾干燥咖啡或凝聚增香咖啡生产中高温干燥过程对咖啡品质的损伤，保留了炒磨咖啡的风味和口感，使速溶咖啡的品质得到很大的提高。但是由于设备投入及其运行成本相当昂贵，投资风险较大，我国目前还没有企业投产冻干咖啡。

国内首家咖啡烘焙是成立1952年的海南兴隆华侨农场咖啡厂。速溶咖啡引入则是改革开放之后的事，当时国内速溶咖啡市场上基本被瑞士的"雀巢"、美国的"麦斯威尔"所主导，烘焙咖啡中70%以上的市场份额被"美加乐""哥伦比亚"等名牌产品所占领。海南省海口市1988年引进丹麦速溶咖啡流水生产线，生产自主品牌速溶咖啡，成为我国首家民族品牌的速溶咖啡企业。云南咖啡种植厂于1992年建成投产，年单班生产烘焙咖啡1 000 t，是当时国内设备先进、工艺完善的烘焙咖啡加工厂。2007年以来云南省德宏市先后引进了丹麦、巴西两条先进的速溶咖啡生产线，建成年加工能力10 000 t速溶咖啡粉的加工企业，成为当时国内最大的咖啡生产厂家。

(4) 咖啡烘焙现状

埃塞俄比亚人最早发现咖啡，但是刚开始的时候只知道嚼食种子和树叶。13世纪初期，伊斯兰教隐士沙兹里(Al-shadhili)发现烘焙法，并将咖啡烘焙研磨成粉，煮出人类的第一杯咖啡饮料。早期阿拉伯人喜欢将咖啡豆烘焙较浅，煮后加入小豆蔻等香料一起饮用。阿拉伯人最早知道咖啡的烘焙几乎是公认的事情，因此会有沙兹里的传说。不过，也有人认为这可能只是一个不经意的发现。据说，古时也门或埃塞俄比亚的农民在饮煮食物时，砍了一些咖啡树枝当薪柴燃烧，竟然在无意间发现火烤后的咖啡豆会发出奇特的香味；再经过有心人的注意与后续的发展，渐成今日烘焙咖啡的原型。所以，咖啡的烘焙可能只是偶然的发现,这种说法已被许多研究咖啡的历史学家所接受。

后来这种咖啡炒制方法传到叙利亚、土耳其和埃及,这些地区习惯把咖啡炒成黑色,然后磨成粉,加入糖用水煮制,煮后不用沉淀直接倒入小杯中带着咖啡渣一起喝掉。17~18世纪咖啡传入欧洲后,欧洲人也沿用土耳其式将咖啡炒至黑色。相应的,后来以北欧移民居多的北美大陆也沿袭了浅烘焙,而以南欧移民居多的拉美则盛行中烘焙。

直到19世纪中期,整个欧洲大部分都在家里利用铁锅或烤炉来烘焙咖啡豆,后来发明了利用密闭式铁桶代替铁锅,并放在火上手摇控制的小型烘焙机,为一些咖啡店所采用。19世纪中期随着大型烘焙机器的问世,大批量烘焙豆成为可能。大型烘焙机问世后经过不断革新,到20世纪上半期已经出现了电子控制的精密机器,而且可以达到每小时连续烘焙5 000 kg。大型烘焙商的出现,改变了人们自家烘焙的习惯,购买包装的烘焙咖啡豆或咖啡粉回家直接煮制方便了现代人的快节奏生活。到20世纪60年代,品牌包装的咖啡豆主导了市场。但是大批量的烘焙同时存在着问题:品质一般的生豆浅烘焙,缺乏新鲜度造成的味道缺失。

0.2.2 咖啡副产物加工现状

随着世界咖啡需求与消费量的逐步增加,咖啡生产过程中产生大量副产物,主要有咖啡果肉、果皮、咖啡废水、咖啡渣等。速溶咖啡生产或烘焙咖啡饮用均产生咖啡渣,约占咖啡豆干物质的67%。若当废弃物丢弃,既浪费资源,又污染环境。为了提高咖啡产业效益,充分发挥咖啡的利用价值,世界各咖啡生产国都对咖啡副产物进行了开发研究和利用,在咖啡的综合利用方面也得到了较好的开发。

咖啡副产物包括采后加工、咖啡烘焙和咖啡消费产生的副产品,即咖啡果皮和果肉、咖啡壳(羊皮纸)、咖啡银皮和咖啡渣等。这些副产物具有多种生物活性组分,是生物活性组分的重要来源,副产物的再利用也引起了诸如食品、制药或化妆品等行业的兴趣,但由于副产物大多较为分散,且易腐性,以及它们的分离、收集和运输到工业设施进行处理和转化的高成本,使得再利用成为一个巨大的挑战。

(1)咖啡果皮与果胶

干法加工干燥过程中将咖啡外果皮、果肉、果胶(黏液)和咖啡壳(羊皮纸)组成为一个整体,称为咖啡果壳,咖啡果壳是干法加工的主要固态残留物。以干重计,果壳约占咖啡果的12%,即每收获1 t咖啡果(包括咖啡果壳和咖啡豆),约可产生0.18 t咖啡果壳。湿法加工处理将咖啡外果皮和部分果肉脱除,称为咖啡果皮(占鲜果质量的40%~50%)。湿法加工过程需要大量的水,大概每生产2 t咖啡就需要1 t水。

果壳和果皮的化学组成已经有专家学者研究得出。咖啡果壳(以干重计)含蛋白质(8%~11%)、脂类(0.5%~3%)、矿物质(3%~7%)、碳水化合物(58%~85%)、还原糖(14%)、咖啡因(0~1%)和单宁酸(0~5%);果皮同时还含有24.5%的纤维素,29.7%的半纤维素,22.7%的木质素和6.2%的灰分。

咖啡果壳也因其在次级代谢产物(如咖啡因和多酚)中的含量高而闻名。5-O-咖啡酰奎尼酸是墨西哥和印度的阿拉比卡咖啡和罗布斯塔咖啡果壳中的主要酚类(0.2~1.9 mg/g),其他组分含量较少(在 μg/g 范围内),即槲皮素-3-O-芸香糖苷、槲皮素-3-O-葡萄糖苷、槲皮素-3-O-半乳糖苷,(+)-儿茶素和(-)-表儿茶素和原花青素二聚体、三聚体和四聚体。

通常不同地理位置和咖啡品种的咖啡果壳酚类含量差异较大。例如，花青素的总含量为 1.3 μg/g（中国罗布斯塔咖啡果壳）~534 μg/g（印度罗布斯塔咖啡果壳），总黄酮醇含量为 5 μg/g（印度罗布斯塔咖啡果壳）~261 μg/g（墨西哥阿拉比卡咖啡果壳）。

与咖啡果壳（1.2%）相比，咖啡果皮中总酚含量更高（1.5%）。阿拉比卡咖啡果皮中的四大类酚类化合物，分别为黄烷-3-醇、羟基肉桂酸、黄酮醇和花青素。此外，在新鲜咖啡果皮中，5-咖啡酰奎尼酸被鉴定为主要酚类，其他酚类还有表儿茶素、3,4-二咖啡酰奎尼酸、3,5-二咖啡酰奎尼酸、4,5-二咖啡酰奎尼酸、儿茶素、芦丁、原儿茶酸、阿魏酸、5-阿魏酰基奎尼酸、花青素-3-芸香苷和花青素-3-葡糖苷。

由于有咖啡因和单宁酸的存在，咖啡果壳和咖啡果皮不及时处理会对环境造成不良影响。单宁酸被认为是抗营养因子，也是动物饲料中咖啡果皮的含量应限制为 10% 的原因。咖啡果壳/果皮也被作为肥料，用于堆肥或蚯蚓堆肥；或作为生物吸附剂，用于生物乙醇生产或咖啡因的提取；也可以作为生产五倍子酸的反应底物。

（2）咖啡银皮

咖啡银皮是烘焙行业的主要副产品。咖啡银皮是直接与咖啡豆接触的薄层，具有很强的附着力，仅在烘焙过程中脱落。由于在烘焙过程中获得，水分含量较低，约 7%。咖啡银皮含量较低，每生产 120 t 烘焙咖啡，约产生 1 t 银皮。

银皮富含蛋白质（19%）和膳食纤维（62%），尤其是可溶性蛋白质（占膳食纤维的 86%）；脂肪含量 1.6%~2.3%，咖啡因含量 0.8%~1.4%，两者都取决于样品的地理来源。三酰基甘油是脂质的主要成分（48%），其次是游离脂肪酸（21%）、酯化固醇（15%）、游离固醇（13%）和二酰基甘油（4%）；脂肪酸主要是 $C_{18:2n-6}$ 和 $C_{16:0}$（分别为 29% 和 28%），其次是 $C_{22:0}$ 和 $C_{20:0}$（各 11%）。

咖啡银皮在烘焙过程中通过美拉德反应形成黑色素，水溶性黑色素的含量约为 4.5%，与咖啡液中的含量相当；总酚含量为每升提取物 302.5 mg±7.1 mg 没食子酸当量（GAE）。黑色素和酚类化合物可使银皮具有抗氧化剂活性。银皮水提取物具有与其抗氧化活性相关联的体外抗糖化特性，可防止高级糖基化终产物的形成和羰基反应性产物（如甲基乙二醛）的捕集。

此外，银皮被证明是有效的益生元，能够促进乳酸杆菌和大肠杆菌生长，抑制梭状芽孢杆菌的生长。基于其有益的健康益处，有用咖啡银皮制备新型的抗氧化饮料，以控制体重。咖啡银皮经过碱性过氧化氢处理后，可为面包提供更高的品质、保质期、感官和外观特性，同时降低了热量密度并增加了产品的膳食纤维含量。

银皮也是化妆品领域的研究重点。通过体外和体内试验，证明银皮提取物不是刺激性的，可以被认为是局部应用安全的。2016 年首次成功地将银皮用作化妆品活性成分，与透明质酸在改善皮肤水合作用方面的结果相似。

（3）咖啡渣

咖啡渣是咖啡冲泡过程的主要副产品，可以通过家庭冲泡制备（在咖啡店、饭店、家庭中）或在速溶咖啡的工业制备过程中获得。家庭制备与工业制备可溶性化学组成含量差异极大，因为工业制备是用于速溶咖啡的生产，为了获得最高的产量，提取要最大化，而家庭制备则提取率小了很多。咖啡渣中膳食纤维含量约为 62%，主要是不溶性的半纤维素（由甘露糖、半乳糖和阿拉伯糖组成）和纤维素，比可溶部分高 5 倍。咖啡渣中约含有

37%的甘露糖、32%的半乳糖、24%的葡萄糖和7%的阿拉伯糖。木质素是由多种官能团组成的大分子，含量约为24%。

除了营养成分外，咖啡渣还包含多种生物活性成分，如黑色素、总酚等，因此引起了不同行业的潜在兴趣，如化妆品、营养保健品甚至是制药行业。咖啡渣中存在的主要抗氧化剂是绿原酸(5-咖啡酰奎尼酸)。通过对比咖啡渣和低档生咖啡豆的甲醇提取物的自由基(DPPH)清除活性和氧自由基吸收能力(ORAC)发现不存在显著差异，结果分别在82%~92%。除绿原酸及其衍生物外，咖啡渣中还含有咖啡因。咖啡因含量范围为2.59~8.09 mg/g 咖啡渣，具体取决于最常用的咖啡机(过滤器、浓缩咖啡、冲泡咖啡和摩卡咖啡)的调制方式。

迄今为止，已经提出了一些使用咖啡渣的潜在应用。例如，用于生产工业锅炉的燃料，用作动物饲料，用作真菌生长的基质，作为生产燃料乙醇的原料，作为去除重金属的吸附剂，或用于制备带有咖啡香气的蒸馏饮料。尽管有这些可能的应用，咖啡渣仍未被充分利用。

0.2.3 咖啡加工及副产物的利用前景

(1) 咖啡加工发展前景

长期以来，烘焙咖啡和速溶咖啡一直是咖啡消费者的主导产品，随着世界经济全球化发展，为满足不同国家和地区消费群的需要，咖啡企业利用先进加工设备，研发各种不同风味的咖啡饮品，生产咖啡乳饮料、咖啡豆乳饮料、绿豆咖啡饮料、杏仁咖啡饮料、咖啡碳酸饮料等罐装咖啡饮料，还有椰奶咖啡、可可咖啡等复合咖啡饮品。目前以咖啡为原料的食品有上百种，这些食品因消费方便和营养丰富而深受消费者喜爱。加工保持具有原始香气与风味的优质咖啡是咖啡加工发展方向，主要特征是基本保留咖啡所具有的酯类化合物、蛋白质、咖啡因、葫芦巴碱、新绿原酸、苹果酸、烷烃烯烃类及醇类等风味前体物质成分，确保咖啡具有良好的感官特性，具体表现在咖啡纯粉中诸如"花果香气"等复杂的香气，以及诸如"莓果""柑橘""巧克力"等独特风味。它取决于咖啡品种以及咖啡鲜果收获后咖啡初加工、咖啡深加工步骤。

随着"精品咖啡运动"兴起，未来倡导人们购买精品生豆，家庭烘焙，喝新鲜的咖啡，追求品质和味道，家庭烘焙又开始受到重视，而同时对咖啡品质的追求也迫使一些大的烘焙商采用更优质的咖啡豆，保证烘焙质量。

(2) 咖啡副产物的利用前景

随着世界咖啡需求与消费量的逐步增加，咖啡生产过程中产生大量副产物，主要有咖啡果肉、咖啡果皮、咖啡废水、咖啡渣等。速溶咖啡生产或烘焙咖啡饮用均产生咖啡渣，若当废弃物丢弃既浪费资源，又污染环境。为了提高咖啡产业效益，充分发挥咖啡的利用价值，世界各咖啡生产国都对咖啡副产物进行了开发研究和利用，在咖啡的综合利用方面也得到了较好的开发。同时，咖啡副产物可通过其综合利用增加咖啡产品的多样化，提高竞争优势。咖啡加工过程中副产物的可持续利用，可通过开发生物能源和种植生产蘑菇等来提高咖啡加工收益，获得更佳附加价值。

利用咖啡加工副产物种植栽培蘑菇还处于起步阶段。用来生产蘑菇的咖啡果肉和果皮在咖啡加工时很容易获得，可季节性地增加咖啡种植者的收益。现在种植蘑菇已实现商业化，从环境保护和经济性都可以作为咖啡产业可持续发展的措施。咖啡副产物生物制品如青贮、沼气、动物饲料、乙醇、醋、单细胞蛋白、酶、生物农药的生产和益生菌培育目前还处于小规模示范阶段，中试规模尚待实现。

虽然以咖啡果肉作为唯一碳源可生产果胶酶，但以咖啡果肉为基础生产果胶酶是较为昂贵的，经济上不可取。用活性炭前处理咖啡果肉，有助于发酵降解果胶和生产废水。添加果胶酶也可有效地降解咖啡加工过程中产生的果胶，减少咖啡发酵时间，发酵3h，即可有良好的感官品质。用果胶酶降解咖啡加工中产生的果胶同样意味着咖啡产业的废物利用和回收。使用果胶酶和纤维素酶降解咖啡果皮果胶，可大大降低咖啡加工生产成本和劳动力成本。同时应用生物技术有助于副产物的利用和减少环境污染问题。

国外已经阐述咖啡银皮和咖啡渣降解纤维素和半纤维素的潜在可行性。咖啡渣和咖啡银皮中膳食纤维和蛋白质含量丰富，可以连续大批量的供应，且成本相对较低，可以作为食品营养强化原料添加，用于制作薄饼、糕点、面包和开胃小吃等。生产沼气是咖啡废弃物利用的另一个创新，其生产出的沼气可用于咖啡加工废弃物的预干燥和干燥。该加工方式将减少咖啡加工废弃物70%的处理成本和80%的能源消耗。

0.3　学习咖啡加工学的要求

本书系统介绍咖啡加工的基础理论、咖啡加工技术与创新、咖啡产品开发利用，重点介绍目前主要使用的咖啡加工方法、特点及要求。围绕咖啡的主要成分介绍咖啡鲜果采收、咖啡鲜果处理工艺、咖啡湿豆干燥、咖啡豆精制初加工、咖啡豆的质量评价、咖啡烘焙、咖啡萃取、咖啡浓缩干燥、咖啡产品开发、咖啡副产物加工利用等学习内容。基于咖啡加工过程中的特殊性，对加工工艺过程有较高要求，要求学习人员有相应的有机化学、咖啡生产技术等基础知识和技能，学习时要理论联系实际，注重操作。要有发展的观念，尊重规律，勤于思考，勇于探索，善于发现并解决实际生产中出现的问题。

思考题

1. 简述咖啡起源与加工发展历程。
2. 学习本课程的目的是什么？
3. 简述咖啡种植及产销现状。
4. 简述咖啡加工意义、存在的问题和对策。
5. 结合咖啡初加工特点，分析咖啡加工的发展方向。
6. 简述本课程在咖啡生产中的地位和作用。
7. 调查国内外咖啡加工厂现状。
8. 简述咖啡初加工现状。
9. 简述咖啡深加工工艺现状。
10. 简述咖啡烘焙现状。
11. 咖啡包括哪些副产物？
12. 简述咖啡副产物的利用情况。
13. 简述学习咖啡加工学的要求。
14. 结合咖啡加工生产现状，谈谈作为一名咖啡生产技术人员应具备哪些职业素质。

第1篇　咖啡加工学原理

本篇对咖啡所含的风味前体成分、碳水化合物、蛋白质与氨基酸、有机酸类、脂类、咖啡碱、绿原酸、咖啡其他成分(金属元素、粗纤维)等进行概述,进一步阐述咖啡加工的理论基础。

第1章 咖啡的主要成分

【本章提要】

本章简要介绍了咖啡的主要成分,重点阐述了咖啡外果皮、中果皮、内果皮、咖啡胚乳(豆)等所含碳水化合物、蛋白质与氨基酸、有机酸类、脂类、咖啡碱、绿原酸、挥发性风味成分、金属元素、粗纤维等物质成分情况。

1.1 咖啡外果皮

咖啡鲜果的生长与发育,是通过一个有序细胞分裂过程进行的,从开花季开始区分,一直持续到果子成熟。在受精(授粉)之后,雌性卵细胞与雄性体结合形成胚芽。与此同时,有一个雄性配偶子与集核相融形成胚乳。在这双受精过程结束以后,一个短暂的外胚乳组织因外壳细胞的迅速增加而形成。在这个过程中,鲜果个体开始变大,其内部的两个种子的雏形开始形成。第一次胚乳细胞分裂发生在开花的 21～27 d,此后,胚乳发育迅速,不停地更换细胞组织,逐步消耗。授粉 4 个月以后,胚乳完全形成,仅有一小部分细胞组织层包围着种子。咖啡鲜果果皮主要由外果皮、中果皮和内果皮构成。在一颗成熟的咖啡鲜果里,种子外面被一层透明细胞薄膜包裹着,它叫作外胚乳,俗称银皮。种子主要由胚乳组成。胚芽位于种子突起的表面附近。

外果皮为覆盖在果实表面有保护果实蜡质物质的单细胞层,通常为红色、深粉红色或黄色。利比里亚咖啡豆外果皮最厚的约 5 mm,阿拉比卡咖啡豆和罗布斯塔咖啡豆为 1～1.2 mm。中果皮包含咖啡果肉和黏附在内果皮上的果胶,通常带有甜味。内果皮俗称为种衣或种壳,是一种薄的、易碎的、纸状的多糖覆盖物,厚约 100 μm。利比里亚咖啡豆的种壳厚硬,罗布斯塔咖啡豆、阿拉比卡咖啡豆较薄,易与种子分离。种子包括种皮、胚乳、胚。种子的形状为椭圆形或卵形,呈凸平状,平面具纵线沟。种皮即银皮,由单胚珠的珠被发育而成,主要由多糖,尤其是纤维素和半纤维素,以及单糖、蛋白质、多酚和其他次要化合物组成,厚约 70 μm。利比里亚咖啡豆、罗布斯塔咖啡豆种皮紧贴种仁,不易分离,阿拉比卡咖啡豆种皮容易脱出。胚乳是由厚壁的多角细胞分化形成,外层为硬质胚乳,内层为软质胚乳,化学成分除水分外,还含有蛋白质、咖啡碱、葫芦巴碱、油、糖类、戊糖胶、咖啡鞣酸、矿物质、绿原酸及其他次要成分等。咖啡的胚很小,位于种子底部。

鲜果成熟时,红色果实表皮色素大部分是花色苷。对于黄色的咖啡果实来说,是因为果皮中的无色花色苷代替了花色苷，从而使黄色素 A 和木犀草素暴露出来。在咖啡脱皮工序里，外果皮、一部分中果皮以及维管束被除去，此部分俗称为果肉。果肉含有 6% ~ 7% 的果胶。对于阿拉比卡咖啡豆来说，其果肉占一颗成熟鲜果质量的 39% ~ 49%。对于罗布斯塔咖啡豆，其果肉则占总体的 38%。但是，值得注意的是，上述参数会因基因、环境或加工等因素而改变。

1.2 咖啡中果皮

咖啡鲜果的中果皮，又称果肉、果胶，是由薄壁组织细胞构成的营养组织。果胶中带有维管束，它内部由木质部组成，外部由韧皮部组成，并且均匀的分布在组织中。图 1-1 为开花后 195 ~ 270 d 拍摄的阿拉比卡咖啡鲜果的中果皮和内果皮。此组织由 20 层不同大小的细胞组成，根据种植海拔和树种的不同，其果胶在成熟咖啡鲜果中的含量也不同。图 1-1(a) 为细胞中含有大量的单宁，从上到下依次是外果皮、中果皮和维管束；图 1-1(b) 为内果皮和维管束。

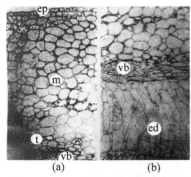

图 1-1　阿拉比卡咖啡鲜果的中果皮和内果皮

ep 表示外果皮（exocarp 缩写）；m 表示中果皮（mesocarp 缩写）；t 表示单宁（tannin 缩写）；vb 表示维管束（vascular bundle 缩写）；ed 表示内果皮（endocarp 缩写）

果胶的质量占咖啡干果质量 22% ~ 31%。果胶的总体含量和水分含量因种植海拔的增高而减少。因此，地区海拔越高种植的咖啡其干果胶含量越高。例如，种植在海拔 250 m 的波旁咖啡的干果胶质量占新鲜鲜果质量的 1.2%，种植海拔在 1 700 m 的同品种咖啡干果胶质量占 5.5%。

在咖啡加工过程中，中果皮（果胶）的去除将会提高同质化和减少风险概率。未成熟鲜果的中果皮可以在脱果肉过程中受挤压，从而与成熟鲜果区分开，机器只能将成熟鲜果进行脱果肉。脱果肉工序可以减少咖啡质量风险，因为果胶中含有大量糖分，增加发酵的可能性，从而影响咖啡质量。然而，在处理过程中是否保留果胶，最终取决于是否有足够的基础设施来满足处理和烘干咖啡的要求。

1.3 咖啡内果皮

内果皮俗称羊皮，它是由 3 ~ 7 层不规则形状的后壁组织细胞组成，完全包裹在种子上。在胚乳发育期间，羊皮的细胞组织开始细胞石化，转变成木质纤维直到鲜果成熟。内果皮纤维组织的逐渐变硬限制了其内部种子的生长，也就是羊皮决定了咖啡种子最终大小，故内果皮在咖啡商业化中起到举足轻重的作用。

一项计算 4 种阿拉比卡咖啡豆消费量的学术研究中，烘干成仅有 11% 水分含量的咖啡豆鲜果，其羊皮的质量占鲜果质量的 1.8%，占羊皮豆质量的 16% ~ 21%。对于罗布斯塔（罗巴斯塔）咖啡豆来说，平均占鲜果质量的 1.5%，占羊皮豆质量的 11.0% ~ 14.5%。阿拉比卡咖啡豆的羊皮是由 50% 的纤维组织、20% 的半纤维素和 20% 的木质素构成。羊皮还含有大约1%的灰分和1.5%的粗蛋白质。罗布斯塔咖啡豆的羊皮要比阿拉比卡咖啡豆所含纤维素和灰分分别多60%和1.3%。

1.4 咖啡胚乳

咖啡鲜果采摘以后，胚乳的化学成分至关重要，因为鲜果与外界的水分交换依靠每一种成分对水需求的强弱不同。碳水化合物的吸水性最高，脂质的吸水性最低。因此，富含大量的可溶于水的碳水化合物的咖啡鲜果，可以在湿果中存储14%的水分，而脂质含量比较高的种子存水量很低，仅有8%~9%。咖啡最理想的含水量为11%（湿豆），因为这样可以富含足够的可溶性和非溶性物质。

胚乳中的水溶性物质有咖啡因、葫芦巴碱、烟酸、绿原酸、低聚糖、碳水化合物、单糖和双糖、一些蛋白质和矿物质，以及羧酸。非溶性化合物占胚乳的65%~74%，如纤维素、多聚糖、木质素、半纤维素、蛋白质、矿物质和脂质。多聚糖位于细胞壁内侧，占大部分咖啡生豆净质量的50%。蔗糖是咖啡生豆中含量最多的低分子质量碳水化合物。阿拉比卡咖啡豆蛋白质含量9.2%，而罗布斯塔咖啡豆则为9.5%。脂质可以在咖啡薄壁组织储备细胞的细胞质中发现，而且组成了大部分的咖啡豆，在细胞质和表皮细胞的细胞壁中形成"蜡"。蜡占咖啡豆总质量的0.25%，占脂质部分的1.5%~2.5%。咖啡生豆中的胚乳含有至少18种绿原酸。阿拉比卡咖啡豆绿原酸平均浓度为4.0%~7.5%，罗布斯塔咖啡豆为7.0%~11.0%。在胚乳中，绿原酸可在细胞壁表面找到，与蜡和薄壁组织细胞相连，在细胞壁附近的细胞质中也可以找到绿原酸。咖啡因可以在细胞质和细胞壁附近找到，阿拉比卡咖啡豆的含量为0.53%~1.45%；罗布斯塔咖啡豆的含量高一些，为1.04%~1.94%。咖啡胚乳中还含葫芦巴碱、烟酸、其他羧酸和一些矿物质。例如，阿拉比卡咖啡豆胚乳抗坏血酸浓度为0.337%，罗布斯塔咖啡豆为0.308%。

阿拉比卡咖啡豆和罗布斯塔咖啡豆的矿物质含量均在4%左右，含量最多的有钾、镁、磷和钙。在这些矿物质中，含量最多的则是钾，阿拉比卡咖啡豆中含有1.54%，罗布斯塔咖啡豆中含有1.71%。

1.4.1 风味前体成分

咖啡豆的芳香化合物组成成分非常复杂，目前在烘焙好的咖啡豆里，已知的700~850种的物质与风味有关联，这还不包括其他与风味无关的组成物。在阿拉比卡咖啡生豆中，目前已被确认的组成物质大约有2 000种。咖啡成为日常食品饮料中最"复杂"的一种东西。目前一些咖啡口味食品、饮料用的调味品，都是直接从烘焙咖啡豆中直接提炼出来的，而不是以人工化学合成的方式制作，这也是归因于咖啡豆组成物质难以复制的"高复杂度"特性。

咖啡因其令人愉悦的风味而受到高度赞赏，该风味由2种不同的感官形式即香气和味道组成。一杯优质咖啡更能带给人们美好的味蕾刺激享受。消费者选择咖啡，看重的首先是咖啡产地。不同产地的咖啡，由于受种植土壤、气候、品种、成熟度和发酵等因素的影响，使咖啡豆内含物与其他产区有着巨大的差异，经烘焙后产生了具有地域代表的独特风味。

咖啡豆组分决定了烘焙形成的香气和味道，对主要组分进行详细研究，可以检测出与咖啡风味直接相关的特征前体组分，利用该技术可以优化咖啡感官品质。生咖啡主要由碳水化合物、含氮（N）化合物（主要是蛋白质、氨基酸、葫芦巴碱和咖啡因）、脂类、有机酸和水组成。几乎所有的成分都是潜在的风味和颜色前体，在烘焙过程中参与风味组分的生成，甚至水分也对最终咖啡品质起关键作用。阿拉比卡和罗布斯塔咖啡豆化学组分见表1-1所列，可以看出咖啡主要的风味前体物质是糖、蛋白质、游离氨基酸、脂类和生物碱（咖啡因和绿原酸）。

表 1-1　阿拉比卡和罗布斯塔咖啡豆化学组分

成分	含量/%干重		组成
	阿拉比卡咖啡豆	罗布斯塔咖啡豆	
可溶性碳水化合物	9.2~13.5	6~11.5	—
单糖	0.2~0.5	0.2~0.5	果糖、葡萄糖、半乳糖、阿拉伯糖
低聚糖	6~9	3~7	蔗糖(90%)、棉子糖(0~0.9%)、水苏糖(0~0.1%)
多糖	3~4	3~4	半乳糖(55%~60%)、甘露糖(10%~20%)、阿拉伯糖(20%~35%)、葡萄糖(0~2%)
不溶性碳水化合物	46~53	34~44	—
半纤维素	5~10	3~4	半乳糖(65%~70%)、阿拉伯糖(25%~30%)、甘露糖(0~10%)
纤维素，β-1,4-甘露聚糖	41~43	32~40	—
酸和酚类			
有机酸	2~2.9	1.3~2.2	柠檬酸、苹果酸、奎尼酸
绿原酸	6.7~9.2	7.1~12.1	阿魏奎尼酸、单和2-咖啡基奎尼酸
木质素	1~3	1~3	—
油脂	15~18	8~12	
咖啡油	15~17.7	8~11.7	主要脂肪酸：亚油酸$C_{18:2}$和棕榈酸$C_{16:0}$
蜡质	0.2~0.3	0.2~0.3	—
含氮化合物	11~15	11~15	
游离氨基酸	0.2~0.8	0.2~0.8	主要氨基酸：谷氨酸、天冬氨酸和天冬酰胺
蛋白质	8.5~12	8.5~12	
咖啡因	0.8~1.4	1.7~4.0	
葫芦巴碱	0.6~1.2	0.3~0.9	
矿物质	3~5.4	3~5.4	

虽然罗布斯塔咖啡豆和阿拉比卡咖啡豆总体组成非常相似，但单组分含量相对比例却相差很大。阿拉比卡咖啡豆特征组分是碳水化合物（蔗糖、寡糖、甘露聚糖）、脂质、葫芦巴碱、有机酸（苹果酸、柠檬酸、奎尼酸），含量较高。罗布斯塔咖啡豆含有更多的咖啡因、蛋白质、阿拉伯半乳聚糖、绿原酸。咖啡豆经烘焙，其中的碳水化合物、蛋白质、脂肪、绿原酸等物质经分解、转换或与其他物质结合生成新的成分，是咖啡的重要营养成分及风味前体物质。咖啡因在高温下较稳定，烘焙前后含量差异不大。

1.4.2 碳水化合物

碳水化合物占生咖啡干基的 40%~65%，由水溶性和水不溶性碳水化合物组成。阿拉伯糖、半乳糖、葡萄糖和甘露糖的聚合物既构成可溶性多糖，又构成不溶性部分，与蛋白质和绿原酸一起形成细胞壁的结构。纤维素、半乳甘露聚糖和阿拉伯半乳聚糖约占咖啡豆干重的 45%，它们均显示出复杂的结构。可溶性二糖蔗糖占其余部分。

在咖啡香气、味道和颜色的形成中，咖啡豆可溶部分被认为是最重要的前体组分。这些前体组分很容易参与多种反应，在烘焙过程早期就被快速消耗。水溶性成分分为两部分，即高分子质量(HMW)和低分子质量(LMW)部分。水溶性 HMW 多糖主要以半乳甘露聚糖和阿拉伯半乳聚糖为代表，后者占干物质的 14%~17%。生咖啡阿拉伯半乳聚糖高度分支并与蛋白质共价连接，形成阿拉伯半乳聚糖蛋白质(AGP)。烘焙引起 AGP 的结构修饰，包括主链和侧链解聚，从而释放出游离的阿拉伯糖，阿拉伯糖起着重要的糖前体的作用。释放的阿拉伯糖的主要参与咖啡烘焙过程蛋白黑素生成。另外，阿拉伯半乳聚糖侧链的阿拉伯糖残基可能在酸(如甲酸和乙酸)的形成中起作用。游离半乳糖是阿拉伯半乳聚糖的另一种成分，只能在生豆中大量检测到，并迅速降解。

水溶性 LMW 组分包含重要的风味前体。单糖和二糖是次要成分，它们对于通过焦糖化和美拉德型反应形成香气至关重要。迄今为止，蔗糖(由葡萄糖和果糖组成的二糖)是生咖啡中含量最高、最重要的糖，在阿拉比卡咖啡豆中占 8%，罗布斯塔咖啡豆 3%~6%。阿拉比卡咖啡豆的更复杂的香气和整体风味可以通过其较高的蔗糖含量来解释。另外，在生咖啡中发现了微量的寡糖(水苏糖、棉子糖)和单糖(果糖、葡萄糖、半乳糖、阿拉伯糖)。由于蔗糖的不断降解，葡萄糖和果糖的浓度在烘焙的早期阶段升高。由于美拉德反应和焦糖化作用，几乎所有游离糖在烘焙时都会流失，从而产生水、二氧化碳、颜色、香气和味道。

不溶性部分主要由聚合物 HMW 组分组成。这些多糖级分位于相当厚、致密的咖啡细胞壁复合物中，由 3 种聚合物即甘露聚糖、半纤维素和纤维素组成。它们在阿拉比卡咖啡豆中比在罗布斯塔咖啡豆中高。半乳甘露聚糖是生咖啡豆中含量最丰富的多糖，至少占其质量的 19%。它们充当贮存碳水化合物、形成成熟种子能量储备的一部分，类似于淀粉在谷物胚乳中的作用。半乳甘露聚糖的结构由 β-1,4-连接的甘露糖分子的线性骨架和沿甘露聚糖骨架不同间隔的单元 α-1,6-连接的半乳糖基侧链组成。

浅度烘焙咖啡中 12%~24% 的多糖降解，深色烘焙时降解 35%~40%。这可以通过阿拉伯半乳聚糖侧链降解为阿拉伯糖来解释，而在烘焙咖啡中纤维素和甘露聚糖几乎保持完整。多糖似乎并没有特别地促进烘焙过程中的香气形成，但是赋予了咖啡冲泡相关的感官特性，如黏度和口感。通常，与水不溶部分相比，水溶性部分在烘焙咖啡成分形成中的作用要好得多。总之，单糖和二糖对热处理非常脆弱。在烘焙条件下，它们会在 5 min 内定量降解。多糖的解聚及其在风味形成中的参与取决于它们的结构：阿拉伯半乳聚糖中的支链阿拉伯糖很可能起作用，构筑半乳聚糖的骨架更少，纤维素和甘露聚糖等超分子结构基本上保持不变。

烘焙有利于多糖的降解/解聚，并显著改变糖的组成。所得的寡糖和单糖可在提取过程中溶解，从而产生特征性的碳水化合物谱。烘焙后提高了甘露聚糖在高温提取中的提取能力，这对速溶咖啡生产很重要。中度烘焙可最大程度地提高提取率。碳水化合物是产生风味的前体。在经过充分研究的美拉德反应中，与蛋白质成分发生反应，该过程产生了咖啡风味的重要成分，同时还生成了蛋白黑素。在深度烘焙过程中，会显著降低水溶性碳水化合物的含量。咖啡豆中蔗糖随着烘焙而完全消失，总碳水化合物的很大一部分转化为可溶物。

1.4.3 蛋白质与氨基酸

蛋白质约占干咖啡原料的 11%~15%。阿拉比卡咖啡豆和罗布斯塔咖啡豆均为 10% 左右。蛋白质的一部分与水溶性多糖阿拉伯半乳聚糖连接形成 AGP。

游离氨基酸仅占生咖啡的不到 1%，但是对于烘焙咖啡最终风味的重要性很高。游离氨基酸是美拉德反应以及斯特雷克降解反应产生许多有效气味的关键因素。谷氨酸、天冬氨酸和天冬酰胺是三种主要的游离氨基酸。蛋白质和多肽也可以作为香气的前体，由于其可以分解为较小的反应性分子。烘焙时游离氨基酸几乎完全分解。

1.4.4 有机酸类

咖啡豆中的酸性部分由生豆中存在的挥发性脂肪、非挥发性脂肪和酚酸组成（约 8%）。主要的非挥发性酸是柠檬酸、苹果酸和奎尼酸。挥发性酸主要是甲酸和乙酸，其起源于收获后处理中的发酵，但也可通过烘焙时的美拉德反应生成。

1.4.5 脂类

咖啡脂类是一种典型的植物种子油，主要由脂肪酸甘油酯、其他酯类及不皂化物组成，在风味上占极为重要的角色，其中最主要的是酸性脂肪和挥发性脂肪。酸性脂肪是指脂肪中含有酸，其强弱会因咖啡种类不同而异，阿拉比卡咖啡豆总脂肪含量为 11.7%~14.0%，罗布斯塔咖啡豆总脂肪含量为 7.6%~9.5%。咖啡脂肪酸组成是：棕榈酸（$C_{16:0}$）占总脂肪酸含量的 25%~34%，亚油酸（$C_{18:2}$）占 30%~46.5%，油酸（$C_{18:1}$）占 8.8%~17.2%，硬脂酸（$C_{18:0}$）占 6.4%~10.9%；挥发性脂肪是咖啡香气重要来源。此外，游离和酯化形式的二萜（卡夫斯托醇、卡哇醇）和固醇是总脂质组分的一部分。在烘焙过程中，脂类可以通过热降解形成醛，从而进一步与其他咖啡成分发生反应。烘焙过的咖啡豆内所含的脂肪一旦接触到空气，会发生化学变化，味道香味都会变差。

1.4.6 咖啡碱

(1) 咖啡因

咖啡因（caffeine）（图 1-2）是一种嘌呤生物碱（1,3,7-三甲基黄嘌呤），是咖啡植物生长过程中的次生代谢产物，遍布于咖啡树的所有部位。在代谢途径中，咖啡因的生物合成是从单磷酸黄花苷开始，随后的甲基化步骤发生在不同的 N-甲基转移酶的作用下，蛋氨酸是甲基供体。咖啡因的嘌呤分解代谢是通过连续的脱甲基作用降解为二氧化碳和氨的降解。

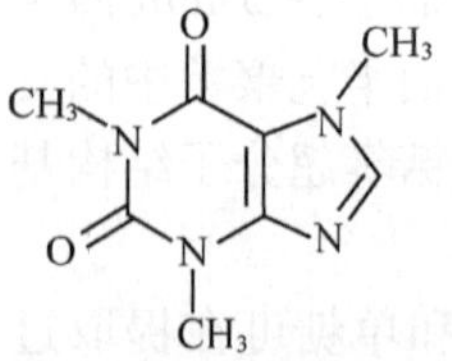

咖啡因在叶片和果皮（果实的外部）中合成。在衰老的叶片中，咖啡因含量较低。在果皮组织中，强烈的光照能刺激咖啡因甲基化合

图 1-2 咖啡因

成。当咖啡豆开始生长时,咖啡因通过膜移位并积聚在胚乳中,开花后 8 个月积累达到了最大值。咖啡因含量取决于物种和品种,从波旁种的 0.6% 到某些极端的罗布斯塔的 4% 均有分布。咖啡品种咖啡因的大概平均值见表 1-2 所列。

表 1-2　不同咖啡品种生豆和叶片咖啡因含量

种	品 种	叶/%干重	豆/%干重
阿拉比卡	蒙多诺渥	0.98	1.11
	铁毕卡	0.88	1.05
	卡杜艾	0.93	1.34
	劳里纳	0.72	0.62
罗布斯塔	罗布斯塔	0.46	>4
	科尼伦	0.95	2.36
	劳伦斯	1.17	2.45

咖啡因含量不受收获后加工的影响,也不受咖啡烘焙的影响。虽然烘焙时温度较高,在此过程中,仅有一小部分咖啡因降解消失,但此过程中其他有机组分降解使咖啡因百分含量基本不变。

咖啡因几乎完全溶到饮料中,一杯 100 mL 的咖啡,约用 5.5 g(55 g/L)烘焙咖啡豆,按世界贸易比例 60% 阿拉伯咖啡和 40% 的罗布斯塔咖啡计算,可提供约 100 mg 咖啡因。对于浓缩咖啡而言,一杯 30 mL 的咖啡,约需 6.5 g 的烘焙咖啡。用同样的咖啡原料,由于浓缩咖啡从细胞结构中提取咖啡因的时间非常短,提取率只能达到 75%~85%,预期约含 87 mg 咖啡因。不同浓度常规冲泡每杯咖啡中咖啡因含量见表 1-3 所列。

表 1-3　不同浓度冲泡每杯咖啡中咖啡因含量　　　　　　　　　　mg/100 mL

冲泡比例	咖啡种		
	阿拉比卡 (0.9%~1.6%)	混合 60%阿拉比卡/ 40%罗布斯塔(1.7%)	罗布斯塔 (1.4%~2.9%)
40(g/L)	36~64	67	56~116
50(g/L)	50~88	92	77~160
70(g/L)	63~112	118	98~203

咖啡因是一种具有生理活性的化合物,具有较强的中枢神经兴奋作用,能促进儿茶酚胺的合成和释放,对心血管系统具有正性肌力作用;可促进胃酸分泌及治疗偏头痛等疾病;具有增进肌肉收缩性的作用。小剂量咖啡因能兴奋大脑皮质,改善思维活动,提高对外界的感应性,大剂量则可兴奋延髓的呼吸中枢和血管运动中枢,增加呼吸频率和深度,并在机体的多个系统中发挥着广泛的作用。由于它也会促进肾脏机能,帮助体内多余的钠离子(阻碍水分子代谢的化学成分)排出,所以咖啡因具有利尿作用。

(2)葫芦巴碱

葫芦巴碱(N-甲基吡啶-3-羧酸盐,trigonelline)(图 1-3)是咖啡中第二重要生物碱,仅次于咖啡因,约占生豆含量的 1%。在叶片发育过程中,它在叶片和果实的果皮中合

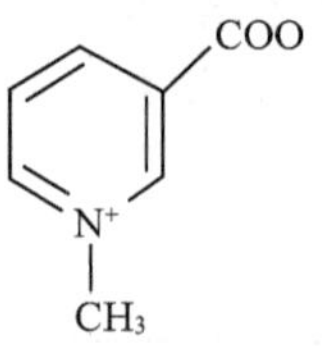

图 1-3 葫芦巴碱

成,并积累在种子中。直接的前体组分是来自吡啶核苷酸循环的烟酸和烟碱酰胺。

葫芦巴碱在烘焙过程中会迅速降解,依据烘焙温度和时间的不同损失率大概在 60%~90%。降解产物是脱甲基的烟酸、脱羧基的甲基吡啶和吡啶,与反应中间体进一步的重组产物包括吡咯。葫芦巴碱降解产物会对烘焙咖啡和饮料的整体芳香感产生影响。咖啡液中通过活性筛选鉴定出 N-甲基吡啶(NMPY)。最近发现该组分离子具有重要的生理意义,是通过诱导 II 期生物转化酶产生内源性抗氧化防御系统的关键成分。

1.4.7 绿原酸

绿原酸是植物中广泛分布的次级代谢产物,其母体结构是四羟基-环己烷甲酸(奎宁酸)和咖啡酸(3,4-二羟基肉桂酸)的共轭物。由于环己烷部分有异构体和差向异构体,而在芳环上有取代基,因此存在一个完整的绿原酸家族。最常见的绿原酸是 5-O-咖啡酰奎宁酸(5-CQA)(图 1-4),奎宁酸部分异构体为 3-O-咖啡酰奎宁酸和 4-O-咖啡酰奎宁酸,每种异构体的含量约为 5-CQA 的 10%。

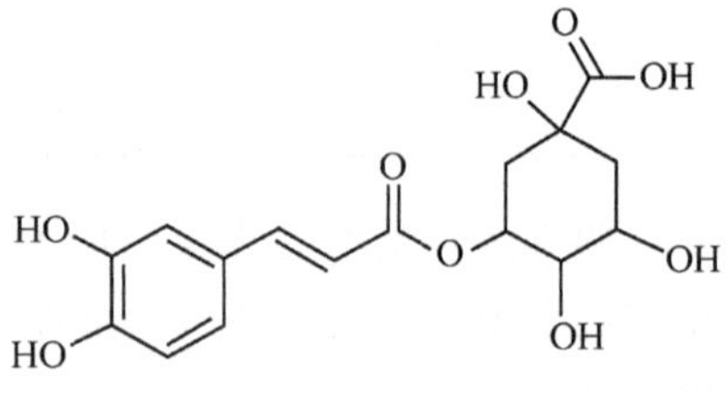

图 1-4 5-O-咖啡酰奎宁酸

绿原酸家族中广泛分布的是芳香环上的取代,并带有常见的同义物阿魏酰基奎宁酸(FQA)和对香豆酰基奎尼酸(pCoQA)。它们的浓度比咖啡 CQA 的浓度低几个数量级,而且 3-异构体和 4-异构体分别包含 10%的 5-O-异构体。存在几种奎宁酸的异构二酯,如二咖啡酰奎尼酸、diCQA,甚至是酯混合物[如咖啡酰阿魏酰奎尼酸(CFQA)]。

CQA 是苦味化合物的重要前体,可以分解为其部分奎宁酸和羟基肉桂酸,能进一步降解为挥发性和非挥发性酚类化合物。愈创木酚类中的挥发性酚,如 2-甲氧基苯酚(guaiacol)、4-乙基-2-甲氧基苯酚(4-乙基愈创木酚)和 4-乙烯基-2-甲氧基苯酚(4-乙烯基愈创木酚)提供典型的烟熏、木质味以及深色烘焙咖啡的糊状特征。

绿原酸是一种与人类健康密切相关的生理活性物质,具有利胆、抗菌、抗过敏、抗致畸、增高白血球、抗氧化、清除体内 OPPFI 自由基、抗 HIV,预防心血管疾病、糖尿病和某些癌症等作用。对大肠杆菌、金色葡萄球菌、肺炎球菌和病毒有较强的抑制作用,对急性咽喉炎症和皮肤病也有明显疗效。

1.4.8 挥发性风味成分

咖啡豆烘焙过程中产生的挥发性风味组分是咖啡最重要的品质决定因素。挥发性风味组分不仅体现了咖啡豆的品种、风格和加工技术,而且还体现了咖啡的地理起源。迄今为止,咖啡中已鉴定出 1 000 多种挥发物,其浓度范围为 10^{-9}~10^{-6} g。其中很少一部分对咖啡的风味和香气特性很重要。大概只有 20~30 种单独的挥发性组分对香气构成很重要。咖啡挥发物是从咖啡豆中发现的许多前体中衍生而来。烘焙过程中发生的主要化学反应会产生重要的香气挥发,包括美拉德反应(非酶褐变)、酚酸和类胡萝卜素降解、硫氨基酸、羟氨基酸、脯氨酸和羟脯氨酸的分解、葫芦巴碱、绿原酸和奎宁酸、色素和脂质的降解,以及其他中间产物之间的反应。

咖啡挥发性化合物包括几种化学类别,包括醇、醛、酮、羧酸、酯、吡嗪、吡咯、吡啶、吲哚、硫化合物、呋喃、呋喃酮、酚等。从数量上说,咖啡中的前两类是呋喃和吡嗪,而从质量上讲,含硫化合物与吡嗪被认为对咖啡风味最重要。

呋喃是咖啡中存在的最丰富的挥发物之一,是通过碳水化合物的热降解、抗坏血酸或不饱和脂肪酸热分解形成的,浓度范围为 $3×10^{-9} \sim 115×10^{-9}$ g。挥发性呋喃具有麦芽和甜味的烘焙香气,被认为是咖啡风味构成很重要的组成因素。但由于考虑到健康因素,呋喃组分还是应该减少。

吡嗪是咖啡中存在的一类丰富的化合物,具有较低的感官阈值浓度,并且对于咖啡的风味至关重要。通常认为吡嗪具有坚果味、泥土味、烘焙味、绿色香气。据报道,乙吡嗪和乙烯基烷基吡嗪有助于罗布斯塔咖啡的泥土香气特征。挥发性 3-异丁基-2-甲氧基吡嗪具有极低的感官阈值 $0.002×10^{-9}$ g,低浓度存在于烤阿拉比卡咖啡豆中。

呋喃酮主要通过美拉德反应和随后的醛醇缩合反应在咖啡中生成,是咖啡中的重要挥发物组分。主要的风味成分是 4-羟基-2,5-二甲基-3(2H)-呋喃酮、2(5)-乙基-4-羟基-5(2)-甲基-3(2H)-呋喃酮、3-羟基-4,5-二甲基-2(5H)-呋喃酮和 4-乙基-3-羟基-5-甲基-2(5H)-呋喃酮被认为是造成甜味的原因,烘焙咖啡的焦糖香气。

烘焙过程中产生和释放的某些酚类化合物被认为对咖啡风味至关重要,特别是具有辛辣酚醛香气的愈创木酚、4-乙基愈创木酚和 4-乙烯基愈创木酚和香兰素。在烘焙阿拉比卡咖啡中,酚类化合物的浓度范围为 $3×10^{-6} \sim 56×10^{-6}$ g,具体取决于品种和地理来源。这些酚类化合物是由绿原酸(主要是阿魏酸、咖啡酸和奎尼酸)的热降解产生的,在烘焙豆中的浓度与生豆中绿原酸的含量成正比。

1.4.9 咖啡其他成分

(1) 金属元素

咖啡豆中的矿物质有钾、钙、镁、磷、钠及硫等,因所占的比例极少,对咖啡风味的影响并不大,综合起来只带来稍许涩味。

(2) 粗纤维

咖啡豆的粗纤维经烘焙后会炭化,这种碳质和糖分的焦糖化互相结合,形成咖啡的色调,但炭化为粉末的纤维质会带给咖啡风味上相当程度的影响。

思考题

1. 简述咖啡外果皮生长特点。
2. 简述咖啡中果皮生长特点。
3. 简述咖啡内果皮生长特点。
4. 简述咖啡胚乳生长特点。
5. 咖啡的主要风味前体成分有哪些?各有什么特点?
6. 咖啡碱主要包括哪几种?各有什么特点?
7. 简述咖啡的挥发性风味成分的特点。

8. 烘焙对咖啡中的多糖有什么影响？
9. 简述咖啡碳水化合物的组成及特点。
10. 为什么烘焙时游离氨基酸会完全分解？
11. 分析阿拉比卡和罗布斯塔不同品种生豆和叶片咖啡因含量。
12. 简述咖啡中绿原酸的主要作用。
13. 咖啡主要包含哪些挥发性风味成分？
14. 分析咖啡风味前体成分和挥发性风味成分相互影响。
15. 咖啡豆中主要含有哪些金属元素？

第 2 章 咖啡加工理论基础

【本章提要】

本章简要介绍了咖啡加工理论基础,重点阐述咖啡成熟度与干物质积累、咖啡加工过程中的特殊现象、咖啡烘焙加工理论基础、烘焙过程中咖啡豆物理及化学变化,咖啡加工过程中风味物质的成分变化关系。

2.1 咖啡初加工理论基础

2.1.1 咖啡成熟度与干物质积累

咖啡鲜果成熟经历了 4 个主要阶段,第一阶段是从果实形成持续到第 8 周,第二阶段持续到第 26 周,第三阶段持续到第 32 周,第四阶段被称为过熟阶段,持续到第 34~35 周。第 32 周(超过 225 d)后,咖啡豆变得过熟并呈深紫色,最终变干且质量减少,变成深色或黑色。咖啡成熟阶段与干物质积累如图 2-1 所示。

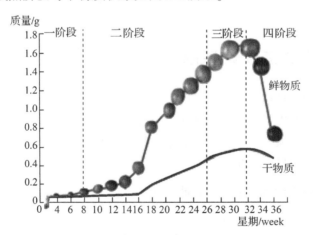

图 2-1 咖啡成熟阶段与干物质积累

咖啡成熟度除了鲜果颜色变化外,最好的方法是测量鲜果中百利糖度。百利糖度是测量黏液(果胶)中可溶性固形物的量(1°等于 1 g 蔗糖溶于 100 mL 水中)。百利糖度随着成熟而增加,在过熟时最大,然后在干燥/脱水后降低(确切的百利糖度值将取决于品种、高度和相对湿度)。为了确保最佳质量,需要除去未成熟和干燥的鲜果。

2.1.2 加工过程中的一些特殊现象

(1) 湿法发酵加工

湿法加工发酵过程中,黏附在咖啡壳(羊皮纸)上的黏液(果胶)会自然降解并从咖啡壳上去除。这种降解是微生物通过酶作用溶解黏液结构或将其用作碳源而引起的。酶活性主要由果胶酶引起。黏液降解结束后,立即洗涤清洗咖啡豆。在半湿法和干法加工过程中,也会发生发酵。

发酵过程受到许多因素的影响,包括咖啡品种、气候和鲜果成熟度等。外部因素在发酵过程中起着重要作用,决定了微生物活性和底物转化时间。在发酵过程中,咖啡豆组分(主要是碳水化合物)会发生诸多化学变化,导致温度升高和pH值降低(6.5~4.1),可能会影响咖啡风味,甚至会改变咖啡品质和口感。发酵过程中微生物种群也发生巨大变化,在有氧发酵时,开始阶段通常细菌为优势菌群,中间阶段酵母菌为优势菌群,最终阶段丝状真菌为优势菌群。

添加果胶酶和使用机械方式也可以快速除去果胶。添加果胶酶能加速降解过程,对咖啡品质没有明显影响;使用机械方式处理,产品品质更加均匀一致,但由于缺乏发酵过程,通常具有更加尖锐的酸度,而发酵咖啡豆酸度通常更加细腻。与机械除胶相比,发酵脱胶会导致2%~3%的质量损失,在更高的温度下甚至更多。

(2) 蜜处理

蜜处理通常称为半湿法加工,是介于干法加工和湿法加工之间的一种加工方式,近年来蜜处理受到了广泛的关注。20世纪50年代初,巴西首先尝试了半湿法加工。80年代,在商业规模上推广了该技术,该技术能够生产出高质量的咖啡,而没有典型的青涩味和不成熟的味道。随着加工工艺的成熟,到90年代,蜜处理咖啡豆被烘焙商广泛接受并使用,随之推广到其他地区。

2.2 咖啡烘焙加工理论基础

通常我们所谓的咖啡加工是指咖啡的烘焙过程,烘焙过程是咖啡品质形成的关键。在烘焙过程中,咖啡豆发生了一系列物理化学反应,包括水分散失、蛋白质和还原糖等组分减少,蔗糖和绿原酸的损失,以及蛋白黑素、挥发性风味物质和二氧化碳的形成等变化。烘焙过程极其复杂,到目前为止尚未完全解析清楚。

2.2.1 烘焙过程中咖啡豆物理变化

(1) 烘焙温度

咖啡烘焙的本质是传热和传质,传热和传质同时发生。在烘焙第一阶段,热量流入咖啡豆中,而水蒸气则以相反的方向离开咖啡豆。咖啡豆失去水分并膨胀,内部产生空腔,并且传热特性会发生变化。随着咖啡豆中温度的不均匀升高,水分子也不均匀地转移到咖啡豆表面。这样会在咖啡豆内产生质量和热量传递的梯度,在烘焙结束和咖啡豆冷却后才结束。

咖啡豆烘焙温度要超过 190 ℃并持续一定时间，才能触发典型的烘焙化学反应。烘焙最终温度可能在 200~250 ℃，持续时间应在 20~30 min。烘焙结束后使用风冷或者水冷使咖啡烘焙过程停止。常说的烘焙温度是指烘焙炉内空气的温度，并非咖啡豆表面或者核心的温度。咖啡豆本身温度虽然能通过模型进行试验测定，但在工业烘焙中很难实现，因此采用在烘焙炉内放置温度探头，所探得温度为热空气的温度。

(2) 颜色变化

烘焙过程中咖啡豆颜色变化是烘焙度(agtron)增加最明显的标志。咖啡豆颜色从绿色变成灰蓝色、黄色、橙色、棕色、深棕色，最后变为几乎黑色。颜色变化与风味形成过程息息相关，通常使用咖啡豆颜色作为烘焙程度的指示标准。为了便于记录，全球精品咖啡行业协会(SCA)将咖啡颜色分为不同的烘焙度。但在科研工作中采用颜色空间法记录咖啡颜色变化。

(3) 体积变化

咖啡豆在烘焙过程中会膨胀，其体积增加大小与咖啡品种和贮藏时间等有关。微观观察发现体积膨胀是由于其从致密结构变为疏松多孔结构，且在烘焙过程中持续膨胀。在烘焙过程中，细胞中发生剧烈化学变化，产生大量挥发性组分；同时液泡中水形成大量水蒸气。咖啡豆膨胀是烘焙过程中产生的气体和细胞壁阻力之间复杂的动力学结果。

(4) 结构变化

烘焙过程中除体积发生变化外，咖啡豆本身结构也发生较大变化。咖啡豆有很厚的细胞壁，微观观察发现其具有典型的结节外观结构。烘焙过程中由于热作用，破坏了这种天然结构。根据玻璃化转变理论，细胞壁的多糖可以处于"玻璃态"或"橡胶态"。咖啡豆在烘焙过程中会从"玻璃状"转变为"橡胶状"，最后又回到"玻璃状"状态。体积增加发生在"橡胶状"状态下，此时细胞壁材料的物理阻力降低。

(5) 失水

生咖啡豆进入烘焙过程时，通常的水分含量为 10%~12%，在烘焙过程中发生脱水，最终烘焙豆水分含量约为 2.5%。具有较高初始水分含量的豆类通常在第一个烘焙阶段会流失更多的水分，最终具有相似的水分。除了生豆中存在的水以外，由于化学反应还产生了大量的水。这种水在烘焙过程中也会汽化。烘焙过程中不同阶段的实际总水分含量和水分活度对豆类化学和物理变化的动力学起着关键作用。除温度外，重要的产生香味的化学反应的速度还取决于水的可用性。当水分含量低于某个临界值时，一些化学反应会减慢。

(6) 烘焙损失

在烘焙过程中可能会损失 12%~20%的质量，具体取决于生豆的质量、烘焙参数和最终烘焙程度。烘焙损失包括水分蒸发，有机物转化为气体和挥发物，银皮(外皮)、灰尘、豆碎片或其他轻质物质的物理损失。

水分蒸发主要发生在烘焙前期，是由于咖啡豆失水引起的，有机物的损失则是在烘焙阶段中后期。咖啡烘焙过程中咖啡豆表面银皮会因膨胀而自然脱落，并被空气带走，导致质量减轻约1%。灰尘、小豆碎片和其他轻质物质也会随空气被带走，并在烘焙系统的热旋风中被分离。

2.2.2 烘焙过程中咖啡豆化学变化

(1) 咖啡风味和感官品质变化

咖啡组分是烘焙过程中产生的香气和味道的主要决定因素。在整个咖啡烘焙过程中是吸热和放热的过程。咖啡豆放入烘焙炉后处于吸热阶段,最高吸热至 100 ℃,主要用于水分散失;随后是放热阶段(170~220 ℃),大部分风味成分形成于此阶段;最后是冷却阶段。

不同的烘焙阶段咖啡呈现出不同的风味和感官。咖啡风味成分在整个烘焙过程中持续变化,轻度烘焙以甜味、果味、花香、谷物类和坚果类为主;中度烘焙后转变为蜂蜜、坚果、焦糖、可可等风味,此阶段风味较为复杂,风味特征很大程度上与咖啡品种和产地有关;深度烘焙风味特征是黑巧、辛辣、酚醛、烟味和其他不良风味。咖啡烘焙过程感官品质变化如图 2-2 所示。

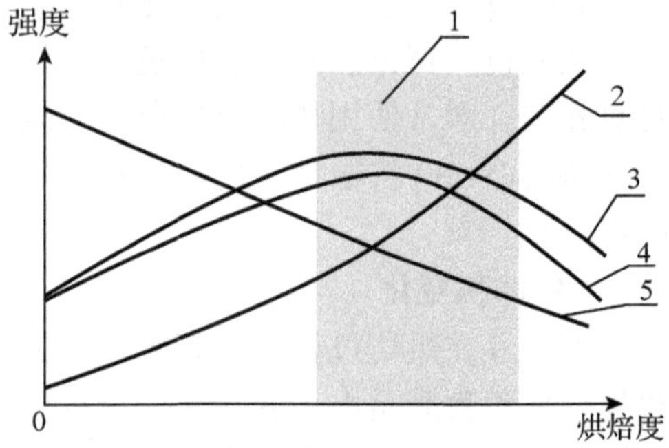

图 2-2 烘焙过程感官品质变化示意
1. 烘焙幅度;2. 苦味;3. 香味;4. 形状;5. 酸度

咖啡的感官品质也随着烘焙度发生变化,在整个烘焙过程中,苦味持续增加,酸味则是持续减少,颜色随着烘焙程度的增加而从浅棕色变为几乎黑色。咖啡的香气和醇厚度是先增加后减少,在最佳烘焙度时品质最好。最佳烘焙度很大程度上取决于咖啡的品种和产地。过度烘焙会产生不良的风味和感官品质,甚至会使烘焙前期生成的优良风味组分降解,如二酮、糠醛或 4-乙烯基愈创木酚等;同时 2-糠基硫醇、吡啶和 N-甲基吡咯以及二甲基三硫化物随烘焙时间而持续增加,使咖啡的焦苦味迅速增加。

在烘焙前后咖啡豆组分也发生了巨大的变化,具体变化见表 2-1 所列。从表中可以看出,蔗糖和游离氨基酸在反应结束后全部降解,蛋白质和绿原酸也发生很大程度的降解和转化。其他多糖(如半乳聚糖、甘露聚糖和纤维素)和结合的氨基酸较不易水解和解聚,仅在烘焙的后期才对美拉德反应有所贡献。

表 2-1 生豆和烘焙豆化学组分对比

成分	阿拉比卡咖啡豆		罗布斯塔咖啡豆	
	生豆/%干重	烘焙豆/%干重	生豆/%干重	烘焙豆/%干重
咖啡因	1.2	1.3	2.2	2.4
葫芦巴碱	1.0	1.0	0.7	0.7
蛋白质	9.8	7.5	9.5	7.5
氨基酸	0.5	0.0	0.8	0.0
蔗糖	8.0	0.0	4.0	0.0
还原糖	0.1	0.3	0.4	0.3
其他糖	1.0	0	2.0	0
多糖	49.8	38.0	54.4	42.0

(续)

成分	阿拉比卡咖啡豆		罗布斯塔咖啡豆	
	生豆/%干重	烘焙豆/%干重	生豆/%干重	烘焙豆/%干重
脂肪酸	1.1	1.6	1.2	1.6
奎宁酸	0.4	0.8	0.4	1.0
绿原酸	6.5	2.5	10.0	2.8
脂类	16.2	17.0	10.0	11.0
焦糖化	25.4	25.9	—	—
挥发性香气	0	0.1	0	0.1
矿物质	4.2	4.5	4.4	4.7
水	8~12	0~5	8~12	0~5

(2) 主要化学反应

咖啡在烘焙中会发生系列化学反应，包括美拉德反应、斯特雷克(Strecker)降解反应、焦糖化反应、脂质氧化反应等，其中美拉德反应是最主要的反应，俗称非酶褐变。影响风味品质的咖啡烘焙关键反应见表2-2所列。

美拉德反应是一个复杂的级联反应，从还原糖和氨基酸（或肽和蛋白质）的氨基羰基偶合开始，生成N-取代的糖胺（席夫碱），重排为第一个稳定的中间体，即 Amadori 和 Heyenes 产物。这些活化的糖结合物是反应性物质，容易分解，产生较小的片段，这些片段可能进一步反应，形成大量的挥发性和非挥发性反应产物。基本上美拉德反应是氨基催化的糖降解，形成香气、味道和颜色（类黑素）。蔗糖是生咖啡豆中最丰富的游离糖，首

表2-2 影响风味品质的咖啡烘焙关键反应

反应类型	反应有关前体组分	形成化合物（感官品质）
美拉德反应	还原糖和含氮化合物	二酮（黄油味） 吡嗪（泥土味、烘焙和坚果味） 噻唑（烘焙味、爆米花味） 烯醇酮（焦糖味、薄荷味） 硫醇（硫磺味、咖啡味） 脂肪酸（酸味）
斯特雷克降解反应	氨基酸 美拉德反应生成的二酮	斯特雷克醛类（麦芽、谷物和蜂蜜味）
焦糖化反应	游离糖（蔗糖转化生成的）	烯醇酮（焦糖味、薄荷味）
绿原酸降解	绿原酸	酚类（烟味、木质、酚醛和药味） 内酯（苦味） 二氢化茚（苦味）
脂质氧化反应	不饱和脂肪酸	醛类（脂肪味和青味）

先需要通过热处理将其分解为葡萄糖和果糖,以进行美拉德反应。美拉德反应产生的最终挥发物是吡啶、吡嗪、二羰基化合物(如二乙酰基)、噁唑、噻唑、吡咯、咪唑和烯醇酮(呋喃醇、麦芽酚、环戊烯)等。由于美拉德反应,烘焙后只能发现微量的游离氨基酸和游离糖,而烘焙后蛋白质含量和大多数多糖的变化很小。

斯特雷克降解反应是美拉德反应的一部分,具有特征的斯特雷克醛类(ReCHO),因此往往单独列出。斯特雷克降解反应会产生具有咖啡味(3-甲基丁醛/2-甲基丁醛)、马铃薯(甲缩醛)和蜂蜜状(苯乙醛)的挥发性醛,对于形成咖啡风味十分重要。此外,斯特雷克降解反应还会产生烷基吡嗪,有助于产生咖啡香气的泥土味、烘焙味。

糖在高温下会发生焦糖化反应,产生焦糖。由于存在反应性氮物质(如氨基酸),使焦糖具有较低的活化能,在美拉德反应途径中往往转化形成香气组分。美拉德反应和焦糖化反应都是形成棕色聚合物(即黑色素)的主要途径。

绿原酸(CGA)降解也是咖啡烘焙过程重要的反应途径。咖啡烘焙后,绿原酸会迅速降解。在烘焙开始的前 9 min,约90%的绿原酸已发生反应。绿原酸降解会导致其水解产物(如奎尼酸)和酚酸(如阿魏酸)进一步降解,形成重要的酚类风味组分(如愈创木酚和4-乙烯基愈创木酚)。最近研究表明,绿原酸降解形成的绿原酸内酯的分解产物(如羟基化的苯基茚满)是咖啡苦味组分的来源。

脂质氧化反应是咖啡风味形成的重要途径,特别是不饱和脂肪酸的脂质氧化会产生不同的强醛,如己醛、壬醛、其他烯醛和二醛,这些组分对咖啡香气并不形成关键影响。生成的醛类组分,还可以进一步通过环化和其他组分进行反应。大多数聚合碳水化合物、脂质、咖啡因和无机盐在咖啡烘焙过程中并不参与反应,在咖啡中以稳定形态保存。

(3)特征风味形成途径

咖啡风味是极其复杂的,在咖啡豆中检出风味组分 300 多种,在烘焙咖啡中检出风味组分 800 多种。随着研究技术的进步,咖啡种类和种植区域的增加,新的咖啡风味组分仍在持续的增加中。在众多的咖啡风味组分中,只有相对少数组分(60~80 个)对咖啡香气有贡献,该部分组分被称为特征风味组分。从上述化学反应阐述可知许多组分直接或间接形成于美拉德反应,同时也有许多是其他不同途径产生的。下面将借助于哥伦比亚烘焙咖啡中特征组分阐述特征风味组分的形成途径。

①脂质氧化产物:咖啡的生豆中含有脂质和蛋白质,其中的不饱和脂肪酸在自氧化作用下,经过氧化物中间体的分解会形成各种醛和酮。虽然形成组分的气味较弱,但也会对烘焙咖啡的风味造成一定程度的影响。阿拉比卡咖啡豆中脂质含量为 15%~18%,其中约 50%含量为亚油酸,油脂氧化产物虽会形成各种醛酮,但主体不会有太大变化,如己醛、1-辛烯-3-酮、顺-2-壬烯醛、反-2-壬烯醛、反-2,6-壬二烯醛、顺-2,6-壬二烯醛、反-2,4-壬二烯醛和反-2,4-癸二烯醛均是脂质氧化的代表性产物。

②吡嗪类产物:咖啡在烘焙过程中会产生众多的吡嗪类产物,主要是由美拉德反应生成,总量约占总挥发物含量的 14%,形成途径如图 2-3 所示。

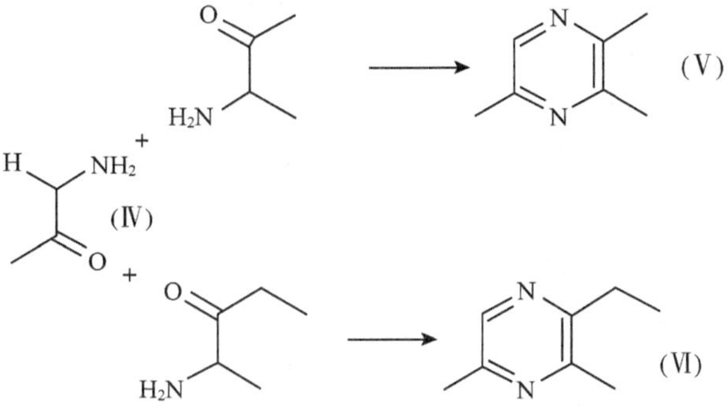

图 2-3 通过 α-氨基酮形成芳香相关的烷基吡嗪

α-氨基酮（Ⅳ）为斯特雷克降解反应生成组分，由于 α-氨基酮具有各种不同烷基，经过缩合生成了不同的吡嗪类产物。大多数吡嗪类产物呈现"烘焙、焦糖和花香"的感官风味，但由于其含量和阈值的原因，大多感觉不到。只有少数，如 2,3,5-三甲基吡嗪（Ⅴ）和 2-乙基-3,5-二甲基吡嗪（Ⅵ）对咖啡香气有影响。生咖啡中存在强烈的类似蔬菜气味的组分，如 2-甲氧基-3-异丙基吡嗪和 2-甲氧基-3-异丁基吡嗪，它们有助于烘焙后的咖啡的最终风味。与被鉴定为烘焙咖啡成分的 80 多种吡嗪相反，甲氧基烷基吡嗪不是通过美拉德反应形成的，而是在咖啡植物组织内生成的。

③斯特雷克醛：斯特雷克降解反应产生的各种挥发性组分是咖啡香气重要组分部分，形成途径如图 2-4 所示。通过美拉德反应途径产生的 α-二羰基（Ⅶ）具有高反应性，并且与氨基酸的游离氨基缩合。然后通过氨基转移和脱羧反应形成各种化学结构的 α-氨基酮（Ⅳ）和斯特雷克醛（Ⅷ），如 2-甲基丙醛（Ⅸ）、2-苯基乙醛（Ⅹ）、3-甲基丁醛（Ⅺ）和 2-甲基丁醛（Ⅻ）或 3-甲硫基丙醛（ⅩⅢ），具体取决于前体氨基酸。除甲硫醇（ⅩⅣ）外，短链斯特雷克醛是新鲜烘焙和磨碎咖啡产生令人愉悦气味的关键化合物。

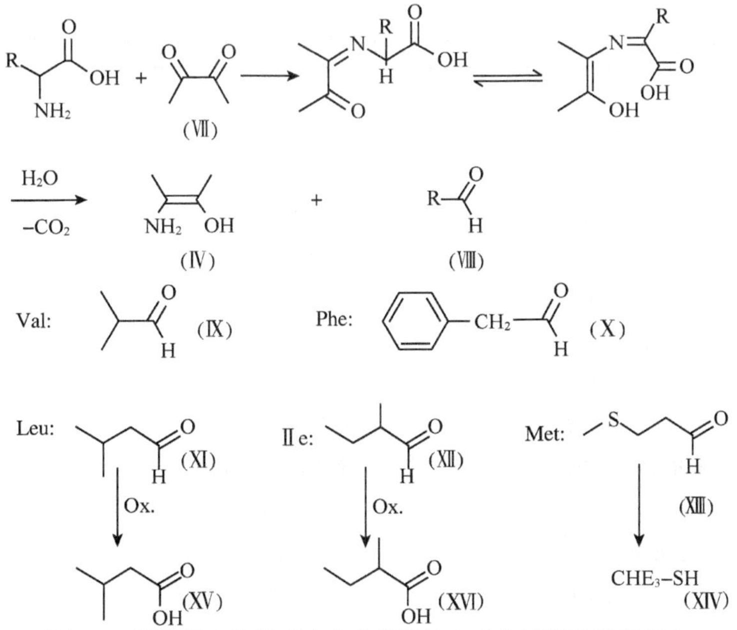

图 2-4 斯特雷克降解反应产生的烘焙咖啡中的强烈香气组分

④3-甲硫基丙醛和甲硫醇：3-甲硫基丙醛是甲硫氨酸和斯特雷克醛转化产物，是咖啡风味中形成煮熟马铃薯风味的特征组分。该风味组分在很多热处理食品中均能检测到，对烘焙咖啡的风味也有重要贡献。3-甲硫基丙醛能够进一步降解，形成更具挥发性的甲硫醇。尽管甲硫醇浓缩状态下显示出腐臭气味，但在较低含量下，甲硫醇是新鲜烘焙和磨碎咖啡产生的令人愉悦香气的关键化合物。

⑤挥发性酸：几种斯特雷克醛分别用作低链脂肪酸的前体，如3-甲基丁酸和2-甲基丁酸。2种异构体的感官品质略有不同。3-甲基丁酸具有令人讨厌的足汗样气味，而2-甲基丁酸则具有发酵味和较少的汗味。这2种组分在使用设备检测时往往不容易分离。在烘焙咖啡中3-甲基丁酸含量约是2-甲基丁酸的7倍，而阈值却比2-甲基丁酸低了3倍。

⑥2-呋喃甲硫醇：2-呋喃甲硫醇是少数几个可以被描述为咖啡味的风味组分，其在感官品评中散发出强烈的咖啡香气，对咖啡风味极其重要。2-呋喃甲硫醇的形成途径尚未有定论。可能是戊糖硫化过程中与含硫氨基酸组分热降解，而导致硫化氢与2-呋喃醛或2-糠醇之间的反应形成的。最近，在含有鼠李糖或2-呋喃醛和半胱氨酸或蛋氨酸的烘焙模型系统中鉴定出了2-呋喃甲硫醇。

⑦碳水化合物降解：碳水化合物降解主要是指还原糖降解，还原糖在热作用下降解生成环戊烯酮。环戊烯酮也可以充当反应前体组分，与α-氨基酮和氨缩合形成双环吡嗪，例如，5-甲基-6,7-二氢-5H-环戊并吡嗪是具有烤花生风味物质；2,5-二甲基-4-羟基-3-(2H)-呋喃酮是具有焦糖风味和口感组分，该组分不仅是烘焙咖啡的重要香气，而且在许多热处理食品中均有检出。该化合物可能是由鼠李糖在烘焙条件下产生的。

⑧酚类：酚类组分主要是绿原酸降解生成的，可以为咖啡提供一些酚类和丁香风味。大部分酚类组分对咖啡风味无影响，只有4-乙烯基愈创木酚和愈创木酚对烘焙咖啡的风味有相当大的影响。哥伦比亚烘焙咖啡中与香气有关的挥发物的气味描述、强度和主要形成途径见表2-3所列。

表2-3　哥伦比亚烘焙咖啡中与香气有关的挥发物的气味描述、强度和主要形成途径

序号	化合物	感官风味	强度	形成途径
1	甲硫醇	腐败味	*	M、S
2	甲硫醚	硫黄味	*	M、S
3	2-甲基丙醛	辛辣味、果香	*	M、S
4	2-甲基丁醛	发胶味、果香	*	M、S
5	3-甲基丁醛	辛辣味、果香	*	M、S
6	2,3-丁二酮	黄油味	**	M
7	2,3-戊二酮	黄油味	*	M
8	正己醛	坚果味、青涩味	*	L
9	3-甲基-2-丁烯-1-硫醇	麝香味、臭鼬味	**	P
10	1-辛烯-3-酮	蘑菇味	*	L
11	2-甲基-3-呋喃硫醇	肉味	***	T
12	2-乙基吡嗪	烘焙味	*	M
13	2-乙基-3-甲基吡嗪	烘焙味	*	M

(续)

序号	化合物	感官风味	强度	形成途径
14	2,3,5-三甲基吡嗪	烘焙味、霉味	* *	M
15	2-呋喃甲硫醇	烘焙味、咖啡味	* * *	M
16	2-甲氧基-3-异丙基吡嗪	辣味	*	G
17	醋酸	醋味	*	M
18	3-甲硫基丙醛	烤马铃薯味	* * *	M、S
19	2-乙基-3,5-二甲基吡嗪	烘焙味、霉味	* *	M
20	2-糠基甲基硫醚	蒜味	*	M
21	顺-2-壬烯醛	金属味、油脂味	*	L
22	2-甲氧基-3-异丁基吡嗪	辣味	* * *	G
23	反-2-壬烯醛	油腻味、脂肪味	*	L
24	芳樟醇	花香	*	G
25	顺-2,6-壬二醛 反-2,6-壬二醛	黄瓜味	*	L
26	5-甲基-6,7-二氢-5H-环戊并吡嗪	烤花生味	*	M、Ca
27	2-苯乙醛	蜂蜜味	*	M、S
28	3-巯基-3-甲基丁醇	肉汤味	*	P
29	2-甲基丁酸	发酵味、汗味	*	M、S
30	3-甲基丁酸	脚汗味	* * *	M、S
31	反-2,4-壬二醛	天竺葵味	*	L
32	反-2,4-癸二烯	油味	*	L
33	β-大马烯酮	果香、茶香	* * *	C
34	甲基环戊烯醇酮	香辛料	*	Ca
35	愈创木酚	甜味、酚味	* *	PA
36	2,6-二甲基苯酚	酚味		PA
37	2-苯乙醇	蜂蜜、啤酒味	*	M、S
38	苯酚	酚味	*	PA
39	4-乙基愈创木酚	丁香	*	PA
40	2,5-二甲基-4-羟基-3-(2H)-呋喃酮	焦糖	* * *	M
41	间甲酚	酚味	*	PA
42	3-乙基苯酚	酚味	*	PA
43	4-乙烯基愈创木酚	丁香	* *	PA
44	索托隆	香辛料	* * *	M
45	3,4-二甲基苯酚	酚味	*	PA
46	苯己酮	香辛料	* *	M
47	3-甲基吲哚	臭味	*	M

注：*-弱；* *-强烈的；* * *-非常强烈；M-美拉德反应；S-斯特雷克降解反应；L-脂质氧化反应；G-生咖啡挥发物；T-硫胺素降解；P-异戊醇降解；C-类胡萝卜素降解；Ca-焦糖化；PA-酚酸降解。

(4) 咖啡早期香气的形成

咖啡烘焙早期香气形成等温线热图如图 2-5 所示。

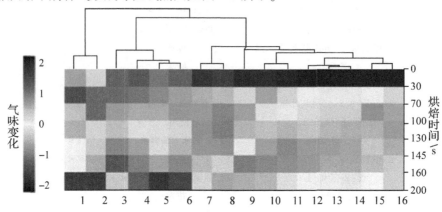

图 2-5　咖啡烘焙早期香气形成等温线热图

1. 二甲基硫醚；2. 己醛；3. 3-巯基-3-甲基甲酸丁酯；4. n-甲基吡啶；5. 2-呋喃硫醇；6. 吡啶；7. 2,3-丁二酮；8. 2,3-戊二酮；9. 三甲基三硫化物；10. 甲基巯基；11. 3-甲基丁醛；12. 2-乙基-3,5-二甲基吡嗪；13. 2-甲基丁醛；14. 2,3,5-甲基吡嗪；15. 甲基丙醛；16. 4-乙烯基愈创木酚

图 2-5 中描述香气化合物的组成变化直接影响感官风味物质形成，该变化图指示数据归一化后浓度的相对变化。图中说明了各种咖啡香气化合物的归一化发展和降解情况，它们在鼓式烘焙烤炉中于 260 ℃ 等温烘焙 4 min。结果表明，在烘焙的早期阶段就已经存在草味的己醛，甚至在生豆中也存在一定程度的气味，然后在更严格的烘焙条件下缓慢降解。烘焙约 200 s 后会产生带有气味的 2-糠基硫醇，类似于吡啶和 N-甲基吡咯，而黑醋栗味的 3-巯基-3-甲基丁基甲酸酯已被降解。在温和的条件下(120 s)已经形成了带有黄油味的二酮(7、8)，然后又再次降解。260 ℃ 等温线烘焙 2~3 min 时，形成了具有恶臭味的斯特雷克醛(11、13、15)，类似于土味的吡嗪(12、14)。约 70 s 后会形成烟熏味的 4-乙烯基愈创木酚(16)，经过 130 s 的最大值后会再次降解。

 **思考题**

1. 简述咖啡鲜果成熟经历的 4 个主要阶段。
2. 分析咖啡成熟度与干物质积累关系。
3. 简述咖啡初加工的理论基础。
4. 简述咖啡初加工过程中咖啡豆物理变化过程。
5. 简述咖啡初加工过程中咖啡豆化学变化过程。
6. 简述咖啡深加工理论基础。
7. 分析烘焙过程中咖啡豆物理变化过程。
8. 分析烘焙过程中咖啡豆化学变化过程。
9. 分析加工过程对咖啡风味和感官品质变化影响。
10. 简述咖啡在加工过程中发生的主要化学反应。
11. 分析哥伦比亚烘焙咖啡中主要香气成分与形成途径。
12. 简述咖啡烘焙过程中特征风味形成途径。

第 2 篇　咖啡初加工

本篇介绍咖啡鲜果采收到精制咖啡豆加工的整个咖啡初加工工艺过程，包括咖啡鲜果采收后预处理、脱皮、脱胶、咖啡湿豆干燥、咖啡豆脱壳（抛光）、咖啡豆粒径分级、咖啡豆重力分级、咖啡豆颜色分级、咖啡豆的质量评价等部分或全部工序。重点分析咖啡黏稠度、甜感、果味、酸度等在干法加工、半湿法加工、湿法加工等工艺条件下的变化特点和咖啡初加工工艺对咖啡质量的影响因素。

第 3 章 咖啡鲜果的预处理

【本章提要】

本章论述了咖啡鲜果的预处理方法,重点阐述咖啡鲜果采收条件、咖啡鲜果除杂分级方法、咖啡鲜果果皮处理、咖啡湿豆果胶处理、咖啡湿豆浸泡、咖啡湿豆清洗浮选分级等预处理方法。

3.1 咖啡鲜果预处理工艺

(1) 咖啡鲜果采收

咖啡鲜果采收期约 4 个月(130 d)左右,我国每年 10 月中下旬开始先后进入咖啡鲜果采收期。合格的咖啡鲜果标准为成熟度达 90%以上的自然成熟,无劣质果和杂质等;劣质的咖啡鲜果为:绿果、黑果、病斑果、干果等。采收时需将好果和病虫果、干果(黑果)等分开采收;采收的鲜果不要堆放在阳光下暴晒,有专人负责验收鲜果;要求当天采收的鲜果当天脱皮。收集自然掉落遗留在咖啡树下的果实,无论成熟与否,均为低质量鲜果。采收要求咖啡鲜果成熟度一致,并且不含未成熟的青果和成熟过头的干果。一般要求鲜果的成熟颜色为鲜红色。也有一些少部分特殊处理的厂商要求统一为半成熟状态,收购后通过人工干预发酵以增加风味特性,也有精品咖啡微批次处理的厂商要求采收程度统一为全熟透的紫色和紫红色,让咖啡果在脱皮前自然发酵,以及咖啡新鲜果胶甜度达 20%左右,以提高咖啡豆杯测时的甜度感。采收咖啡鲜果应及时收集和运输,以确保咖啡鲜果质量。哥伦比亚咖啡园中的咖啡鲜果收集台如图 3-1 所示,这种咖啡鲜果收集台结构简单,方便实用,为确保产区咖啡质量提供保障。

图 3-1 哥伦比亚咖啡鲜果集中收集台

1. 咖啡园;2. 送料台阶;3. 平台支架;4. 出料阀;5. 出料口;6. 收集料斗;7. 顶棚

咖啡果实的适时采收是确保咖啡加工质量的重要组成部分——未成熟果不含胶黏物，在脱果皮时，不易脱去果皮，咖啡豆容易被切碎和压破，且加工后绿色带银皮咖啡豆的比例较高；过熟果加工后褐豆和黑豆比例较高，色泽和饮用品位差；只有正常成熟果加工出的咖啡才能保证生咖啡豆的加工色泽、品味、内含物、香气等方面的要求。咖啡果实由金黄色变成鲜红色为适宜采收期，此时采收的咖啡果实果皮鲜红色，轻轻地挤压一下，咖啡豆粒就能轻易地弹出。

(2) 咖啡鲜果预处理工艺特点

咖啡鲜果采收后的预处理工艺主要包括：采摘后的咖啡鲜果、除杂分级、脱皮(胶)、清洗浮选等。咖啡鲜果采收后进行分级处理，分一级果、二级果和三级果。各级界定如下：一级果属正常成熟的无疤痕全红鲜果；二级果属正常成熟的外果皮局部有疤痕的红果和过熟紫色果以及熟度稍差果柄端稍绿的果；三级果为除一、二级果以外的所有咖啡果。三级果按级外果进行单独加工，或直接干燥脱壳后作为级外咖啡豆。

3.2　咖啡鲜果除杂分级

咖啡鲜果收购点均要求当天采收的咖啡鲜果集中到鲜果处理厂，当天晚上进行加工处理。对咖啡鲜果的级别一般只设定为正常和级外两个级别，但两个级别的咖啡鲜果都规定不能含石头、铁钉、土块、树叶等异物，其中正常级别要求过熟干果和青果等不合格果实比例小于5%，质量达不到要求即当场进行人工挑拣，否则做级外处理；而级外咖啡果的收购价格基本上是正常级别的一半，主要是采收时不小心碰掉的干果和未成熟果，以及病虫害果，或者采收后超过2 d过度发酵的咖啡果等。

有条件的鲜果处理厂，对当天收购的正常级别咖啡果，在脱皮前利用不同筛孔的振动式粒径分选机，对咖啡果进行颗粒大小筛分；并利用色选机对不同成熟度颜色的咖啡果进行分级；利用虹吸池的水作用去除漂浮的不饱满果实和硬物等杂质；再针对过熟果和青果不容易挤压脱皮的特性，利用挤压式青果分离机筛选掉不合格咖啡果。这样可以大大弥补咖啡果的采收质量缺陷，让分级后的咖啡鲜果大小均匀、饱满度和成熟度一致，以提高后续的咖啡鲜果脱皮(含脱胶)工艺净皮率，发酵和干燥过程的产品均匀程度，减少生产过程的环境污染，最终提高生产质量的一致性。

除杂分级方法有：虹吸处理(水浮力)、机械青果分离(机械挤压)、带式色选分级(色选)、笼式分级(大小)。这里介绍虹吸处理(水浮力)除杂分级。

目前主要使用的设备为KHQ1500型和KHQ1200。主要技术指标均要满足：黑果(干果)清洗率大于98%；每吨鲜果清洗耗水量≤4 m³；砂石等杂质除净率大于99%。图3-2(a)为圆形机械虹吸除杂分级，主要是针对鲜果采摘质量差，杂质含量较高的场合，图3-2(b)为方口机械虹吸除杂分级，2种结构的工作原理相同。

咖啡鲜果机械虹吸处理(水浮力)除杂分级的工作原理是：采摘的咖啡鲜果经收集池定量排入虹吸池中，同时向虹吸池中注入一定比例的清洁水，成熟的鲜果由于质量介于砂石和水之间，在缓慢下沉中经虹吸作用从虹吸管中排出。轻果、树叶等质量小于水的杂质飘浮水面，从出水口排出。重果落底，砂石等质量大的杂物快速沉到虹吸池底部收集口，最后从除石口排出，保护脱皮机辊筒。当轻果排净后，打开虹吸管，成熟重果随水从虹吸

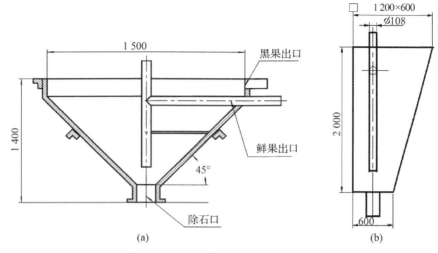

图 3-2 咖啡鲜果虹吸池结构示意（单位：mm）

管排出，当液面积累一定量的轻果后，再次重复上面的操作，从而实现鲜果不断的清洗和分级。KHQ1500 型咖啡鲜果机械虹吸池的清洗能力为清洗鲜果 6 t/h。采用直径为 1 500 mm 的放料清洗口，这种结构的优点就是进入除杂分级的鲜咖啡容易散开，砂石等杂物易沉底，清洗效果好，清洗后的咖啡不需要再进行除石处理而直接进入脱皮机加工，省却除石设备。KHQ1200 型咖啡鲜果机械虹吸除杂分级的清洗能力为清洗鲜果 4 t/h，采用 1 200 mm×600 mm 的矩形清洗口。这种结构的优点就是进入除杂分级的轻果、黑果能快速浮起的同时，下沉的咖啡鲜果不容易被冲起，分级速度快，清洗效果好，但清洗前的咖啡需要除石设备进行除石处理。

3.3 咖啡鲜果脱皮

咖啡鲜果脱皮主要是利用专业设计的动力摩擦式咖啡脱皮机进行处理，对咖啡豆和咖啡果皮进行分离。该机械大致分为摩擦盘站立式、摩擦辊筒站立式、摩擦辊筒卧式、小型手摇试验性脱皮机等类型。小型手摇试验脱皮机、摩擦盘站立式脱皮机（动力型）、卧式摩擦辊筒脱皮机，在经济交通不发达、缺少电力的国家和咖啡园零散的地区仍然有所使用，目前大部分国家采用哥伦比亚风格，使用电力摩擦辊筒站立式脱皮机。卧式摩擦辊筒脱皮机工作示意如图 3-3 所示。

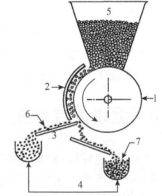

图 3-3 卧式摩擦辊筒脱皮机工作示意
1. 卧式摩擦辊筒；2. 固定摩擦片；
3. 出豆口；4. 收集台；
5. 鲜果料斗；6. 湿豆；7. 果皮

无论是卧式还是立式的咖啡鲜果脱皮机，其脱皮原理均是：咖啡果皮与带壳咖啡豆间有大量的果胶，成熟的咖啡鲜果倒入脱皮机中，滚筒旋转时，咖啡鲜果被带入滚筒凸起单向半圆形棘爪与固定刀具（卧式的为固定内壁刀）的间隙中，同时受到挤压、剪切、摩擦、撕裂的作用，果皮与豆迅速分离。对于卧式脱皮机，在辊筒离心惯性力的作用下，较重的咖啡豆迅速从第一出料口排出。而质量较小、体积较大、产生惯性较小且被棘爪抓附的果皮，脱离辊筒稍慢，因而从后一个出料口排出。

对于立式脱皮机，果皮由滚筒表面的半圆形棘爪带出，并沿出皮口排出，咖啡豆则经固定刀导流槽沿出料口排出。咖啡果皮与带壳咖啡豆自然分离，从而实现鲜果的皮豆分离，完成脱皮工作。目前，主要使用的脱皮机（组）有哥伦比亚 UCBE2500 型咖啡鲜果脱皮机、巴西 DC-6D-SV-11 型咖啡鲜果脱皮机组和国产 6KTP-250 型咖啡鲜果立式脱皮机（图3-4）。

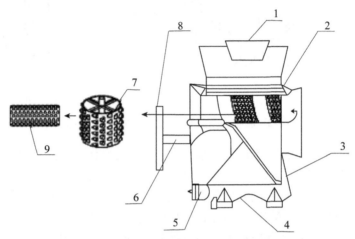

图 3-4　6KTP-250 型咖啡鲜果立式脱皮机工作示意
1. 进料斗；2. 固定脱皮刀；3. 支架；4. 出料口；5. 锥齿传动；6. 横轴；7. 辊筒；8. 带轮；9. 辊筒工作表面

使用要求：脱皮机要调整适当，使进料和脱皮理想。要求果皮分离棒与辊筒外沿摩擦筛的距离（上、中、下）为钢锯片厚度；如果上、中、下距离不一致，必须补焊或打磨碾刀外沿。辊筒摩擦筛的碾齿破损达到3个必须补换，碾齿横切面掉落破损必须随时用硅胶等填充物进行填补修理。要求机损咖啡豆比例<1%。碾破咖啡豆粒擦伤面>1/8 为破碎，擦伤面<1/8 为损坏，咖啡豆擦破损坏会导致微生物侵入，使咖啡豆变臭、变黑，质量严重下降。要避免脱皮时豆粒随果皮一起被脱皮机甩出，即使是瘪豆也不能甩出，否则影响鲜干比例，造成经济损失。

咖啡成熟的鲜果应在采收的当天分级脱皮，若当天不能脱皮的果实，必须存放在水中，否则果实会很快发酵而降低质量。对于高峰期严重超负荷的加工厂，宁可把部分鲜果进行干法加工，也不能天天加工隔夜发酵果，否则会造成整体质量大幅下降。

3.4　咖啡湿豆脱胶

咖啡果脱皮后得到的咖啡湿豆，表面上还带有不易洗掉的一层果胶层，果胶是不溶于水的异质多糖类，主要成分为半乳糖醛和甲醇。生产上主要采用发酵脱胶、机械脱胶，也有的不进行脱胶加工。

（1）发酵脱胶

发酵池水温20~25 ℃，pH值为7，发酵时间6~8 h；超过12 h，pH值小于4.5，杯测有酸臭味。果胶最初产物为乳糖、乙醇、酮类和乙醛（有水果芳香），很快降解为乙酸、丙酸、酪酸等洋葱味（发酵过度）腐败物。乳酸菌是体积小、生长快的细菌，在高温、有氧、pH 值为 7 的环境生长最快；酵母菌是体积大、生长慢，在缺氧、低温与酸性环境生长最快。发酵池酸度数小时从 pH 值为 7 降至 5 以下，pH 值不要低于 4.5（有洋葱味）。发酵水超过 7 h，底部缺氧，发酵不足。

传统的湿法加工发酵脱胶完全依靠微生物的分解来完成，在 20 ℃ 条件下需要发酵 24~36 h，低温、阴雨天气则需要更长时间。因为发酵脱胶过程受气温、季节和天气影响很大，发酵所需时间长短不一，仅凭个人经验掌握发酵程度，从而导致各批次咖啡豆质量参差不齐，同时带壳咖啡豆清洗过程劳动力消耗量大，费水、费时，加工成本高，每吨鲜果约需要 6 t 水，意味着也会产生 6 t 的污水。

(2) 机械脱胶

咖啡脱胶机是为了适应缺水或环保而诞生的机型，其工作原理是：带壳咖啡豆的脱胶工作是利用垂直摩擦、剪切和挤压原理，也就是带壳咖啡豆从底部被螺杆式搅拌辊筒顺时针旋转，利用搅拌辊筒的带动粘有果胶的带壳咖啡豆沿螺旋高速向上运动，此期间带壳咖啡豆的相互摩擦、剪切和挤压而清除水质状的果胶，也就完成脱胶工作，同时水管进行喷淋，完成脱胶。

无论国外进口还是国产的咖啡脱胶机，其主要技术指标均要满足：果胶脱净率≥90%，破碎率≤3%，吨鲜果耗水量≤0.7 m³。

目前，主要使用的脱胶机（组）为：哥伦比亚 DVC306 型咖啡鲜果脱胶机、巴西 DFA-1 和 DMP-0 型咖啡脱胶机、巴西 ECO-4S-SVD-11 脱皮脱胶联机组、国产 6KTJ-1.5 型咖啡脱胶机、国产 6BK-4.0 型咖啡脱皮脱胶分级一体机组等。咖啡脱皮脱胶分级一体机组有着不可替代的优越性而得到广泛应用。国产 6BK-4.0 型咖啡脱皮脱胶分级一体机组最高加工能力达到 4 t/h。其工作示意如图 3-5 所示。

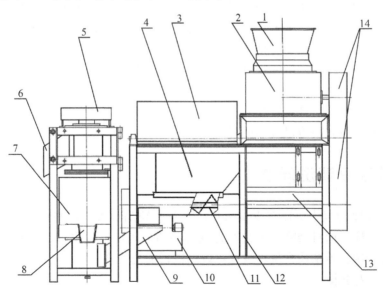

图 3-5　6BK-4.0 型咖啡脱皮脱胶分级一体机组工作示意
1. 进料口；2. 立式脱皮装置；3. 分选装置；4. 一级豆集料斗；5. 脱胶传动装置；6. 一级豆出料口；
7. 脱胶工作部件；8. 胶汁排出口；9. 脱胶进料装置；10. 横式脱皮装置；11. 螺旋输送器；12. 机架；
13. 果皮收集料斗；14. 脱皮与输送总传动装置

其工作原理：鲜果经进料口进入立式脱皮机脱皮后，再经纵向转筒的立式脱皮机出料口通过第一倾斜滑槽与辊筒分选机入料口进入辊筒，经过辊筒分选装置分选后，一级湿豆经第一集料斗与带转轴的输送机进料口推入脱胶工作部件中进行脱胶处理，二级湿豆经输送机出料口通过第二倾斜滑槽与带纵轴的脱胶机入料口进入二级立式脱皮装置进行再次脱皮处理，从而实现鲜果经主脱皮机处理后能及时通过辊筒分选分出一级和二级湿豆，分出的一级湿豆能及时脱胶，二级湿豆能及时再脱皮。采用咖啡鲜果直接进入立式脱皮装置中，成熟鲜果迅速脱皮，少数未成熟青果或黑果随已脱皮的果一起进入辊筒分选装置进行分级，已脱皮的湿豆自动从辊筒分选装置筒隙中分离出来，并被输送到脱胶机中进行脱胶后排出得到一级豆，而少量青果或黑果从辊筒分选装置一侧排到一台横式脱皮装置中脱皮（不需要脱胶）后排出得到二级豆，加工出的一级豆比例越高，则说明采果质量越好。

3.5 咖啡湿豆浸泡

针对自然发酵处理后的咖啡湿豆，经过浸泡处理，目的是进一步除净附在咖啡表面的果胶，提高带壳咖啡豆的外观和杯测质量。晴天情况下，可用干净卫生的清水浸泡 24 h 后捞取干燥。若出现连续阴雨天，可每天换水连泡 72 h 后捞取干燥。

经脱皮脱胶机处理的咖啡湿豆进行浸泡处理，目的是通过浸泡，可以有效平衡咖啡湿豆内含物，除去不成熟咖啡豆的青涩味，提高杯测质量。一般脱胶后的咖啡豆可用干净卫生的清水浸泡约 12 h 后捞取干燥。

脱皮或脱胶后的湿豆，应该利用水流漂洗和滚筒分离筛的作用，将里面残存的果皮清除干净，否则影响后续的咖啡豆干燥质量，一般传统的方法是将咖啡豆放入一条不少于 25 m 长度，不少于 40 cm 深度和宽度，底部有 5°~10°向出口倾斜的水沟中，通过人为搅拌和水流漂浮作用，不少于三次的栏板分级，让不饱满豆、残余果皮在水流中提前流走。对于咖啡湿豆进行严格分级的处理厂来说，可以通过三次以上栏板分级的方式将咖啡湿豆分为 3 个级别，越留在后面的咖啡湿豆其饱满程度越好，而跟随咖啡碎果皮一起提前流走的咖啡湿豆，一般是不饱满的咖啡豆，只能作为级外咖啡豆处理。

浸泡好的咖啡豆中仍伴有少量果皮、果胶、缺陷豆等，这些物质不清除不仅影响咖啡的干燥而且会降低咖啡豆外观等品质。因此，浸泡好的含有杂质的咖啡湿豆经过清洗分级处理，如果杂质含量较少也可以不进行清洗处理。

3.6 咖啡湿豆清洗浮选

脱皮（胶）咖啡湿豆中仍伴有少量果皮、果胶、缺陷豆等，这些物质不清除不仅影响咖啡的初加工工序，而且会降低咖啡豆外观等品质。因此，脱皮（胶）后的咖啡湿豆含有杂质必须经过清洗，若杂质含量较少也可以不进行清洗处理。

(1) 人工清洗分级

在一条 4 m×10 m 的 U 形槽（槽宽×槽深为 0.4 m×0.6 m）中，用干净清水在洗槽中逆向搅动，利用水的作用清洗和分级。搅动时先将果皮等异物飘浮流走，带壳豆果胶洗净后，先放轻豆入二级浸泡池，再放重豆入一级浸泡池。咖啡湿豆的清洗分级是一个耗时耗力的工作，传统的人工 U 形槽清洗不仅耗时耗力，而且还需消耗大量的水。值得注意的是，脱皮脱胶处理后，果皮果胶均已处理干净，一般浸泡后不需要进行清洗分级处理而直接进入干燥工序。

(2) 上浮式机械清洗

咖啡上浮式机械清洗器就能替代传统的人工清洗分级工作，其生产能力和清洗分级效果均达到要求，而且生产成本低，机械自动化程度高。下面以 6KQX-1000 型咖啡上浮式机械清洗器为例进行介绍。该机主要由清洗筒、清洗架、清洗叶片、清洗传动装置、导流板、机架、减速箱、电动机等构件组成。其工作示意如图 3-6 所示。

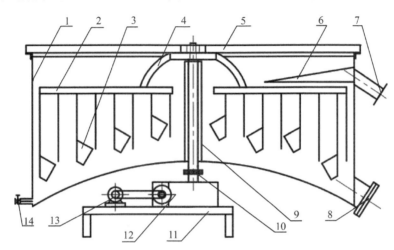

图 3-6　6KQX-1000 型咖啡上浮式机械清洗器工作示意
1. 清洗筒；2. 清洗架；3. 清洗叶片；4. 传动架；5. 固定架；6. 导流板；7. 排杂出口；
8. 出料口；9. 主轴；10. 联轴器；11. 机架；12. 减速箱；13. 电动机；14. 进水口

清洗浮选原理：湿咖啡豆和浸泡液一起放入清洗筒内，清洗筒内的清洗叶片在电动机和传动系统的带动下绕主轴旋转，在清洗叶片的作用下，清洗筒内的豆液混合体不断受到清洗叶片方向的力的作用，液体沿清洗叶片倾斜方向从下往上不断翻动，在液体翻动过程中，液体中混有的固体物质不断被翻动，这些固体物质包括成熟的咖啡豆、果皮、缺陷豆。由于比重不相同，成熟咖啡豆的比重略大于咖啡皮、缺陷豆的比重，清洗叶片不停地进行扰动作用，液体中的咖啡豆、咖啡皮、缺陷豆在重力和浮力共同作用下，较重的咖啡豆下沉，较轻的咖啡皮和缺陷豆上浮，同时不停地向清洗筒中供水，使得较轻咖啡皮和缺陷豆在导流板的作用下从排杂出口排出，成熟的咖啡湿豆从出料口排出，经滤水器把果胶与咖啡豆分离。

 **思考题**

1. 简述咖啡鲜果外果皮、中果皮、内果皮质量的特点。
2. 简述咖啡鲜果采用收集台集中收集的特点。
3. 咖啡鲜果有哪些除杂分级方法？
4. 简述卧式摩擦辊筒脱皮机工作过程。

5. 简述6KTP-250型咖啡鲜果立式脱皮机工作过程。
6. 简述咖啡鲜果采收后的预处理主要方法和内容。
7. 简述咖啡果胶的主要成分。
8. 简述咖啡湿豆脱胶的基本原理。
9. 简述咖啡上浮清洗除杂分级设备的工作原理。
10. 简述咖啡湿豆人工清洗分级方法。
11. 简述上浮式机械清洗设备工作过程。
12. 咖啡鲜果脱皮机由哪几大部分组成？其功用各是什么？
13. 分析6BK-4.0型咖啡脱皮脱胶分级一体机工作特点。
14. 咖啡湿豆为什么需要进行浸泡处理？

第4章 咖啡初加工工艺及原理

【本章提要】
咖啡初加工是指从咖啡鲜果到咖啡豆的加工过程，包含加工方式、干燥、脱壳、分级过程，它是影响咖啡质量的核心因素之一。本章通过介绍咖啡鲜果不同的加工处理方式，来阐述这个过程中对咖啡质量的影响。

4.1 不同初加工对咖啡质量的影响

咖啡鲜果采收后去除外果皮、中果皮的加工处理方式分为三大类——即干法加工、半湿法加工和湿法加工，相应处理咖啡豆的产品也衍生出日晒咖啡（sundried coffee、natural process）和水洗咖啡（washed coffee）。干法加工又分为树上风干、传统日晒、蜜处理、厌氧日晒等处理方式，湿法加工又分为机械脱胶、传统发酵、厌氧发酵、酶处理、半湿法、湿刨法、动物体内发酵等处理方式等。这些在传统处理法上所发展起来的各种新式处理法，其本质的意义是将咖啡的风味激活，利用发酵分解咖啡豆内的果胶，将风味物质透过豆壳，进入咖啡生豆内部，同时依靠微生物和咖啡自身的酶，分解咖啡内的多糖物质转化为醇类、乙酸、乳酸和其他酸类物质，从而改善口感。这些方法最简单的区别就是最后带壳咖啡豆上所带有果胶含量的多少。但值得一提的是，咖啡处理方式千变万化，除传统方法和机械脱皮脱胶方法的产量质量一致性高以外，其他处理方法应该尽量将处理方式的温湿度、时间及环境指标进行标准化控制，否则难以控制产品的稳定性。例如，同一棵树采收下来的果实以不同方式处理，控制不好就会有不同的风味呈现；甚至同一处理法仅改变细微的步骤都会导致风味不同。好的咖啡品种、种植环境、采收方式，加上好的初加工处理法以及后续的分级、烘焙、研磨、制作或精深加工方式，才是一杯完整的好咖啡。咖啡不同初加工流程如图4-1所示。

(1) 传统湿法发酵过程

鲜果→分级→虹吸浮洗→脱皮机脱皮→发酵池发酵→浸洗脱胶→干燥→脱种壳→粒径分级→重力分级→色选分级→称量入库→商品咖啡豆

主要特点：自然发酵的咖啡豆必须进行脱胶清洗，其用水量大、污水多、影响环境，同时发酵时间和发酵程度难掌握，豆的质量不稳。此方法只能根据种植区的实际情况灵活使用。

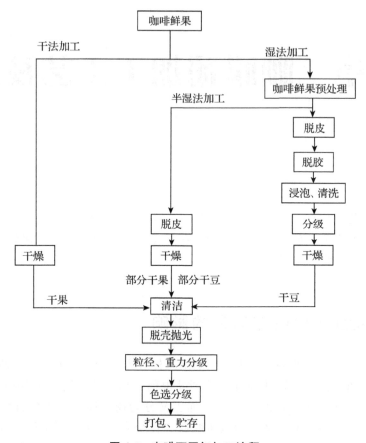

图 4-1 咖啡不同初加工流程

(2) 机械脱皮脱胶湿法加工工艺过程

鲜果→浮选分级→脱皮脱胶→浸泡→机械干燥→除杂→脱种壳(抛光)→粒径分级→重力分级→色选分级→称量入库→商品咖啡豆

主要特点：取消了湿豆的自然发酵过程，避免了因发酵过度降低咖啡质量，同时大量减少了污水排放，即省水又环保，一级咖啡豆比例增加、咖啡质量稳定。湿法加工一般分为两段进行：第一段是将鲜果水洗、浮选、脱皮、脱胶(或发酵)、浸泡、干燥后得到带壳干豆；第二段是带壳干豆经脱壳、风选、分级、色选即成商品咖啡豆。两段加工既可以一次性完成，也可以分阶段完成。

4.1.1 对咖啡豆新陈代谢的差异影响

咖啡行业中许多人都认为，果胶(果肉)和果皮中的糖分和果味会扩散/渗入到咖啡种子中。一些糖如蔗糖(在不同的咖啡鲜果处理方法中)，并没有扩散到种子中；另外一些糖，如果糖和葡萄糖(基于不同的处理方法)可以扩散和渗透。然而，这是咖啡种子新陈代谢的结果而不是糖分简单渗入或迁移。

在咖啡浆果采收后直至其含水量(干燥)到达 12% 期间，测量与种子萌发/发育机制相关的物质成分(如异柠檬酸裂解酶分子，β-微管蛋白)，可以看到(水洗)发酵和日晒处理咖啡豆之间存在的差异。水洗处理咖啡中(与种子萌发/发育机制相关的分子)的物质成分在采收之后 2 d 内到达高峰，大约一周后开始大幅下降，而在日晒处理咖啡中，这些物质成分在采收后一周才达到峰值，然后缓慢下降。这两个因素解释了这个现象：①咖啡果肉内可能存在某些抑制剂，减缓种子的萌发过程（这和风味化合物从咖啡浆果中进入种子内的说法符合）；②水洗处理法咖啡豆干燥速度快，可以迅速达到细胞静止状态，日晒处理法的咖啡因为其总量和含水量较高，需要更多的时间来干燥达到细胞静止状态。

日晒处理咖啡比水洗处理咖啡积累更多的 γ-氨基丁酸(GABA)，这种分子经常发生在植物细胞中。这是因为日晒处理咖啡需要更长的时间开始其新陈代谢。这些反应表明咖啡种子中某些分子有较高代谢活性。咖啡代谢机制中的差异可能影响咖啡的质量，直到更多的研究完成，我们目前只能做这样的理论假设。因为同一棵树采下来的果实以不同处理法后制，会有不同的风味呈现；甚至，同一处理法但改变细微的步骤或仅是发酵时间微调，都会导致风味不同。咖啡初加工处理法的指导性风味如下，日晒法：酸质较低、甜度较明显、触感最清楚、干净度略低；水洗法：酸质较明显、干净度较好、触感中度、生豆质量一致；蜜处理或巴西去皮留黏质处理法(PN)处理：酸质中度、甜度比水洗法好、干净度比日晒法好、触感中度。

4.1.2　对咖啡豆化学成分及风味的影响

(1)对风味和香气影响

咖啡豆烘焙时会产生风味与香气，而香气化合物会由许多化学反应在咖啡生豆中转化而成。在烘焙过程中单糖和多糖的降解会产生甜味和焦糖化香气。相反的，羟基肉桂酸(一种酚类化合物)的降解会产生香料的香气。苏氨酸和丝氨酸等羟基氨基酸转化为吡嗪和吡咯类的挥发性化合物，产生咖啡烘焙特有的气味。咖啡初加工处理法会影响咖啡豆进入烘焙机时，生豆中会释放出的化学物质，因此会影响烘焙产出的咖啡香气。

(2)对化学成分变化影响

咖啡果实通常有 2 个种子，种子外围会被内果皮和果胶层包覆，外层还有果肉、果皮，而咖啡果实的果肉本身就包含大量糖分。处理法简单来说就是将种子从果实中取出的方法，世界各地有不同的传统和创新的手法，但咖啡通常会通过日晒或水洗的方法处理。使用日晒处理时，咖啡会连皮带果胶直接在太阳下暴晒。水洗处理会在干燥处理前就去除果肉及果皮等物质，蜜处理则是介于两者之间，也就是在干燥前将咖啡的果肉及果皮去除，但保留部分果胶进行处理。处理法会对风味和香气产生影响，是因为留在日晒或蜜处理咖啡果肉上的糖发生变化，而这显著改变了生豆的化学成分。这些变化会反映在最后在咖啡中喝到的甜味及醇厚度。

4.1.3　对咖啡豆感官杯测的影响

(1)采用日晒处理法对咖啡风味的影响

果实在采收之后不经处理便开始日晒干燥过程，这是现存最古老的处理方法。干燥的过程通常要持续 4 周左右。处理的方法必须非常严谨，以保证咖啡不失去任何风味。自然日晒法要求当地气候极为干燥。在某些地区，人们会利用烘干机辅助咖啡果实的干燥过程(烘干机的热风能够加速干燥过程，帮助人们控制干燥程度)。风味方面：日晒法的咖啡豆有完整的自然醇味，醇厚温柔的香气与较多的胶质（黏稠感强），醇度和甜度突出，酸度较低。代表性的味道有：酱香、呛香、高顺滑的醇度。

（2）水洗法对咖啡生豆风味的影响

利用水洗和发酵的方法去除果皮果肉及黏膜，使用水洗法的农场一定要建造水洗池（清洗分级槽），并能够引进源源不断的活水。处理时，将完成发酵的咖啡豆放入池内，来回推移，利用咖啡豆的摩擦与流水的力量将咖啡豆洗到光滑洁净。经过水洗之后，这时，咖啡豆还包在豆壳里，含水率达50%，必须加以干燥，使含水率降到12%，否则它们将继续发酵，变霉腐败。较好的处理方法是使用阳光干燥，耗时3周。水洗咖啡豆质量稳定，外观整齐干净，很受欢迎。风味方面：水洗法有不错或较低的醇味，高度的香气和活泼的酸味。比较有代表性的味道：柑橘酸、水果香气。

（3）半水洗法咖啡豆对风味的影响

咖啡果实必须先在水洗槽中剔除瑕疵豆，接着用机器刨除果皮、果肉及胶质层，一般再水洗1 h，因为浸泡时间不是很长，所有咖啡果肉的果胶不易全部脱掉，果肉上还有残留果胶，此时再将潮湿带水的带壳咖啡豆放到晒场平铺晾干，最好用非洲的高架网床晒制，因为其通风效果好。而蜜处理法是在机械脱皮后不沾一滴水，经过特定发酵程序完成后，不再进行清洗，让果胶尽可能黏附在豆壳上进行干燥。风味特点：整体风味更凸显果胶的香甜，味道很接近芒果、龙眼、榛果和蜂蜜的甜香，咖啡的醇度扎实，酸度较为低沉顺滑。

（4）印度尼西亚苏门答腊湿刨法

苏门答腊湿刨法与一般的日晒、水洗或蜜处理的咖啡豆种豆处理方式的不同之处是，咖啡豆一般是鲜果脱皮后，先进行脱水处理半干燥，让咖啡豆变硬，再去除豆壳；而湿刨法是在咖啡豆半软半硬的时候（含水量30%~50%）直接机械脱去豆壳，进行暴晒或半阴干，这可大大地降低咖啡豆干燥和脱水的时间（主要是因为苏门答腊天气潮湿，干燥和脱水咖啡豆很浪费时间，所以助兴了此处理方式）。风味方面：有较高的醇厚度，带有明显的焦糖和果香味，微有木质味和草药味，如曼特宁咖啡，这就是苏门答腊的地域之美。

4.1.4 对产生不同浓度代谢物的影响

①在不同的加工条件下，微生物和种子代谢都会影响咖啡豆的代谢物组成特性，最终影响咖啡的质量。在这里，简要地考虑了3个具体水洗加工参数的影响：发酵时间、咖啡鲜果是否经过机械脱胶、咖啡豆在发酵和清洗后是否浸泡过。

在基本的水洗加工过程中，新鲜咖啡鲜果的果皮被去除，并浸入水中发酵。然后，将发酵池水排干，用清水清洗发酵豆去除残留的果胶黏液。有时，这些洗过的咖啡豆会浸泡在水池里或单独的桶里，再用清水浸泡。在清洗或浸泡后，咖啡豆干燥到一定的水分含量水平。水洗加工的一个变化是通过脱胶机机械地去除果胶黏液。我们将此2种方法都定义为脱胶过程。

②在水洗加工过程中，使用去果皮、果肉咖啡豆还是使用去除果皮、果肉以及果胶的咖啡豆作为发酵的起始原料一直存在争议，即在水洗加工过程中要不要去除果胶。

除胶机作为传统发酵的生态替代品，可以节约发酵过程的用水量，缩短加工时间，但其对感官质量的影响仍然难以评估。研究表明，果胶黏液可以增加发酵水中微生物所需要的营养量,这就是为什么水中带果胶发酵效果比去果胶发酵更强烈。带果胶发酵的生豆保留了更多的微生物代谢物,而且氨基酸和酚类成分与去除果胶发酵的生豆不同。研究结果表明,这2种工艺制取杯测样品在花香和果味强度上存在细微差异。

③清洗和浸泡的应用降低了发酵效果。在不浸泡甚至减少清洗次数的情况下,发酵过程中积累的宝贵代谢物在生豆上有较高程度的保留,提高了杯测评分。然而,如果由于某种原因,发酵效果不佳,浸泡可以帮助去除发酵过程中积累的一些不良代谢物,成为一种控制咖啡异味的方法。

4.2 咖啡干法加工

4.2.1 树上风干处理法

树上风干处理法即咖啡果成熟后不用及时采收,直接在树上风干后再采收脱壳成为咖啡豆的处理方式,也是最原始的干法加工方式。这种处理方式较为耗费咖啡植株的营养,咖啡豆粒饱满、甜度高、口味均衡。但由于采收时难以区分营养不良咖啡果、病虫害果、成熟度不一致,导致产品稳定性极差。一般不作为生产使用,只有极少部分利用样品进行杯测赛,单个挑选咖啡树采收后加工,非常浪费时间与精力。建议此法如批量生产需在脱壳后,利用极为精密的机械色选、重力分选、粒度筛分、人工分拣等方法相结合,提高产品质量的一致性。

4.2.2 传统日晒处理法

(1) 日晒处理特点

将收获的鲜果直接暴露在阳光下和/或使用空气干燥器干燥,浆果暴晒期间,每天都要用耙子翻面,直到含水量降为10%~12%为止。晾晒时间视天气而定,通常2~4周就可以使鲜果变成黑色,果内的咖啡豆含水量降低而变硬。当摇动果实有响声时,就可以用去壳机打掉僵硬的果肉和果壳,取出咖啡豆,然后分级。例如,用风扇吹走残留的果壳碎片和空心豆;用震动的倾斜平面分离平豆与圆豆;用色选设备挑除颜色不对的瑕疵豆;用网目大小不同的筛子分装大小不同的咖啡豆等。

日晒法虽然简单环保,但是晾晒时间长,易受天气影响。碰到下雨要铺雨布或收起来,以免雨水使果肉发酵,巴西、埃塞俄比亚、印度尼西亚、也门等日照充足且比较干燥的地方才会普遍采用日晒法加工咖啡。而潮湿多雨的中南美洲国家自然就较少使用日晒处理。而且这些咖啡产国的生产条件和基础设施并不好,许多农民只能把咖啡放在地上进行日晒处理。因此,日晒豆在发酵过程中,咖啡豆非常容易受到污染,沾染了更多的土味、洋葱味道。所以,日晒豆的质量好坏相差较大,次品豆和异物混入机会多,以往的口碑并不佳。日晒处理法在发酵过程中,保留了咖啡果肉及咖啡果皮,因而给咖啡带来了迷人的酒香味和水果风味,同时还有出色的甜感及复杂的香气。因此,许多中南美洲的国家也通过各类干燥设备(如烘干机)以实现日晒处理的效果,这些通过机械干燥的咖啡豆也同样被称为"日晒豆"。

近年来,随着咖啡市场对精品咖啡的追捧,许多从业者开始通过操控日晒处理过程的细节，来制作质量高且稳定的咖啡豆。例如，通过糖度仪等仪器来确定咖啡红果的采收时机。成熟度一致的咖啡品尝起来会更干净，而甜度更高的红果也会使咖啡的甜感增加；比较讲究的庄园还会先把咖啡浆果泡在水里，利用比重的不同，除去浮在水面的干枯果和沉在水底的未熟果；或者经过手工分类，将未成熟和有虫蛀的果实挑出来。原产地的政府也投入了更多的资金建立供咖啡豆暴晒的架高式非洲床架(African bed)，让咖啡浆果的上下都能空气流通，帮助其更快速和均匀的干燥，或者建立水泥地避免不利环境对咖啡风味产生不好的影响；通过控制阳光照射、湿度水平、晾晒厚度、翻动频率等，管理不同遮阴和透气效果，来控制日晒咖啡的发酵速度和程度，达到不同批次咖啡处理效果的一致性，提高特殊咖啡风味的可重现性。因而，近年来日晒处理法的咖啡风味得到了很大的提升，在精品咖啡的市场里占有一席之地。

日晒法处理咖啡是非常古老传统的处理方式。大部分采用日晒法处理咖啡的国家多数是缺少水资源、降水量稀少、日晒时间长的国家。一般是找一块平整的地，将咖啡鲜果直接放在上面晒。而现代的日晒进行了诸多改良，直接接触地面的日晒咖啡会有明显的泥土味儿，这味道令人不悦。现代日晒法为了去除这股土味改用了网床来进行日晒处理。就是将咖啡鲜果先洗净然后直接放到网床上进行日晒。

全日晒，在干燥过程中保持完整的咖啡浆果。另外一种情况是：当采收咖啡浆果时，咖啡浆果(在咖啡树上)已经是干的了，这些咖啡浆果被称为"葡萄干"，也被作为全日晒咖啡出售。

干法加工咖啡豆的脂肪、酸物质(氨基丁酸)与糖类(葡萄糖和果糖)含量明显高于水洗豆，杯测黏稠度高、甜感强，颗粒大小不均，咖啡豆偏软，欠缺丰富的酸味，干燥时间长，风味变化幅度较大，能生产特有香气的咖啡豆，如茉莉花、肉桂、豆蔻、丁香、松杉、薄荷、柠檬、柑橘、草莓、杏桃、乌梅、巧克力、麦茶、奶油糖等香味，也易感受到土腥、木质、皮革、榴莲、药水、豆腐乳、漂白水、洋葱和鸡屎等杂味。

(2) 日晒处理方式

①厌氧日晒处理法：将咖啡果放入密封的发酵桶，用低温发酵拉长整个发酵时间，经过15~20 d的超长时间发酵，再用脱皮机将果肉去掉，进行自然晾晒。也有人将咖啡浆果放置在密封无水容器中，无氧发酵144 h，发现咖啡杯测评分提高了10个点。

②双重日晒发酵：采收全红鲜果，去除漂浮的未熟豆，将咖啡鲜果放入密封的发酵袋中，在25~35 ℃的环境中发酵3 d，再放到咖啡晒床进行自然干燥，最后脱皮、脱壳。

③威士忌酒桶发酵处理：在咖啡豆采收之后先进行精致水洗处理，然后放入威士忌橡木酒桶中进行低温发酵30~40 d，发酵温度在15~25 ℃，之后进行阴干晾晒处理。

④"慢"日晒处理法：即在不发生变质的情况下，通过人为调整日晒处理的遮阴和温湿度环境，延长日晒干燥处理的时间，以达到提高咖啡豆风味的目的。有人将通过杯测传统加工方式的咖啡与可控慢速日晒处理咖啡，主要从香气、风味和酸度判断其差别。

一般情况下，不同海拔(900~1 550 m)和不同坡向(背阴或向阳)的种植环境，咖啡在质量上存在很大的差异。在低纬度、低海拔地区和当阳的干旱山坡，咖啡难以获得卓越质量。日晒处理咖啡成功地改变了这种情况，这种厌氧"慢"日晒处理的咖啡得到了更高的分数，对于传统处理方式和理念(水洗处理)来讲这似乎是一种异常的特例，由此可以看出"慢"日晒处理对咖啡果实发酵的积极作用是显而易见的。

4.3 咖啡湿法加工

湿法处理的本质意义就是将咖啡生豆的果胶发酵分解，风味物质将透过豆壳，进入咖啡生豆内，同时依靠微生物和咖啡自身的酶，分解咖啡内的多糖物质转化为醇类、乙酸、乳酸和其他酸类物质。水洗和日晒的最大区别就是日晒在发酵和干燥环节都带果胶，而水洗咖啡在水里浸泡脱掉果胶后再进行干燥。因此，水洗处理也称为湿法加工，与日晒处理的干法加工相呼应。

湿法加工工艺流程为：采收→鲜果浮选→机械脱皮→发酵脱胶→水洗→干燥（日晒或者机器干燥）→去壳取豆。具体来说就是：先将采收的鲜果倒入清洗槽，根据密度不同通过浮选法区分沉入槽底的红色果子和未熟果，用脱皮机去除成熟咖啡果的果皮、果肉，脱皮机处理过后咖啡果实仍会有残余的果胶，通常将其放置于水泥堆砌的发酵池中浸泡发酵 1~3 d（视具体情况而定），水解后的果胶不再紧紧粘在咖啡壳上，之后用流水将果胶冲洗掉。最后将带壳生豆通过日晒或机器干燥使生豆含水量降至 10%~12%，再以去壳机打掉僵硬的果肉和果壳，经过风选得到咖啡豆。

经过水洗处理的咖啡豆外表干净，残留的外银皮很少，呈现灰绿色。经过日晒处理的咖啡豆与水洗处理不同，外表偏黄，所以在烘焙前水洗豆的银皮比日晒豆少。然而在烘焙过程中，随着水分的流失，银皮都会脱落而被收集在烘焙机的银皮收集器里。相比于日晒咖啡豆在烘焙时完整的银皮一起脱落，水洗豆中间夹缝中的"内银皮"就未能轻易脱落，烘焙后仍残留在中央。因此，在研磨时会发现水洗豆的内银皮会比日晒豆多。

水洗豆去除了所有果胶后才进行干燥，因此最大的风味特点就是鲜明干净的酸度。例如，柠檬酸、苹果酸或刺激性乙酸，黏稠度、甜感、野味较低。过去认为水洗咖啡豆的质量较好，是因为经过浮选后混入咖啡果实中的异物少，去除了所有果胶后的质量稳定易于管控，另外精制过程耗时且设备成本高，所以价格也较自然干燥法的咖啡豆高，让人有高档的感觉。但是水洗法的需水量大，同时也产生大量的污水，如生产 1 kg 生豆需要 50~100 kg 水。

与日晒豆的风味相比，水洗豆的风味层次也明显少了很多。干净也逐渐不是水洗法唯一追逐的目标。生产国不再仅仅着眼于脱除胶质，反而加强发酵过程中提升咖啡质量的可能性。近年来出现"双重水洗法"，就是把一次自然发酵过程分成二次进行，第一次发酵完约脱除 80%~90%胶质，经过清洗后，继续进行第二次发酵，脱除剩余胶质。因为第二次发酵中的胶质量不多，因此即使延长了发酵时间，也没有产生臭味。此外，更加关注发酵过程中水的 pH 值，以控制发酵过程中的酒精气味产生。

发酵和干燥环节中带果胶的加工方式产生的粗脂肪、粗蛋白质、咖啡因含量更高，在水里浸泡发酵咖啡豆的加工方式，随着果胶在水里的降解，其内含物粗脂肪、粗蛋白质、咖啡因的含量会降低。即带果胶非浸泡式发酵加工咖啡豆的风味比不带果胶浸泡式发酵加工咖啡豆的风味更为丰富，说明在发酵环节、干燥环节中果胶对风味丰富度的形成有重要作用。而在一定范围内咖啡感官质量与内含物粗脂肪、粗蛋白质、咖啡因呈正相关。

（1）机械脱皮脱胶处理法

机械脱皮脱胶处理法是将咖啡鲜果直接采用脱皮脱胶组合机，去除果皮和果胶后直接送去干燥的处理方法。其脱胶原理在于利用机械搅拌摩擦的作用一次性去除果胶。这种方法因为加工过程中仍然需要少量水，所以归为湿法处理类，同时也是最简单的咖啡湿法处理，它较传统发酵法节约用水50%以上，加工过程除破碎豆外很少产生变质的缺陷咖啡豆，产品一致性高，杯测表现比较干净，但风味较为平淡，层次感稍差，该产品一般作为国际贸易中的商品豆和速溶咖啡原料进行大宗贸易。也有的厂商为了提高杯测质量，在机械脱胶完成后再加水浸泡发酵12 h，以提高杯测质量，但效果不是很明显。

（2）传统发酵处理法

咖啡果脱皮后自然堆放发酵，待其发酵完成后直接清洗，其发酵完成判断标准是：抓起一把豆粒用手揉搓，仍感觉豆粒黏滑，说明发酵还不够充分，如果用手揉搓豆粒有粗糙感时，则为发酵完成。如果自然发酵时间太短、发酵不足的咖啡豆，相对来说豆粒果胶黏液很难清洗干净，豆粒干燥时间长，贮存时易吸水、发霉，咖啡豆有生青味；无水发酵时间超过72 h，会产生强烈的刺鼻异味，这种发酵过度的咖啡会导致豆粒表面变黄，产生臭洋葱味，饮用质量差，所以无水发酵一般不能超过3 d。这种发酵方式必须由有经验的人控制才能保证产品的一致性和良好的质量，当气温变冷时，无水自然发酵的豆堆需要用塑料布进行盖顶或密封，以确保发酵均匀，否则时间太长，发酵还没有完成豆堆就会产生刺鼻的异味和酒精味，致使质量变差。当然，如果发酵速度慢，可以将上批豆的洗豆水加入刚脱皮的咖啡豆堆内，发酵过程中经常翻搅豆堆，可加快发酵速度，提高发酵质量。建议此法在发酵完成并经过清洗干净后，再加水浸泡12 h后，滤水送去干燥，这样咖啡豆杯测时风味会比较干净。

传统发酵法咖啡的果酸味较为明显，咖啡产地的风味也能体现出来。但缺点是比较浪费水资源，而且产生的废水必须经过处理才能排放，否则会造成环境污染。

（3）自然堆放12 h加水发酵24 h处理法

咖啡鲜果经过色选机确保成熟度一致，虹吸池浮选去除不饱满漂浮果和杂质后，经过机械脱皮放入发酵池自然堆放无水（有氧）发酵12 h后，再加水淹没咖啡豆（厌氧）发酵24 h，完成后直接清洗分级再阳光自然干燥即可。注意这种方法的发酵时间总共为36 h，时间到后不管豆粒是否发酵完成，或者果胶是否能清洗干净，都开始下步清洗干燥程序。

（4）前后净水浸泡水洗法

首先挑选正熟的咖啡鲜果洗净后，浸泡在干净的水池中16 h，之后进行传统水洗法的处理步骤，包括去皮与发酵（干式发酵），发酵完成再度洗净，再泡在干净的水槽中18 h，之后洗净，置晒架上干燥。

（5）肯亚式水洗法

成熟的咖啡鲜果洗净、去皮，干式自然发酵24 h，洗净再度干式发酵24 h，洗净再干式发酵24 h，如此循环处理，达到72 h的强发酵作用，洗净后浸泡在干净的水池中一个夜晚，次日一早开始在日晒场进行干燥。

（6）埃塞俄比亚水洗法

此法属于传统湿式发酵水洗法，咖啡果实洗干净去皮后，直接导入发酵池，池内水的高度覆盖过咖啡果实，进行带水发酵，时间长达3 d，这种传统水洗法需要大量干净的水，同时发酵槽内进行发酵作用时，pH值不可低于4，发酵完成后，再度洗净，然后浸泡在干净的水池中一个晚上，次日一早转移到非洲棚架，进行日晒。

(7) 加酶发酵处理法

选择有利于提高咖啡豆风味或增加脱胶效果的 β-葡萄糖苷酶、木瓜蛋白酶、木聚糖酶、半纤维素酶、纤维素酶、淀粉酶、多糖酶等种类的酶，按照 30~100 g/t 咖啡湿豆的比例，加入刚脱皮后的湿豆内参与咖啡豆发酵。

(8) 脱胶酶处理法

咖啡豆脱皮后加入咖啡专用果胶酶，一般浓度为 200×10^{-6} g 发酵时间只需要 2 h，150×10^{-6} g 需要 4 h，100×10^{-6} g 需要 7 h，50×10^{-6} g 约需要 10 h，可根据发酵时间选择适宜的浓度，以手搓有粗糙感便于脱胶清洗为宜，这种方法可以缩短自然发酵时间。果胶酶剂量与发酵时间、加工成本关系如图 4-2 所示。

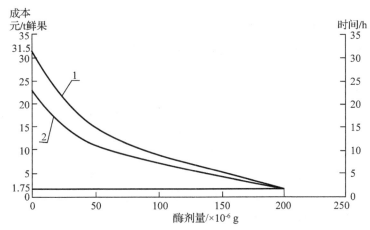

图 4-2　果胶酶剂量与咖啡豆发酵关系
1. 加工成本；2. 发酵时间

4.4　咖啡半湿法加工

4.4.1　传统半湿法处理的方式

在咖啡的处理过程中，由于参与发酵的物质不同（果皮、果胶、菌群种类和数量）、发酵的环境不同（有水参与或者无水、有氧发酵或者厌氧发酵、pH 值高低、温度高低等）、干燥过程不同（容器是否密封、自然日晒或设备烘干方式、翻动次数多少、豆层干燥厚度高低、夜晚是否收豆还是敞开晾晒等），造就了不同的后期处理结果，导致具有明显不同风味和口感。众所周知，传统的咖啡处理法——日晒法，保留胶质，咖啡风味丰富醇厚；湿法处理（水洗法），完全去除胶质，得到的咖啡酸味干净明亮；半湿法处理（蜜处理），则是水洗与日晒的结合，保留部分胶质，因此半湿法处理的咖啡兼具二者的特点。

半湿法加工，顾名思义就是介于干法加工和湿法加工之间。湿法加工是去掉咖啡浆果的外果皮、果肉后，用水直接冲洗掉果实上的黏稠状物质。但在一些高海拔咖啡产区，当地的水资源却极为有限，不适合需要大量水的湿法加工。简而言之就是将湿法加工中的带胶豆，不洗干净就晒干，也称为半水洗咖啡。

4.4.2 蜜处理的方式

蜜处理(honey process 或 miel process)，指成熟咖啡鲜果去掉外层果皮后，直接对带着果胶黏膜的咖啡湿豆进行干燥的加工过程。

蜜处理根据保留果胶的比例分为不同的等级，根据所呈现的颜色，依次被命名为：白蜜(white honey)，其80%~90%的果胶被移除；黄蜜(yellow honey)，保留50%的果胶，无发酵过程；红蜜(red honey)，基本上保留全部果胶，无发酵过程；黑蜜(black honey)，基本上保留全部果胶，低海拔、温度稍高进行干燥，前24 h覆盖轻微发酵，后面干燥过程转移至非洲晾晒床进行干燥；金蜜(gold honey)，基本上保留全部果胶，高海拔、低温干燥，拉长干燥时间；橘蜜，采收正熟的咖啡鲜果，洗净后直接泡在干净的水池中一晚，次日进行去掉果皮的作业，因为浸泡一晚，咖啡果皮与里面的黏质层很容易去除，但黏质层部分成分也会被吸附在硬壳上，颜色虽比前面的蜜处理法淡，但比白蜜处理法深一点，也形成风味迥异的特点。

在黑蜜和红蜜处理过程中，咖啡豆都保留了大部分的果胶，两者最大的区别在于干燥速度，黑蜜干燥速度要比红蜜慢。黑蜜处理咖啡生豆放在阴暗处干燥的时间最长，至少为2周，光照时间也最短。处理过程最为复杂，同时也是失败率与难度最高的，必须非常谨慎地控制湿度来避免霉菌滋长而导致腐败，因此价格最为昂贵。但是它的层次与风味也是最复杂的，红蜜处理的干燥时间为2周左右，需要遮蔽部分阳光，以减少光照时间来减缓干燥速度。而黄蜜处理的干燥过程必须接受充足的阳光照晒，不需要遮挡物。光照时间长意味着热度更高，约1周便可完成干燥。

黄蜜加工是使用机械设备除去绝大部分果胶(黏液)，保留10%~30%果胶(黏液)整个干燥过程需要8~10 d，干燥后咖啡壳(羊皮纸)上变成黄色至金色，风味接近于水洗咖啡，并且根据咖啡种类，可以增强酸度和谷物类风味。

红蜜加工同样是除去部分果胶(黏液)，保留50%~75%果胶(黏液)，整个干燥过程需要12~15 d，干燥过程中需要对咖啡豆进行定期翻动。在干燥快结束时可以使用机械辅助干燥，以确保咖啡豆水分均匀。红蜜加工的咖啡酸度更加自然柔和，甜度更高。

黑蜜加工的咖啡保留100%的果胶(黏液)干燥。由于果胶具有高黏性，需要频繁翻动以避免咖啡结块，整个干燥过程大约需要30 d。通常使用日晒和机械干燥结合，加工后的咖啡壳最终外观为深褐色。黑蜜加工的咖啡风味与普通水洗差异较大，因加工过程不同风味存在差异，从花香到甜美，从温和的酸度到野性多汁均能通过加工实现，因此引起了咖啡领域的广泛兴趣。咖啡不同部分蜜处理流程如图4-3所示。

此外，还有一种葡萄干处理法，即哥斯达黎加葡萄干蜜处理(raisin honey)，一般的做法是鲜果采收后先不去皮，直接放到晒床上晾一夜，差不多晾晒成葡萄干的状态，浸泡水后再去果皮，进行正常的蜜处理程序(不论是黑蜜、红蜜、黄蜜)。在风味上发酵气息会更浓郁，而且果胶保存上比其他蜜处理更高，号称是100%果胶蜜处理，很有葡萄干风味。这是一款相当甜的处理法，有着白葡萄酒的口感和平衡的酸味，在风味上发酵气息会更浓郁，而且果胶保存上比其他蜜处理更高，有点像"贵腐酒"甜葡萄酒、蜂蜜、杏脯、葡萄干、桃子等风味。

蜜处理的风味：果胶附着在带壳咖啡豆上干燥能增加红酒的香气和蜂蜜般的风味，优

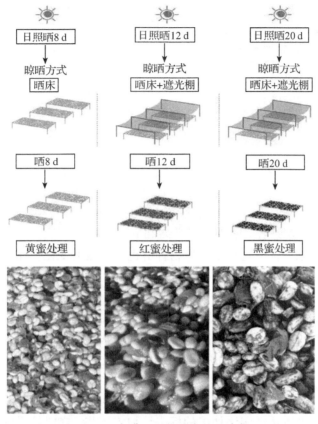

图 4-3 咖啡不同部分蜜处理流程

点是具备缓和的酸味,丰富温和圆润的口感,蜂蜜般甜味,延长后味的停留时间,纯厚度与鲜味等口感丰富,咖啡豆较软,烘焙容易,处理得当有香甜浓郁的水果味,适宜超凡杯(cup of excellence,COE)的评审要求;缺点是酸味不如湿法加工明显,易回潮,黏手,费工。通常情况下,甜度:黑蜜>红蜜>黄蜜>白蜜;干净度:白蜜>黄蜜>红蜜>黑蜜;平衡感:红蜜/黄蜜>黑蜜/白蜜。

蜜处理的特点在于能最好地保存咖啡熟果的原始甜美风味,令咖啡呈现淡雅的黑糖风味及核果香甜,而浆果风味也支撑出红酒基调的香气,被认为是非常优雅的出品。但处理过程容易受到污染和霉害,需要全程严密看管,不断翻动,加速干燥,以避免产生不良的发酵味。

4.5 咖啡的发酵

咖啡发酵处理按照氧气(空气)参与的程度分为 3 种:有氧发酵、厌氧发酵和混合发酵(有氧和无氧)。之间最大的区别就是,厌氧的过程更为均匀且能被控制,有氧的状况下环境变因太多,不容易控制发酵过程。一般来说,传统的处理法多数都是需氧发酵,近几年才慢慢发展出厌氧发酵处理。相互作用的既有需氧菌,如光合菌群、酵母菌群(酵母也有无氧);也有厌氧菌,如乳酸菌、丝状菌、酵母菌。而厌氧发酵就是仅利用微生物在

图 4-4 常见带地砖的混凝土发酵池
1. 发酵池；2. 发酵中咖啡湿豆；3. 清洗水槽

无氧环境下的代谢过程，分解有机物（通常是糖类），产生乙醇、二氧化碳、乳酸和乙酸等产物并释放能量。有氧和厌氧发酵：细胞从碳水化合物中获取能量时，环境中有氧气或其他电子受体，有氧发酵在没有水的环境下进行，而厌氧发酵在装满水的池子里进行。常见带地砖的混凝土发酵池如图4-4所示。

发酵过程受到许多因素的影响，包括咖啡品种、气候和鲜果成熟度等。外部因素在发酵过程中起着重要作用，其决定了微生物活性和底物转化时间。在发酵过程中，咖啡豆组分（主要是碳水化合物）会发生诸多化学变化，导致温度升高和pH值降低，可能会影响咖啡风味，甚至会改变咖啡品质和口感。发酵过程中微生物种群也发生巨大变化，在有氧发酵时，开始阶段通常细菌为优势菌群，中间阶段酵母菌为优势菌群，最终阶段丝状真菌为优势菌群。

添加果胶酶和使用机械方式也可以快速除去果胶。添加果胶酶能加速降解过程，对咖啡品质没有明显影响；使用机械方式处理，产品品质更加均匀一致，但由于缺乏发酵过程，通常具有更加尖锐的酸度，而发酵咖啡豆酸度通常更加细腻。与机械除胶相比，发酵脱胶会导致2%~3%的质量损失，在更高的温度下甚至更多。

4.5.1 发酵对咖啡质量的影响

咖啡豆的发酵是咖啡传统湿法加工的标志性加工环节，咖啡鲜果脱皮后表面上的一层果胶，通过发酵作用去除，期间温度低的地方适宜干发酵，而温度高的地方适宜水发酵。根据各国的气候、水资源、劳动力等不同，咖啡鲜果脱胶的方法或精品咖啡豆的初加工方法不同。无论何种方法都遵循：带壳咖啡豆发酵时间与杯测酸度成正比、与黏稠度成反比。

由于果肉中糖分的发酵，让日晒咖啡比水洗咖啡更甜。水洗的日晒咖啡都经历了发酵程序，但是由于果皮及果胶已被去除，因此用于水洗咖啡的酶含量要少得多。在发酵过程中，微生物会改变蛋白质、碳水化合物和绿原酸等物质的含量。在日晒咖啡中产生更多芳香族化合物，结果不仅仅是咖啡中的甜味，还有最后可以在咖啡中喝到的果香味、花香和焦糖味。相比之下，水洗的咖啡更干净，并且能够让喝的人辨识出特定咖啡的风味。例如，蜜处理的程序包括去除部分的果皮，让咖啡豆周围的果胶可以更好地进行发酵，这使得蜜处理的咖啡甜度比日晒咖啡更明显，具有更多的奶油香气和坚果味；发酵可以对咖啡的风味、香气和醇厚度产生很大的影响，但需要小心控制发酵过程。过度发酵会产生过多的乙酸和酚类化合物，使最后的咖啡变苦或变酸。而且由于咖啡中存在的微生物密集且多样化，可能会导致发酵不一致且不可预测的结果。经历较长发芽期和较短发酵时间的咖啡豆，可能会在风味上有较差表现，因为这两个阶段都有助于提升咖啡的风味。

每天的温度不同发酵脱胶所需时间有差异，一般5 h后，需要多次抽查并翻搅（使上、中、下层的咖啡豆发酵一致）。当中层的咖啡豆用手搓有粗糙感，立即清洗。发酵不足，脱胶不干净，发酵过度（发酵时间超过40 h），易出现恶臭豆，会降低咖啡豆的质量和等级。高温种植区采用水中发酵脱果胶(酵母菌和霉菌不能在厌氧条件下繁殖)。由于咖啡发酵的把握一般都是凭感官和经验进行,加上操作人员个体感官的差异性,很难保证咖啡发酵质量。

发酵时间对咖啡质量有显著影响。一般认为长时间发酵通常会降低咖啡质量,产生臭豆或酸豆,但如果得到严格控制,长时间发酵也可以产生积极甚至令人满意的效果。在卫生的加工条件下(特别是发酵池和洗涤槽),发酵时间越长,微生物活动展开所需的时间越长,发酵效果越好。这种发酵效应在生豆上持续存在,表现为微生物代谢物,如乳酸和甘露醇(有类似蔗糖的甜味)浓度较高,花香或果香挥发性有机化合物浓度较高。

长时间的发酵会使咖啡豆内源性代谢加强了厌氧的作用,影响了碳水化合物(如葡萄糖和果糖)、氨基酸(如天冬氨酸和丙氨酸)和有机酸(如琥珀酸)的浓度。这些化合物可以作为烘焙过程中一系列化学反应的主要前体,尤其是美拉德反应,并产生独特的咖啡风味。随着这些风味前体丰富程度的改变,较长的发酵时间导致了咖啡水果风味的增强。发酵过程中,适当的温度、时间和pH值控制会让整个过程更好,减少不好的味道,提升质量。适当去除一些成分,减少涩味和苦味,有助于改善咖啡质量。控制和安排发酵过程是创造和发展咖啡新风味的途径。因此,通过研究和试验,这个地区就能打开精品咖啡新市场。不同发酵对杯测结果影响:

①乳酸发酵(无氧环境):发酵过程中,黏液中的碳水化合物发酵会产生乳酸菌,在杯测时有助于感官和杯中味道评分。咖啡味道特点是强烈、黄油口感、顺滑、有酒的酸度和丝绒般厚重。

②乙酸发酵(有氧环境):试验的主要目的是产生高浓度乙酸,在发酵过程中,多种类型和浓度的酵母和乙酸菌群能够产生乙酸。这样杯中的味道会更加复杂,有强烈的酒味、柠檬酸味。

③混合发酵(有氧和无氧):把有氧发酵和厌氧发酵也就是乳酸和乙酸合并在一起。通过控制无氧和有氧程序,过程中会产生乳酸菌、乙酸菌,处理后的咖啡兼有两方面的特性,质量很高。这个味道是很独特的,红果甜搭配以丝绸口感、酒的酸味,还有愉悦且持久的回甘。

4.5.2 厌氧发酵的原理

厌氧发酵也称水中发酵(fermentation under water),果胶黏液在咖啡鲜果自带果胶酶作用下会发生水解。水中发酵一般会更加均匀,因为所有的咖啡豆都浸在水中。最好的方法是用水流将咖啡带进池子,等到水流干后,再用干净的清水重新注满池子。在湿处理过程中,咖啡水洗发酵是最消耗水、也最污染水的步骤。发酵过程中,咖啡可以在池子里人工冲洗,也可以在一个流道里使用离心泵或其他机器冲洗。机械脱皮脱胶机也能够用于咖啡发酵冲洗。还有一些国家使用搅拌器和搅拌机。尽管如此,最新的机械摩擦式脱皮脱胶机正在逐渐取代这些设备。脱皮脱胶机不仅能冲洗发酵的咖啡,还能起到水池的作用,防止产生不完全发酵。脱皮脱胶机有足够的处理能力应对生产高峰期,而且能够控制处理的全过程。新型脱皮脱胶机与现有相同功能的机器相比,要更加经济实用,产量、质量更稳定,一致性强,但咖啡的风味比较平淡。

厌氧发酵处理中的乙醇,会再跟其他的有机酸(如前面提到的乳酸)发生酯化反应,生成花果香的酯类化合物。因此，厌氧发酵的咖啡豆有酒香也有着红酒般的醇厚感和花果般的乳酪味。由此也可以看出来，保留多少胶质，即有多少糖分，对于发酵后的味道也是至关重要的。由于咖啡的成熟度、品种、季节性和水土等因素也会影响果胶的质量，特别是葡萄糖的含量，因此在处理前咖啡豆要进行仔细的筛选。而发酵初加工工艺则影响着这几种风味的平衡。

厌氧处理的工艺流程为：咖啡鲜果（或脱皮后的湿豆）→放在不锈钢的密封桶内→注入二氧化碳进行发酵→控制发酵的细菌种类和数量→发酵完成后将咖啡生豆取出日晒干燥。

一般湿法处理的厌氧发酵方式，也被称为红酒处理法、二氧化碳处理法、二氧化碳浸渍法等，其咖啡果实会先像传统工艺一样脱去果皮，然后将带着果胶黏液的带壳咖啡豆放置在带有阀门的不锈钢密封罐中。再注入二氧化碳，由于其密度比氧气大，从而挤压出罐内原有的空气，使咖啡豆处于无氧环境，减缓了咖啡豆果胶中糖分的分解速度，同时pH值也会以比较慢的速度下降。因此，厌氧发酵方式用时将比传统工艺的12~36 h，延长数小时甚至数天。而这种工艺的优势是，让咖啡有更多的甜味及醇厚度。为了得到重现性好的稳定风味，需要严格控制以下发酵环境的变量：

①使用密闭性的封闭空间，隔绝外界环境的变化：使用白铁或不锈钢等易清洁的材质（不会吸附之前的咖啡豆风味），也避免了引入其他杂味，使咖啡豆的风味更干净，产生的风味也不易挥发。当然出于成本和方便操作考虑，也有人采用塑料制品密封口袋代替不锈钢或白铁材料罐，进行简单厌氧发酵的，但这种方式不利于冲入氮气或二氧化碳并进行加压处理。

②控制内部环境：例如，温度、湿度、气体浓度、pH值等，可以控制参与发酵的细菌种类和数量。若需要咖啡豆具有更复杂的酸，则就把温度控制在4~8℃，而如果需要咖啡豆有更高的甜度，则就把温度控制到18~20 ℃。再通过控制发酵反应时间，例如，当果胶与黏液中的糖分刚被完全消耗掉时，立即开封中止发酵，并立刻在日光下进行干燥，以避免过度发酵。

③发酵过程与微生物有非常大的关联，因为微生物与温度，湿度以及其他微生物产生相互作用，通过调整发酵环境，或是加入益生菌或其他水果一起发酵，都可以让咖啡处理的过程更稳定。厌氧处理法灵感来源于红酒酿造，咖啡豆外观没有明显区别，密封桶内压力大，发酵速度变得非常缓慢，让咖啡有时间吸收更多的甜味是最终目的。

4.5.3　几种厌氧发酵处理方式

（1）三重厌氧发酵处理法

在18 ℃的阀门中发酵48 h，在19 ℃的黏液中发酵49 h，首先用40 ℃的水冲洗，再用12 ℃水冲洗干净，在35 ℃和湿度25%下控制干燥24 h，直至17%~18%咖啡生豆湿度，使咖啡豆静置8 d，固定咖啡中存在的二级芳香烃。

（2）低温厌氧发酵处理法

该方法是在密闭的容器里注入二氧化碳，挤出里面的氧气，在无氧的环境下，温度必须在10~15 ℃，减缓咖啡果胶中糖分的分解速度，pH值也以更缓慢的速度下降，延长发酵时间，借此发展出更佳的甜味，以及更平衡的风味，最终得到风味与众不同的咖啡豆。

这种处理法有别于一般日晒法容易造成水果过度发酵的味道，厌氧发酵可精准控制发酵时间以避免发酵过度，因此，能获得比传统处理法更饱满的香气与纯净的口感，所制作的咖啡豆有着更饱满的醇厚度、明亮的酒香、低酸、较佳的甜度。

(3) 动物体内发酵(香猫咖啡等)处理法

利用动物消化道的乳酸菌与消化液，来除去果肉和依附豆荚表面的果胶，咖啡豆随粪便排出，清洗后便是一粒粒珍贵的体内发酵豆。最为典型的是猫屎咖啡。麝香猫晚上出没，靠眼力和嗅觉，专挑最红的咖啡果子吃，对半生不熟的生果子不感兴趣，所以排泄的咖啡豆都是熟得恰到好处的精品。这些粪便豆清洗后再烘焙，已杀死所有细菌。最大特色是风味温柔，口感倍增，而其根本风味则取决于麝香猫所吃的咖啡品种。对于猫屎咖啡，咖啡界内对此评价褒贬不一，而且分歧很大。从美国精品咖啡协会杯测分级标准来说它属于含有异味不合格的咖啡，但因为猫屎咖啡名气变大以后，其价格也上涨到离谱，导致大量的麝香猫被抓起来，进行人工饲养，手法很残忍，而且质量不如野生麝香猫的高，也没有监管机构把控质量。猫屎咖啡市场混乱，质量参差不齐。将脱皮后的咖啡湿豆进行稀酸酶处理和乳酸菌发酵处理，进行麝香猫肠道温度、湿度、压力、细菌群落的人工仿制麝香猫咖啡方法已经出现了。动物体内发酵豆除了有麝香猫，还有凤冠雉、猴子、大象等。

4.6 湿刨处理法

4.6.1 湿刨处理法简介

湿刨处理法是印度尼西亚苏门答腊咖啡的传统处理法，即在生豆晒到一半、含水率高达30%~50%的时候，就先进行种壳刨除，然后再继续晒干，以便解决干燥时间过长的困境。由于干燥时间缩短至2~4 d，咖啡豆的发酵期缩短，酸度也跟着降低许多，相对的浓厚度却增加，焦糖与果香味明显，甚至带有药草或青草香气以及木质的气味，此为苏门答腊特有的地区性特殊芬芳。然而提早刨除种壳所带来的影响是，生豆干燥到一半没了最后两层保护罩(咖啡豆的四层护体：果皮、果胶、种壳、银皮)，等于脱光了衣服晒太阳一样。湿刨法虽然解决了干燥时间的问题，但生豆遭到霉菌、酵母菌的污染概率也大幅提升。但矛盾的是，这些因素却反而成为打造曼特宁特别香气的关键因素。湿刨处理法带来的另外一个特色就是所谓"羊蹄豆"概率变高的问题。由于生豆在还很潮湿的半软阶段用刨壳机去种壳，脆弱的软湿生豆非常容易受到机械力压迫而裂开、断掉或刮伤豆表，而形成所谓的羊蹄豆、刮伤豆，致使生豆卖相变差。

4.6.2 制作流程

水洗、蜜处理或日晒豆的内果皮一直保留到最后，豆体脱水变硬，含水率降到12%，或封存入库经1~3个月成熟才磨掉。但湿刨处理法却在豆体潮湿松软，含水率高达30%~35%时，脱去内果皮，让生豆表面直接暴露出来，再继续晒干。例如，印度尼西亚的老虎曼特宁，生长在1 500 m左右的山坡上，湿热的热带雨林气候带来丰富的降雨，又有火山土壤带来养分，但因为常年潮湿，采用湿刨法把干燥时间缩短，用88~89 ℃水，砂糖颗粒大小，滤杯冲煮，水粉比1∶14，闷蒸30 s，再一段式冲煮，有明显的黑巧克力和奶油口感，干净度高。上午收集好全成熟的咖啡果之后，下午将咖啡果去皮，将带壳咖啡豆置入装水的大桶或水槽，捞除飘浮于液面的瑕疵带壳咖啡豆。将沉入水底的密实带壳咖啡豆稍做清洗，取出放进桶内或塑胶袋内，稍做干体发酵，也就是让种壳表面的果胶糖分发酵增味。基本上发酵时间越长，酸味越重。发酵时间长短因人而异，一般仅短短几小时，但也有庄园省略干体发酵阶段，直接暴晒带壳咖啡豆，可抑制酸味并提高黏稠口感，让果胶糖分充分发酵增加风味，通常发酵时间为 12~36 h，视具体情况而定；带壳咖啡豆暴晒 1~2 d，豆体含水率达 30%~50%，豆体仍半硬半软，以刨壳机抹掉种壳再晒，加速干燥进程，约 2 d 含水率达 12%~13%，就会把咖啡豆收集到编织袋里，通常为 40kg/袋和 80kg/袋，送到咖啡处理工厂进行脱壳即可，前后约 4 d。

脱壳过程是以脱壳机磨掉豆壳，再晒到含水率达到 12%~15%。然后，咖啡豆会被送去进行机选，去除各种各样的杂质，然后按颗粒大小分类。在脱壳过程中，咖啡豆温度会上升到 30~60 ℃，并且完全破坏羊皮纸，很可能触发咖啡豆萌芽的情况出现。湿刨法也会出现因为制作过程中脱掉了果皮，而让咖啡豆直接接触空气，因此霉豆等瑕疵豆远高于水洗与日晒法的情况。

因为咖啡豆的四层护体，在水洗法中只去掉了前两层，保留种壳与银皮，进行日晒干燥。湿刨法却在中途刨掉第三、四层护体，也就是咖啡豆接受日光浴，这就是苏门答腊生豆色泽为蓝绿色的原因。湿刨法虽缩短干燥时间，但遭霉菌、真菌、酵母菌污染概率也大增。有趣的是，污染也非坏事，端视菌种而定。

4.6.3 湿刨法的缺陷

湿刨处理法可能触动生豆发芽机制，进而影响风味。因为跑出四层护体的咖啡豆，呈落体状态，远比只刨掉两层护体的水洗豆，更易触动发芽，也就是活化糖分、蛋白质和脂肪的新陈代谢，而这些成分都是咖啡前驱芳香物。另外，咖啡豆在刨壳过程中产生的摩擦力，豆体升温至 30~60 ℃，也有利萌芽和霉菌生长。而且半硬半软的潮湿生豆在刨除种壳时，容易被机械力压伤，咖啡豆容易受创裂开如羊蹄状，这就是为何苏门答腊出现羊蹄豆比例较高的原因。但羊蹄豆是好是坏，至今仍无定论。但管控得宜，咖啡释出的尽是浓郁果香与甜美。其管控重点在保持器具与豆体干净。一旦脱壳后，干燥就要快，才能制作出醇厚低酸又甜美的苏门答腊味；如果管控失当，可能酿出乏味的苏门答腊，甚至有霉土味。如果喜欢酸味强一点，可以进行水洗处理，视客户需求而定。

湿刨处理法的咖啡风味，除去那些细微的小差别，业界普遍认为湿刨豆带有泥土味、烟味和巧克力味，酸味被称为"低酸"，醇厚而又显得十分沉闷，低酸来源于时间较短、效果较弱的发酵过程和时间较长的干燥时间。也有人说这跟湿刨法相关产区选用的豆种有关。湿刨法处理中由于咖啡豆未干燥完成就脱壳而产生的机损咖啡豆和细菌感染变质的缺陷咖啡豆是非常多的，所以曼特宁比其他处理方式多了很多分级和手检缺陷咖啡豆的程序。

4.7 低咖啡因处理法

咖啡里面含有许多的成分与物质，其中对人身体有明显影响的就是咖啡因。对于许多嗜喝咖啡，但身体状况又不允许摄取咖啡因的人来说，低咖啡因咖啡就是一个最佳的选择。一般来说，阿拉比卡咖啡豆含 1.0%~1.7% 的咖啡因，而罗布斯塔咖啡豆含有 2%~4.5% 的咖啡因。低咖啡因咖啡被规定冲煮出的咖啡中，咖啡因含量不得超过 0.3%。也就是说一杯低咖啡因咖啡中咖啡因不得超过 5 mg。

实际上并不存在国际上定义的"完全不含咖啡因的咖啡"，但国际上规定了去掉至少 99.7% 的咖啡因，才能算是低咖啡因咖啡。尽管低咖啡因处理和非低咖啡因处理后的风味不可能一模一样，但咖啡因本身的存在与否并不影响咖啡口感。任何一种咖啡豆处理法（水洗法、日晒法、蜜处理法等）都可以进行脱咖啡因处理，其过程是在咖啡收获、加工并且去除掉豆壳后进行的。目前，市场上还没有天然的低咖啡因咖啡豆，这就意味着低咖啡因咖啡都是需要人为从咖啡豆中去除咖啡因。目前而言，大部分的脱咖啡因方法都很复杂和彻底，天然咖啡豆中 99% 的咖啡因成分都可以被去除。脱咖啡因的技术也有许多种，下面就介绍几种常见的处理法：

(1) 乙酸乙酯法(EA)

乙酸乙酯可以被天然提纯（存在于香蕉中，也是一种糖发酵的副产物），它可以作为溶剂来与咖啡生豆中的咖啡因结合，从而去除咖啡因。

将咖啡豆再蒸一次，以此去除残留的乙酸乙酯，乙酸乙酯只有在含量超过 $400×10^{-6}$ g 时才对人体有害。然后就是将咖啡豆干燥并抛光以便出口。

乙酸乙酯脱因处理如下：咖啡生豆的分类挑选、准备处理，咖啡生豆在去咖啡因前热蒸 30 min。低压热蒸的过程打开了咖啡生豆表面的气孔，这样咖啡因能被萃取出来。打开气孔的咖啡豆被放在水和乙酸乙酯的混合溶液中，这类溶液是通过甘蔗发酵自然得到的一种化合物溶剂。生豆浸在溶剂中，溶液会自动和咖啡生豆绿原酸中的盐结合，从而可以萃取出咖啡因。一旦溶解了咖啡因的溶剂达到饱和状态，饱和溶液会从出水口排放掉，新的溶剂倒进来继续溶解咖啡因，这个过程大约持续 8 h。等到最后咖啡因都被萃取出来了，从溶剂中取出咖啡豆，准备再一次的热蒸。最后用低压热蒸去除掉残留的乙酸乙酯。

(2) 水处理法(WP)

瑞士水/山顶水处理（SWP/MWP）是最常用的 2 种去咖啡因的水洗处理方式，能去除生豆中 99.9% 的咖啡因。瑞士水处理会用到的一种能够溶解咖啡因分子和可溶性物质的溶液，然后混合溶液会经过一个特制的碳装置，过滤吸附掉溶液中的咖啡因分子，保留其他风味物质的分子。具体的瑞士水处理为：豆浸入咖啡绿果萃取溶液（GCE），亲水的物质（如咖啡风味类物质和咖啡因等）自动溶解在溶液中；非亲水的（如绿原酸、木质纤维等）还保留在咖啡生豆内，利用特制碳装置来吸附过滤已溶解的液体中的咖啡因，溶液与生豆的浓度差也继续使咖啡因溶解入水。咖啡生豆里的咖啡因含量降到最低（0.1%），分解不出更多的咖啡因溶于液体，处理完成。

(3) 二氯甲烷法(MC)

与其他脱咖啡因处理法一样，二氯甲烷可以和咖啡因结合并从咖啡豆中分离。二氯甲烷工艺会先用热水溶解咖啡豆中的咖啡因和其他可溶物，然后取出生豆。接着将二氯甲烷加入水溶液中，它会与咖啡因结合；二氯甲烷不溶于水，所以很容易将它和咖啡因一起从溶液中分离，接着把咖啡豆重新浸入溶液以吸收其他可溶物质。

（4）超临界二氧化碳脱因处理（the CO_2 process）

高压下半液态半气态的二氧化碳会有选择性地和咖啡因结合，带走咖啡豆中的咖啡因。这种处理方式生产设备比较昂贵，其咖啡因的处理去除率可达96%~98%，是效率最高的一种处理方法。所谓超临界即指二氧化碳的浓度是大气中正常浓度的百倍甚至更多，超高浓度的二氧化碳有着接近液体的密度，但仍然是气体状态，同时具有气体的黏度。同样的，咖啡豆先浸在纯水溶液中，此时咖啡生豆体积已经有些膨胀，本来结合紧密的咖啡因等化学分子就处于了松动状态，二氧化碳分子与咖啡因结合溶入纯水溶液中，处理过的生豆只要进行干燥处理就可以留存住绝大部分的风味。被二氧化碳带出的咖啡因可以视为100%纯的咖啡因，只要进行分离操作就可以进行回收，由于二氧化碳也是大气成分的一部分，所以尾气可以直接排放到空气中。咖啡豆中的碳水化合物、蛋白质等各种风味因子均可留存，萃取效率极高。

思考题

1. 简述不同初加工对咖啡豆新陈代谢的差异影响。
2. 简述不同初加工对咖啡豆化学成分及风味影响。
3. 简述不同初加工对咖啡豆感官杯测的影响。
4. 简述不同初加工对产生不同浓度代谢物的影响。
5. 简述传统日晒处理特点。
6. 简述日晒处理方式。
7. 分析咖啡蜜处理的方式、风味和特点。
8. 咖啡湿法加工的方法有哪些？各有什么特点？
9. 简述发酵对咖啡质量的影响。
10. 简述厌氧发酵的原理。
11. 简述厌氧发酵处理方式及特点。
12. 简述低温厌氧发酵处理方式及特点。
13. 简述动物体内发酵处理方式及特点。
14. 简述低咖啡因处理的方法。
15. 分析低咖啡因处理原理。
16. 分析咖啡湿法发酵加工特点。
17. 什么叫咖啡湿刨处理法？
18. 羊蹄豆是如何产生的？应如何消除？

第5章 咖啡湿豆干燥

【本章提要】

咖啡湿豆干燥有自然晾晒、机械热风干燥和两者混合使用3种方法。本章介绍带壳咖啡豆的传统自然晾晒干燥和机械热风干燥方法。

5.1 咖啡湿豆的干燥原理

(1)咖啡含水情况

根据水分子与其他成分的生化自然结合以及根据极性和非极性成分的优势来划分,咖啡鲜果中的水分分为4种类型:

①结构水:为不同生化分子所组成的一部分,结构水因分子结合氧化而被移除,但只限于在共价键的基础上。

②被咖啡鲜果和种子内的分子和大分子中的成分所吸收的水分:在咖啡鲜果进行干处理的时期,此种水分部分被移除,但要看是什么品种或者在什么样的外界条件下。吸收的水可以牢固地通过氢键黏附到某些分子基团,形成单分子层。单分子层通过氢键和很弱的结合形成多分子层黏合,如范德华力。在多分子层吸附水分子远离表面,减少了氢键的数目,离开范德华力为主导键。

③在渗透力作用下的咖啡鲜果和种子中,由于大量的离子偶极键作用,保留了不同的溶解物质的种子细胞发生化学反应,导致真菌的滋生。此种水分在干处理时就应该排除掉。

④浸渍水或洗手水:这种类型的水存在于毛细血管、果实和种子内部的空白处,并被毛细管力机械地移除。此种水分在干处理过程中非常容易被移除。此种水分在干处理过程中最先被排除掉,就因为其黏度很弱,所以尽可能地用日晒法将其移除,从而减小成本。

(2)咖啡豆干燥特点

干燥主要分为3种类型:

高温干燥:最高控制干燥温度500 ℃,空气相对湿度5%~60%。

中温干燥:最高控制干燥温度250 ℃,空气相对湿度5%~60%。

低温干燥:最高控制干燥温度60 ℃,空气相对湿度10%~40%。

咖啡的干燥是将鲜果或湿豆通过不同干燥方式,将含水量降到12%左右的干豆,整个过程为低温干燥,过程不当会导致:

①豆的脱水不一致，豆的颜色不一致。
②干燥不连续，二次发酵，生成臭豆。
③回潮导致坏豆：海绵豆、白豆、黑豆。
④咖啡豆含水量：小于10%时，脱壳时碎豆率高；大于13%时，商品豆易变成白豆成为缺陷豆。
⑤干燥过程影响咖啡内含物质的变化。

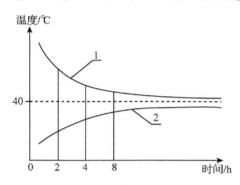

图 5-1　机械干燥降温趋势和咖啡升温趋势过程
1. 空气温度变化曲线；2. 咖啡升温曲线

无论采用自然晾晒、机械热风干燥或两者混合使用干燥方法，咖啡豆干燥过程相似但又各有特点。本文着重介绍机械热风干燥方法，咖啡豆干燥过程中，机械干燥降温趋势和咖啡升温趋势过程如图 5-1 所示：从图中可以看出，机械干燥温度是逐渐降低趋向 40 ℃，而咖啡豆的温度则是逐渐上升并趋向 40 ℃。

一般咖啡湿豆的水分最高达 57%，其中 8%~13% 含在表层中，这些水分可用离心机或常温强风脱除，这阶段称预干燥；除去表皮水分后，咖啡豆就可以进入热风干燥系统中进行干燥，直到水分降到 12% 左右，这个阶段称为热风干燥。

（3）咖啡豆干燥过程

咖啡豆干燥是一个不可逆转的生产过程，工作开始后就不能让咖啡再回潮，否则会造成质量的下降和缺陷咖啡豆的产生。理论上带壳咖啡豆干燥过程根据含水量大致分为 7 个阶段。咖啡豆干燥 7 个阶段的水分含量见表 5-1 所列。

表 5-1　咖啡豆干燥 7 个阶段的水分含量

干燥阶段	咖啡豆外观特征	含水量/%
表皮干燥阶段	咖啡豆全湿，咖啡豆呈白色	45~55
白色干燥阶段	豆表皮已干，豆与内果皮间无水，咖啡豆呈灰白色	33~44
软黑阶段	豆外观呈黑色，但豆较软	22~32
中黑阶段	豆外观呈黑色，但豆较硬	16~21
硬黑阶段	豆外观呈黑色，但豆全硬	13~15
全干阶段	豆外观呈绿色	10~12
过干	豆呈黄绿色	10 以下

注："黑色"并不是真正的黑色，而是比上一阶段豆的颜色更深。

①表皮干燥阶段：咖啡湿豆在这个干燥阶段最容易变酸或出现洋葱味，咖啡湿豆开始自然干燥时需要在晒场和晒架上摊开，晒豆层厚度 4 cm 左右，并经常翻动，要求当天豆粒表面水汽晾干，否则会出现咖啡壳颜色不一致，引起重新发酵而质量下降、产生臭豆的情况发生。

②白色干燥阶段：必须缓慢进行，防止太阳暴晒，以免造成种壳炸裂。此阶段如果干

燥得太快，将出现咖啡豆表面硬化现象，即咖啡豆表面过干而收缩，阻碍豆内部的气体溢出，使咖啡豆外灰内白，皱缩或变成"船形"，脱色，饮用变味。此阶段应避开烈日，断断续续地翻晒，夜间要集堆加盖，防止雨淋和从潮湿的夜风中吸入水分。这个阶段需 2~3 d，此时剥出的咖啡豆呈灰白色。

③软黑阶段：咖啡豆已半干，这个时期阳光射线能够穿透种壳进入豆内部从而引起必要的化学变化。这个阶段是决定咖啡质量的关键，需要晒 48~50 h，而且只能用阳光晒，不能用机械烘干代替。

④中黑阶段：咖啡豆含水量 16%~21%，咖啡豆已经变得较为坚硬，颜色变深，这个时期可堆晒厚一些，也可短期贮存。

⑤硬黑阶段：咖啡豆含水量 13%~15%，干燥可快速进行，必要时可使用烘干机烘干，这个时期咖啡豆内部水分分布均匀，可装袋贮存一个月而不降低质量。

⑥全干阶段：咖啡豆含水量降到 10%~12%，咖啡豆呈灰色，咬不动，只能用大拇指指甲划出痕迹。

⑦过干：咖啡豆含水量低于 10%，咖啡豆为黄绿色，易碎，导致质量降低。

咖啡豆干燥的关键是必须尽快把豆粒表面水汽晾干，经常搅拌。绝对不能因为水汽不干而长时间堆放变质或者造成回潮、发霉，使质量严重下降。即使对于晒场不足的地方，也要首先保证水汽晾干后才能晒厚，晒厚的咖啡豆要经常翻拌，避免发霉，产生异味。

恰当的干燥程度不仅有助于咖啡豆的贮存，且能使咖啡产生平衡的酸度和极好的香气，提高杯测分数，是烘焙师烘焙咖啡豆的重要依据之一。咖啡的最佳干燥含水量为 10%~12%，干燥不足或干燥过度都会带来交易风险，在生豆贸易中只有水分含量在 12.5% 以下的生豆才能交易。干燥不足，生豆容易发霉变质；干燥过度，风味容易流失，带有不愉悦的木头味。建议带壳咖啡豆在正常天气情况下，水分含量干燥到 12% 即可收豆入库，脱壳后咖啡豆（也叫咖啡生豆）水分含量在 11.5% 最好。

5.2 咖啡湿豆传统干燥

刚洗好的带壳咖啡湿豆含水量达到 57%，在干净的晒场把不同级别的带壳咖啡豆和干果分开晾晒；干燥程度不同的带壳咖啡豆（干果）也要分开晾晒，每天勤翻豆，有利于分批、分级入库。带壳咖啡豆的日晒时间 12~20 d，干果的日晒时间 30~60 d。豆和果在晒的过程中要避免因露水或雨淋，引起豆的质量下降，当咖啡豆和果的含水量达 12% 时，用卫生无异味的袋子包装入库。优质带壳咖啡豆的特征：清脆、白亮、饱满、干果皮少（越少越好）。

5.2.1 自然干燥

自然干燥是经济而生态的干燥方法。不足之处是受天气的影响较大，难以控制咖啡豆质量，需要建相当规模的晒场和大量的人工劳动力。

(1) 传统咖啡晒厂

①传统咖啡初级加工处理厂对厂房设计有一定要求，其咖啡体积与容量的计算方式为：

成熟的鲜果 1 000 kg＝1.62 m³；
脱皮后得咖啡果皮 500 kg＝1.00 m³（1 t 果皮＝2.00 m³）；
脱皮后得咖啡豆 450 kg＝0.70 m³（1 t 脱皮豆＝1.56 m³）；
发酵洗净得咖啡湿豆 375 kg＝0.5 m³（1 t 湿豆＝1.49 m³）；
干燥后得带壳咖啡豆 172 kg＝0.47 m³（1 t 带壳咖啡豆＝2.73 m³）；
脱壳后得咖啡豆 143 kg＝0.22 m³（1 t 咖啡豆＝1.55 m³）；
1 袋＝43 kg 干带壳咖啡豆或 60 kg 咖啡豆，7 袋咖啡豆＝1 m³。
②处理厂设计可以参考：
每日采果量的平均值＝采果总数/采果天数（120 d）；
日采果量的高峰值＝每日采果量的平均值×2.5 倍；
加工后得一、二级带壳咖啡豆的比例为：一级 80%、二级 20%；
水池最小蓄水量：每日采果量高峰值×2 m³/t 鲜果；
发酵池或浸泡池规格参考：池内装咖啡豆深 1 m，墙高 1.5 m，底面坡度 3%~5%；
水泥地板干燥面积计算：
年鲜果产量×1 m²/t 鲜果或 4 m²/亩*咖啡园；
贮存体积（带壳咖啡豆）：4 袋或 0.47 m³；
咖啡果皮池体积：1.00 m³/t。

（2）水泥地板阳光干燥

一般情况下，开始晾晒厚度较薄，大概 2~5 cm，随着豆表面水分蒸发完成后逐渐增加厚度，平均厚度可达 10 cm；同时为保证晒咖啡豆均匀，避免出现底部豆粒粘在晒场上翻搅不到，建议晾晒干燥带壳咖啡豆时必须打沟翻晒（也叫起垄翻晒），搅拌时让豆堆更换位置，每天搅拌不能低于 3 次，否则容易造成干燥不均匀，影响质量；晒豆晚上必须收成豆堆并且用塑料布覆盖，否则咖啡风味较为平淡。水泥地板阳光干燥如图 5-2 所示。

图 5-2 水泥地板阳光干燥场所
1. 水泥地板晒场；2. 半机械式翻搅；3. 人工翻搅；4. 马拉式翻搅

---

* 1 亩＝667 m²。

5.2.2 不落地晾晒

不落地晾晒是指带壳咖啡豆干燥时不直接接触地板,让咖啡豆受热均匀的一种干燥方式,包括在水泥地板上垫彩条塑料布晾晒、晒架晾晒、多层钢架式晒床、荫棚式晒床等。这些方式让咖啡豆干燥时通风良好、受热均匀,咖啡豆质量较好,但干燥时间长,成本高,不适宜规模化干燥。部分不落地晾晒干燥如图 5-3 所示。

图 5-3 不落地晾晒干燥
1. 活动簸箕;2. 温棚;3. 斜床;4. 多层台床

(1) 水泥地板垫彩条塑料布晾晒

因为阳光强的时候,水泥地板热传导较强,导致咖啡豆干燥过快或者咖啡豆内部干燥不均匀,同时为保证晒豆时不被雨淋和便于夜晚收豆方便覆盖,有的处理厂在水泥地板上垫好彩条塑料布后才晾晒咖啡豆;这种方法比较容易操作,方便实用。

(2) 晒架晾晒

在很多经济落后及咖啡园分散的地区,处理厂经常在产季利用木棍和铁丝筛网、较厚塑料布搭建简易晒架,用来自然干燥咖啡豆,晚上用塑料布进行覆盖,产季完成就进行拆除。相对来说成本非常低廉,干燥质量较好。

(3) 多层钢架式晒床

在经济较发达地区和做精品微批次处理的厂商,会用钢材和筛网搭建多层的移动式晒架和晒床,以更好地控制自然干燥条件。常见的晒架长 5 m,宽度 1 m,框高 5~10 cm,单层晒架高 100 cm,多层晒架高达 150 cm,可达 4 层。

(4) 荫棚式晒床

很多做精品咖啡豆的处理厂,为寻求咖啡豆更均匀和更长时间的干燥方法,避免阳光对咖啡豆的暴晒,而搭建遮光率在 50% 左右、两侧敞开通风的荫棚,让带壳咖啡豆进行缓慢的半阴干。

5.3 咖啡湿豆机械热风干燥

自然干燥非常浪费场地和时间,同时受自然降雨影响较大,所以有条件的规模化商业豆咖啡处理厂,常常使用机械干燥方法。机械热风干燥主要是利用热风干燥设备,采用人工热源产生热风对咖啡豆进行干燥的方式。

从咖啡豆的质量角度来说，一般用机械烘焙方式完成软黑阶段以前的带壳咖啡豆干燥过程，中黑、硬黑的干燥阶段最好由阳光干燥完成。但大部分规模化处理厂仍然觉得麻烦，而用热风干燥机械一次性干燥到位。其温度一般低于 55 ℃，否则会烤焦咖啡或使种壳收缩，豆内部水分不易扩散而降低质量。干燥时间根据咖啡豆所需水分含量、热量供应和循环利用程度的不同而变化较大。机械热风干燥是采用热风穿透咖啡豆的方法进行的干燥，风机输送可控热风，送到咖啡豆干燥池内（箱式干燥池或旋转滚筒干燥），热风从咖啡豆间隙中穿过，同时翻动咖啡豆，从而实现咖啡豆的均匀脱水，以达到干燥目的。一般干燥机的热风温度控制在 45~55 ℃，热风速度 1 m/s。

与自然晾晒干燥相比，机械热风干燥的优点：能够人为调控咖啡豆干燥时间和温度，取消晒场而节省了大量土地；缩短带壳咖啡豆的干燥时间；降低人力成本；不受天气的影响；带壳咖啡豆的含水量易控制；保证了咖啡豆干燥的一致性，提高带壳咖啡豆的外观质量；能提高咖啡杯质量。机械热风干燥缺点：每天的干燥量有限；要有专门的设备；操作人员要具备一定的技术要求。机械热风干燥设备在国外（巴西、哥伦比亚等国）已经普遍使用。对于土地面积有限、劳动力成本高而燃料成本低的种植点，考虑使用机械热风干燥设备。

5.3.1 滚筒式干燥

巴西等一些国家主要采用滚筒式的干燥技术进行咖啡豆干燥。这种干燥方法仍需要配置一定规模的晒场，所需员工人数较少，不受天气情况影响，干燥过程可控，干燥质量较稳定，能实现规模化干燥加工。但投资成本较高，比较适合机械化鲜果采收，能精确控制采收量的咖啡种植区域。

(1) 滚筒式干燥特点
① 干燥周期：50 h。
② 干燥量恒定：适于机械化采收鲜果。
③ 干豆水分：较均匀。
④ 干燥前湿豆表皮脱水处理情况：必须进行表皮脱水处理。

(2) 滚筒式干燥设备结构特点
炉子加热产生的热风经风机输送到可旋转的滚筒型干燥机内，热风穿过咖啡，带走水分，同时滚筒型干燥机不停旋转，保证了咖啡豆干燥的均匀性。巴西 SRE-150 型咖啡豆干燥设备如图 5-4 所示。

(3) 滚筒式干燥设备工作过程
首先将湿咖啡豆装入滚筒中，并装到规定的量，然后通过燃料燃烧或锅炉加热热交换器，经过热交换器的常温空气被加热到要求的温度后，经风机作用，加热的热空气被带入滚筒中心的散热管，散热空气穿透滚筒内的咖啡豆间隙，并把咖啡内的水分经滚筒表面上的孔一起排出，达到干燥的目的，同时滚筒不停地旋转，实现对咖啡豆不停搅拌，保证咖啡豆干燥的均匀性。

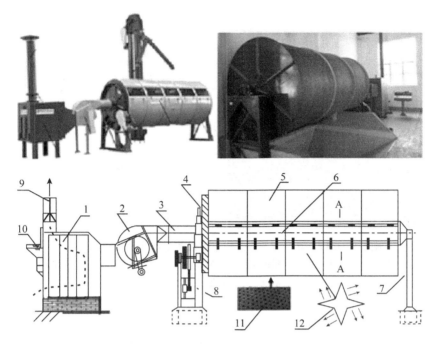

图 5-4 SRE-150 型滚筒式咖啡豆干燥设备结构示意
1. 热交换器；2. 风机；3. 热风管；4. 传动齿轮；5. 滚筒；6. 散热管；7. 支架；
8. 电动机；9. 排烟管；10. 燃料；11. 滚筒表面开孔；12. 热风口

5.3.2 背压平衡式干燥

背压平衡式干燥是利用一定温度、风压、风量及清洁热空气为载体，对一定厚度的咖啡湿豆进行热风干燥。当咖啡水分降到所需条件时，对咖啡采用一定时间的热风背压平衡作用，最后利用热风，进一步将咖啡水分降到目标值。这种干燥方法不受天气情况影响，不需要晒场，干燥水分均匀，投资成本低，干燥质量稳定，容易实现自动化控制和规模化生产。

(1) 背压平衡式干燥特点
①干燥周期：45 h。
②干燥量可在一定范围内变化；适于人工采收鲜果。
③干豆水分均匀，干燥质量稳定。
④干燥前无需对湿豆表皮脱水处理。

(2) 背压平衡式干燥设备结构特点
设备由不锈钢或砖砌成，有方形和圆形两种结构，其干燥原理相同。干燥池均分为上、下两层，干燥厚度一般不超过 50 cm，每立方米可干燥 800 kg 咖啡豆，供热设备以炉子或电热泵为宜。6BYJ-6 型背压平衡式干燥设备工作示意如图 5-5 所示。
6BYG-4000 自动装卸料背压平衡式热风干燥咖啡设备工作示意如图 5-6 所示。

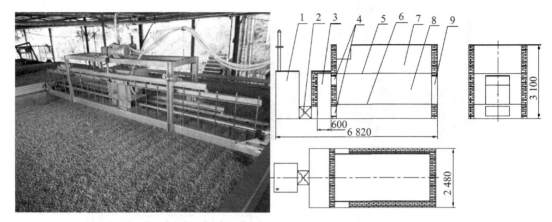

图 5-5　6BYJ-6 型背压平衡式干燥设备工作示意（单位：mm）
1. 热风炉；2. 热风机；3. 热风室；4. 热风口；5. 上池干燥网；6. 下池干燥网；
7. 上干燥池；8. 下干燥池（平衡池）；9. 出料门

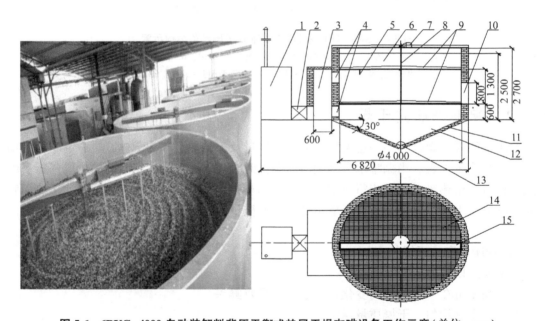

图 5-6　6BYG-4000 自动装卸料背压平衡式热风干燥咖啡设备工作示意（单位：mm）
1. 热风炉；2. 热风机；3. 热风室；4. 上(下)热风口；5. 温度感应器；6. 上干燥圆池；
7. 卸料电动机；8. 自动卸料传动轴；9. 上(下)干燥池自动卸料扒平装置；10. 观察口；
11. 喇叭形集料器；12. 集料室；13. 自动出料装置；14. 下池干燥网；
15. 上(下)池自动卸料口

(3) 背压平衡式干燥设备工作过程

背压平衡式干燥设备的工作过程包括 4 个阶段，如图 5-7 所示。

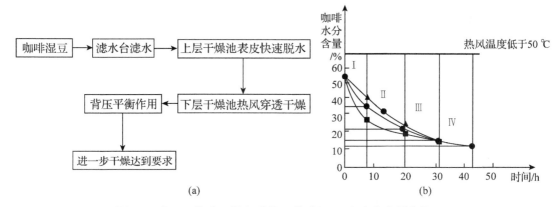

图 5-7 背压平衡式干燥咖啡的工艺过程(a)和水分含量变化(b)
Ⅰ. 表皮快速除水；Ⅱ. 前段慢速干燥；Ⅲ. 背压平衡；Ⅳ. 后段快速干燥

①表皮快速除水：处理好的湿咖啡豆水分含量高达57%，其中有44%水分是以生物水分的形式含在咖啡豆细胞内，13%的水分是以自由水的形式附着在咖啡豆表皮上面。咖啡湿豆的表皮上还附有少量的果胶、果酸、果皮、生物酶等杂质，这些杂质在潮湿环境中容易发生化学反应而腐败变质，严重污染咖啡豆。而解决的最佳方法就是在8 h内快速除去咖啡湿豆的表皮水分。

在低温干燥条件下实现咖啡湿豆表皮快速降水的最佳方法是大风量、大风压对咖啡湿豆进行热风穿透作用。快速除水过程中，由于大风量、大风压热风作用强烈，当快速除去咖啡湿豆的表皮水分的同时，咖啡豆细胞内的生物水分也能排除一部分，所以当咖啡豆表皮水分除完时，咖啡豆内的平均生物水分含量已降到35%。

②前段慢速干燥：当咖啡表皮水分除净后，继续干燥就进入咖啡豆内部生物水分的干燥过程，要求咖啡豆水分含量从35%降到21%，这个过程是咖啡豆因脱水而发生收缩较大的过程，容易造成咖啡豆变形或咖啡壳开裂，影响咖啡豆的物理性外观质量。因此，此过程需要调低热风风压和风量，一般调低到表面脱水风压风量的80%。这种干燥导致咖啡豆内部的生物水分蒸发速度不一致，当咖啡豆内的平均生物水分含量已降到21%时，豆与豆之间水分含量相差达到3%，这样继续下去，就不能达到国际上对咖啡豆干燥水分含量误差范围的要求。

③背压平衡：让物料静置于密闭干燥池内(下层干燥池内)，物料受到恒定温度、一定热风风压、一定风量及一定时间作用，使物料颗粒之间水分含量误差基本趋于一致，最终咖啡豆的水分含量降到16%，咖啡豆与咖啡豆之间内生物水分含量误差值为0.3%，低于国际标准值要求。同时，由于咖啡内含有淀粉、脂类、蛋白质、糖类、咖啡碱、芳香物质和天然解毒物质等多种化学成分，会因这种特殊环境发生一定变化，使得咖啡风味得到提升，确保了咖啡的品质，这个阶段是确保咖啡质量稳定的主要阶段。

④后段快速干燥：当背压平衡完成后，此时咖啡豆水分含量为16%，此时利用热风作用将咖啡豆干燥到水分含量为12%即可入库，此阶段干燥对咖啡的物理外观质量及品质影响较小，条件允许情况下可采用大风量、大风压快速干燥。

 **思考题**

1. 简述咖啡湿豆的干燥原理。
2. 简述干燥主要类型及特点。
3. 咖啡豆干燥过程不当会产生什么后果？
4. 分析咖啡豆干燥 7 个阶段的水分含量。
5. 简述咖啡湿豆传统干燥方法及特点。
6. 咖啡湿豆有哪些机械热风干燥方法？
7. 简述巴西 SRE-150 型咖啡豆干燥机工作过程及干燥特点。
8. 简述 6BYJ-6 型背压热风干燥设备工作过程和干燥特点。
9. 简述 6BYG-4000 自动装卸料背压式热风穿透干燥咖啡设备工作过程和干燥特点。
10. 试画出咖啡滚筒式干燥设备的工作示意图，并说明其组成和功用。
11. 简述背压平衡式热风干燥咖啡的基本原理。

第6章 咖啡豆精制初加工

【本章提要】

本章主要阐述精制咖啡豆初加工工艺,包括脱壳抛光、粒径分级、重力分级、色选分级、贮存等。

6.1 咖啡豆精制初加工工艺

咖啡豆精制初加工,主要是通过对经初制加工得到的带壳咖啡豆,进一步进行脱壳、去银皮、抛光,以及重力分选、粒度筛选,成熟度、完整度及色度分选等加工过程,而成为咖啡豆(或叫生咖啡豆)的加工方法。咖啡豆精制加工为咖啡的进一步精制初加工(生产烘焙咖啡粉、速溶咖啡粉等)提供合乎要求的工业加工原料。

通过咖啡精制初加工得到的咖啡豆,可提高咖啡的附加值,增加咖啡种植业的产值,完善咖啡行业的产业链,推动咖啡产业的规模化发展与可持续发展。

咖啡豆精制初加工工艺:

带壳咖啡豆→清选除杂→粗脱壳→精脱壳抛光→风选除杂→筛分分级→色选分级→成品咖啡豆→计量包装→产品入库

①带壳咖啡豆:是指未经脱壳处理的咖啡干果,其豆粒的水分含量为11%~13%,质量应达到带壳咖啡豆的技术要求。

②清选除杂:为保证产品的质量,保护后续加工设备不被损伤,有必要对带壳咖啡豆原料进行清选除杂处理,除去原料中夹带的杂草、枝叶、尘土等轻杂质,砂石、泥块、玻璃等重杂质,以及金属杂质等。

③风选除杂:通过精脱壳抛光出来的咖啡豆,又称为咖啡豆或生咖啡豆。其中还含有较多的壳屑、银皮及少量的碎咖啡豆等。由于咖啡豆与壳屑、银皮及碎咖啡豆的密度不同,因此通过重力分选的方式将壳屑、银皮及碎咖啡豆与咖啡豆进行分离,保证咖啡豆的纯净和质量。

④筛分分级:通过风选除杂出来的咖啡豆是一种混合级的咖啡豆,为提高咖啡豆的商品价值,提高经济效益,需要按粒度对其筛选分级处理。采用咖啡豆专用多级筛,根据咖啡豆的粒径大小,进行筛分分级,分出不同级别的咖啡豆。

6.2 咖啡豆的脱壳抛光

咖啡脱壳是利用机械内压力摩擦原理完成咖啡豆与咖啡壳分离。同时通过喷风作用，迫使皮与豆分离，完成脱壳与豆壳分离。咖啡豆含水量为10.0%~12.0%时脱壳，商品豆的水色较好，但含水量过高的商品咖啡豆易变白，含水量低于10%，碎豆较多。咖啡脱壳机原理：带壳咖啡豆由进料斗经流量调节机构进入碾压室后，在电动机带动下，带动脱壳辊在由脱壳辊、脱壳刀、脱壳筛组成的脱壳室内高速旋转，将带壳咖啡豆推进并产生挤压搓擦碰撞作用，由于凸肩、周向槽和阻刀的作用，使咖啡豆与咖啡壳分离。咖啡脱壳机示意如图6-1所示。

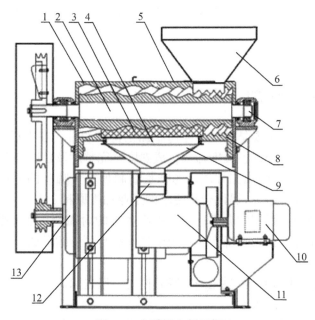

图 6-1 咖啡脱壳机示意
1. 固定刀座；2. 脱壳辊；3. 带壳咖啡豆；4. 脱壳筛；5. 进料控制开关；6. 进料斗；
7. 轴承；8. 脱壳刀；9. 出料斗；10. 除尘电机；11. 除尘器；12. 出料口；13. 脱壳电机

为减轻精脱壳抛光设备的负荷，提高产品的质量及生产效率，对带壳咖啡豆先进行一次粗脱壳处理。将经过粗脱壳处理的带壳咖啡豆进一步脱壳、去银皮，对咖啡豆进行抛光，并将咖啡豆与壳屑、皮等经设备自带的筛分分离机构进行初步的筛分分离，从而得到精制的咖啡豆。

脱壳机有大型专用脱壳机，也有小型脱壳机(碾米机铁刀片改换硬木刀片)。干燥好的带壳咖啡豆和干果通过脱壳机，脱去咖啡的种壳和干果皮。带壳咖啡豆和干果含水量小于10%时，脱壳时碎豆率高。含水量大于13%，商品豆易变白成为缺陷豆。商品咖啡豆(green bean)：含水量11%~12%，绿/蓝色，缺陷豆越少越好。商品咖啡豆扁平面的白色裂缝(tester)保持完好，颜色明亮。烘焙咖啡豆的白色裂缝可分辨商品咖啡豆的新老程度和初加工方法，裂缝宽，杯品好。

咖啡豆的抛光主要是清除银皮，咖啡抛光机是针对特种烘焙咖啡豆的需求而配备的机型。大多数带壳咖啡豆因为鲜果采收初加工分级不好,抛光后的商品豆表面黏附细粉末或磨砂状不透亮,常常降低商品豆的外观色泽。咖啡豆的抛光一般是根据客户的需求确定,常规咖啡初加工不需要配置抛光机。

根据市场需要对咖啡豆表面的银皮进行抛光。咖啡豆脱壳抛光机一般由进料装置、脱壳抛光室、分离装置、出料装置、机架和传动装置组成,其中脱壳抛光室由主轴以及上、下壳体组成,主轴布有非等距的螺纹,上、下壳体内壁设置与主轴相反的非等距螺纹,咖啡豆不断受到主轴辊的翻拨、推进,室内密度逐渐增大,咖啡豆与咖啡豆之间以及咖啡豆与上、下壳体之间不断受到挤压、摩擦,令咖啡豆逐步去除外壳、银皮,脱壳、抛光后的咖啡豆通过设置在主轴辊尾端的出料口排出。该设备的主轴尾端一段上的螺旋纹呈直线状,减小咖啡豆之间的摩擦力,方便咖啡豆排出。由于脱壳容易产生灰层,一般均配备体积较大的风机和除尘设备。使用脱壳抛光机时,一般要求在尽量避免咖啡豆破碎和损失的基础上去提高去壳程度和抛光效果。

6.3 咖啡豆的分级

咖啡分级包含粒径分级和重力分级。
①粒径分级:利用不同孔径筛网对咖啡进行分级,使产品颗粒大小一致。
②重力分级:利用重力作用,使不同密度的咖啡(成熟度不同的)豆分成不同的级别。

6.3.1 粒径分级

粒径分级常规分为一级、二级、三级。一级要求≥16 号筛,二级在 13~16 号筛范围,三级<13 号筛,其筛号和孔径大小参考国际标准组织 ISO 4150《生咖啡 粒度分析 手工和机械筛分》标准,穿圆孔试验筛的孔径尺寸特性见表 6-1 所列。

表 6-1 筛的孔径尺寸特性

孔径尺寸/mm ISO 标准		筛号	颗粒
公称直径(w)	公差		
8.00	±0.09	20	—
7.50	±0.09	19	V-L
7.10	±0.09	18	E-L
6.70	±0.08	17	L
6.30	±0.08	16	D
6.00	±0.08	15	G
5.60	±0.07	14	M
5.00	±0.07	13	S
4.75	±0.07	12	S
4.00	±0.06	10	S
2.80	±0.05	7	—

筛选分级设备筛、筛孔直径有 6.5、6.0、5.5、5.0 mm 等规格,每级设的标准实物样是等级最低标准样。

一级:6.5 mm 以上,颗粒饱满完整。

二级：6.0~6.4 mm，颗粒饱满较匀齐。
三级：5.3~5.9 mm，颗粒较饱满，稍欠匀齐。
四级：5.0~5.4 mm，有不完整豆，完整豆占比75%以上。
五级：5.0 mm以下，有不完整豆，完整豆占比30%以上。

6.3.2 重力分级

重力分级机国内也称比重精选机，它根据颗粒状物料在流态化过程中会产生颗粒与密度偏析现象的原理，在筛床面在长、宽两个方向设计有一定的倾角，分别称之为纵向倾角和横向倾角，工作时，筛床在传动机构的作用下做往复振动，种子落在筛床上，在下面风机气流作用下，台面上的种子进行了分层，较重的种子落在物料下层，受筛床振动的作用种子要沿振动方向往上运动；较轻的种子浮在物料的上层，不能与筛床面接触，由于台面存在着横向倾角，向下飘落。另外，由于筛床纵向倾角的作用，随着筛床的振动，物料沿筛床的长度方向向前运动，最终至出料口排出。由此可以看出，由于物料的比重差异，在比重清选机台面上，它们运动的轨迹是不同的，从而达到了清选或分级的目的。

这种设备广泛应用于农作物种子加工和农副产品处理行业，对谷物种子、林木种子、棉油种子、蔬菜种子等均有良好的精选效果，能剔除秕谷、芽谷、虫蛀、霉烂变质、黑粉病及带颖壳的籽粒，几何尺寸小于2 mm的草籽、沙粒、石子、土块等也能清除。精选后，种子的千粒重、发芽率、净度、整齐度等均有显著提高。杂质及缺陷折合对照见表6-2所列。

表6-2 杂质及缺陷折合对照

杂质及缺陷	折合成缺陷物个数	杂质及缺陷	折合成缺陷物个数
大枝、大石块、大土块、其他	2~3=1	臭豆、酸豆红豆、霉豆	1~2=1
中枝、中石、中土块	1~2=1	带壳咖啡豆、破豆、半黑豆、碎豆、斑马豆、棕色豆、碎壳	2~5=1
小枝、小石块、小土块	1~3=1	机械损伤豆、未熟豆、萎豆、海绵豆、白豆、畸形豆	5=1
缺陷豆、干果豆、干果、黑豆	1=1	虫损豆	5=1

近十年来国内优秀的粮食加工机械企业，将大米比重精选机进行改良成咖啡比重精选机，调整好风压、振幅等技术参数后，与国际上优秀设备相比已经具有良好的性价比优势。它能很好地把饱满咖啡豆与不饱满的咖啡豆和杂质等异物进行严格的分级，这对于提高咖啡豆产品的质量一致性，挑选高质量的饱满咖啡豆提供了很好的便利。

咖啡豆的粒径、重力分级和色泽分级并不是绝对的，并且咖啡的好坏关键在于口感的评价，烘焙咖啡的外观和特性要求：根据烘焙度的不同，要求整体色泽均匀一致，椭圆或圆形，颗粒均匀，香气浓郁，无异味，香气和口感都很好。

6.3.3 色选分级

在通过筛分分级得到的不同级别的咖啡豆中，含有发育不良豆、虫害豆、病害豆、过熟豆、未熟豆，以及机器加工中造成的破损豆等，为保证产品的质量，需要对其按照成熟度、完整度及色度进行分选。分选方式有人工拣选和机器分选。

咖啡色选就是根据物料颜色的差异,利用光电技术设备将颗粒物料中的异色颗粒自动分拣出来的技术。20 世纪 30 年代,美国 ESM 公司与英国 Sorted 公司最先研制出米用色选机,日本和韩国在 20 世纪七八十年代相继研发成功并实现商品化。国产咖啡色选,主要是采用电荷耦合元件图像传感器 CCD,把光学影像转化为数字信号而完成。选用有光源头系的基础上增加特殊的镜片,极大地增加了对咖啡豆的色选差别精度,代替人工挑选的烦琐费时的手工作业,大大提高了产量,节约了生产成本。咖啡色选原理如图 6-2 所示。

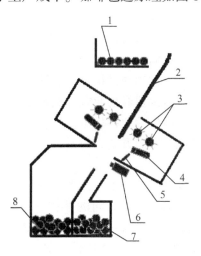

图 6-2　CCD 色选机结构与工作原理
1. 电磁输送器；2. 滑道；3. 灯；4. 传感器；5. 比较板；6. 空气枪；
7. 合格品；8. 不合格品

咖啡豆从色选机顶部的集料斗进入设备,通过供料装置(振动器)的振动,将被选物料沿供料分配槽下落,通过通道上端,顺通道加速下滑进入分选室内的观察口,并从图像处理传感器和背景装置间穿过,在光源的作用下,CCD 接受来自被选物料的合成光信号,使系统产生输出信号,并放大处理后传输至 DSP 运算处理系统,然后由控制系统发出指令驱动喷射电磁阀动作,将其中异色颗粒吹至出料斗的废料腔内流走。而好的被选咖啡豆继续下落至接料斗的成品腔内流出,从而使被选咖啡豆达到精选的目的。

实际生产过程中,处理量、色选精度和带出比这三个指标是一体的,都是关键指标,必须同时考察。色选精度是首要的,不建立在色选精度达标情况下的处理量和带出比毫无意义。脱壳后咖啡豆因为前期水肥条件、种植环境、病虫害情况、采收质量、加工处理方式、机械损伤、细菌感染、回潮、发酵过度、环境污染、控制管理水平等因素影响,会导致产生颜色不同的黑色、黄色、褐色、白色等变色变质的缺陷咖啡豆存在,大大降低咖啡的饮用质量,它们是影响咖啡豆整体质量评估的基本要素。根据不同颜色缺陷咖啡豆在紫外线照射下会发出荧光的原理,运用咖啡色选机对不同颜色的咖啡豆进行分选。

6.3.4　计量包装

将经过分选得到的成品咖啡豆,按照同一等级、同一季节采收的产品进行计量包装,净含量为(60±0.2)kg/袋或(70±0.2)kg/袋,用缝包机缝口或手工缝口。包装物必须牢固、干燥、洁净、无异味、无毒、完好无损。在每一个包装袋的正面和放在袋内的标志卡上，应清晰地标明下列项目：①产品名称；②产品等级；③执行标准编号；④净含量；⑤生产者名称；⑥原产地；⑦生产日期。

咖啡豆包装材料有以下几种：

①麻袋：用从植物、黄麻或粗麻布中提取的天然纤维制作成咖啡袋。这是一个环保的选择，FAO表示，这种麻袋可以100%生物降解且可回收。它很耐用，而且相对便宜，是迄今为止最古老的咖啡生豆包装材料。但是，它不能防潮或防氧气，因为袋子是可渗透的，这种材质会导致咖啡质量变差甚至出现霉变的瑕疵。此外，传统的麻袋可以装60 kg的咖啡(在一些国家可以装70 kg)，而大塑料袋和集装箱内衬可以贮存1~20 t咖啡生豆。根据贮存或运输的批次，生产商可以决定选择更大、更有效的贮存方式。

②塑料：最常用的材料是聚乙烯或聚丙烯，塑料贮存的范围从60 kg的袋子到集装箱内衬。这种材料比黄麻更便宜，更抗潮湿，但仍然是可渗透的。当咖啡用真空包装时，它就被贮存在不渗透的塑料袋里，将生豆密封隔离。人们普遍认为，多层真空包装是保持咖啡生豆质量最有效的方法。但是，由于成本较高，该方法通常仅用于样品或微批次的特别精品咖啡。

③高阻隔材料：对于生产者、贸易商和烘焙商来说，咖啡生豆的严重退化意味着巨大的经济损失。虽然随着时间的推移一定程度的退化是不可避免的，例如，SCA 杯测分数在85~86分的蜜处理咖啡贮存在可渗透包装9个月后，它的杯测分数已经低于80分，被认为是商业咖啡。在18个月后，咖啡杯测值降到75分以下。相比不渗透的袋子，咖啡在一年后的杯测分数仍为83~84分，18个月后下降到82分。所以，咖啡生豆的包装材质对咖啡豆的保质期和品质产生的影响很大。高阻隔性的袋子是由不同成分和结构组成，能够防止内部与大气之间气体和水的交换。它的包装具有很高的不渗透性。虽然这种包装比其他类型的包装更贵，但高阻隔性的袋子被设计成通过防止咖啡生豆与水分和氧气的化学反应来长期保持咖啡的品质。建议对于精品日晒和蜜处理咖啡，在休息期过后，应该立即用高阻隔性的袋子保护起来。在仓库里，大袋子和高阻隔的内衬有助于节省空间和降低成本。对于小批次和运输，高阻隔性的袋子比麻袋更好。

6.4 咖啡豆贮存

6.4.1 熏蒸处理

各咖啡进口国均对咖啡豆中的咖啡果小蠹、咖啡豆象、咖啡潜叶蛾、咖啡短体线虫等传染性病虫害控制较严，在咖啡生豆进出口前均要求进行无害化处理和提供植物检验检疫证书，国内咖啡豆进出口一般采用磷化氢熏蒸处理方法，熏蒸温度：18~23 ℃；磷化氢剂量：57%的磷化铝6 g/m³ 或有效成分磷化氢2 g/m³；熏蒸处理时间：168 h。

咖啡豆象主要分布于热带、亚热带地区。中国福建、广东、广西、云南很普遍，江苏、安徽、湖北、江西、湖南、四川、贵州、山东、河南均有分布。此虫是可可、咖啡的重要害虫。不仅危害贮藏的玉米、面粉、干果、甘薯片等物品，而且严重加害中药材，是我国中药材的主要害虫。若贮藏保管不妥，咖啡豆在贮藏6个月中，质量损失可达30%。

高低温处理、二氧化碳气调、甲酸乙酯熏蒸 3 种方法在不同处理时间下对咖啡豆象幼虫、蛹和成虫的致死效果：高温处理咖啡豆象 3 种虫态的耐受性表现为成虫<蛹<幼虫，其中，60 ℃处理 2.5 h，咖啡豆象成虫和蛹的校正死亡率为 100%，幼虫的校正死亡率也达到 98.3%；60 ℃处理 3 h，幼虫的校正死亡率达到 100%。低温处理时，咖啡豆象 3 种虫态对低温的耐受能力存在一定差异，以蛹的耐受性最低，其中 0 ℃处理 3 种虫态完全死亡均在 256 h，−5 ℃处理需超过 128 h，−10 ℃处理仅需 32 h，−15 ℃及以下温度处理则在 4 h 以内。气调处理时，当二氧化碳浓度分别为 40%、65%、80%时，咖啡豆象成虫分别在 5 d、4 d、3 d 后全部死亡；而幼虫在 80%二氧化碳处理 6 d 后的校正死亡率才达到 100%，因此，在同等条件下咖啡豆象幼虫比成虫更能适应低氧环境。甲酸乙酯熏蒸处理，对咖啡豆象不同虫态的熏蒸效果表现为蛹<幼虫<成虫。在甲酸乙酯浓度为 35 μL/L 时，咖啡豆象成虫和幼虫在熏蒸处理 36 h 和 48 h 后死亡率即达到 100%，而蛹的死亡率分别为 86.7%和 88.3%；当甲酸乙酯浓度为 30 μL/L 时，成虫和幼虫在熏蒸处理 60 h 后死亡率达到 100%，此时蛹的死亡率也达到 88.3%。表明咖啡豆象幼虫、蛹和成虫的校正死亡率均随着处理温度的升高，二氧化碳、甲酸乙酯浓度的升高及处理时间的增加而提高，在合适条件，3 种处理方法对贮存咖啡豆象均有较好的防控效果。

6.4.2　贮存

空气温度和湿度是贮存生咖啡的重要而基本的指标，宜进行适当的控制。生咖啡不宜存放在仓库开放处（如窗、门等）附近，以避免受天气影响。由于光是造成生咖啡褪色和质量下降的影响因素之一，因此，对自然光和人工照明实行控制对生咖啡的质量及保存至关重要。仓库不宜有自然光，人工照明的时间宜尽可能短，大多数时间里生咖啡应完全在黑暗中保存，但该条件应与安全的工作环境相适应。为了不损害生咖啡的质量，人工照明只宜安装在过道和走廊，并分段打开，且绝不可安装在包装袋顶部。袋装生咖啡不宜直接与地面接触，垫板或其他隔离装置宜干净并完全干燥；建议对地板进行防水处理。如果使用木制垫板，生咖啡包装袋与垫板之间可放置加强的硬纸板以防包装袋受到木条尖刺损害。生咖啡贮存时宜避免靠近或直接堆放在潜在污染的货物（如化学药品、有异味或粉尘的物料、咖啡筛余物以及可能受到动物危害的其他商品）的场地。

不同质量的生咖啡宜保存在仓库里不同地方，以避免劣质生咖啡可能对优质生咖啡造成污染。建议有机咖啡单独存放在不同的地方以避免与需要熏蒸消毒的咖啡产生交叉污染。仓库宜禁止机动车驶入，以避免引起温度、湿度和光线的变化以及有害的燃料尾气污染。如果无法避免车辆进入仓库，则宜有一个能避免燃料尾气对生咖啡造成污染的系统。有几种可行方法，一种是设置一个有两道门的前室作装卸用，其中只有外部的那道门可以打开让车辆进入；另一种是在紧靠仓库门处搭建遮阳棚。宜将散落、跌落的袋装生咖啡立即移走；当生咖啡贮存条件恰当时，这种事情很少出现。在仓库内，宜避免使用机器或进行任何可能对生咖啡的整个贮存过程产生影响的活动。如果有加工或重新加工生咖啡所用的机械或其他设备，则宜保证将其与生咖啡存放场所适当隔离开。袋装生咖啡和贮存用垫板，特殊情况下（如果有必要）可遮盖保护，建议避免采用会限制袋装生咖啡通风或对生咖啡质量有不良影响的遮盖措施和遮盖材料。

(1)咖啡豆贮存条件

咖啡豆筛选分级后,要及时包装、及时销售。贮存时间过长,咖啡豆就会吸湿变色变质,降低等级标准。短途、短时间运输采用编织袋。长途出口包装必须用干净无异味的国家标准新麻袋(尤其不能有桐油味道),每袋净重60 kg只封缝袋口,让袋子呈扁平状,袋上要有明显标记。贮存仓库应通风良好,清洁干净,无鼠害,无异味。与其他物资仓库隔离,不允许将农药、化肥以及其他物品同咖啡存放在一个仓库内,以防咖啡吸入异味。仓库高3 m,四面墙体上部设置通气孔,屋顶有通风管道,地面铺装一层木板垫层,木板层下面设通风道,有利于空气流通和室内温、湿度稳定。生咖啡豆含水量达到10%~12%时,装入干净的麻袋,使麻袋呈扁平状,堆码高度2.5 m左右,离墙有一定距离,保持空气流通,经常注意检查。

①仓库位置:仓库宜避开低洼潮湿的地区,不宜建在冷空气可能发生积聚的地方;仓库宜建在地势高的地方,墙壁和地基宜防水隔热,以隔绝外界湿气;仓库宜为东西、南北朝向,长墙最好是东西朝向,也就是短墙朝阳,以节省隔热材料;仓库门不宜迎风朝向,否则会损害生咖啡的质量。

②仓库外围:宜迅速把溢漏清扫干净;宜及时清除废物、垫木和垃圾;存放的设备不致成为啮齿类动物、昆虫和鸟类的藏身处;不宜有排水不良的地方,否则会成为昆虫或其他害虫的繁殖场所;宜有一个周围场地动物危害防治规划,并进行定期检查,宜雇请一个认可的动物危害防治机构来执行;硬地面区域宜打扫干净且保持清洁。

③仓库建筑及其内部环境:为了减少太阳辐射的影响,仓库顶部宜做隔热处理;最高一排袋装生咖啡与仓库梁高宜至少间隔2 m,以确保堆放在最高处的袋装生咖啡质量不受影响;建筑物结构上宜完好无损、无裂缝,能防啮齿类动物和鸟类;所有会发生冷凝的管道宜有足够的隔热措施;建筑物宜打扫干净且保持清洁;对溢漏及日常清洁宜有一个清洁规划,以免地面存积污垢和碎屑;泄漏的物品宜立即清除。垃圾宜定期清除并妥善处置;宜实施一个合适的对鸟类、啮齿类动物、昆虫及其他动物危害的防治规划,并由一个认可的动物危害防治机构来监督;宜由专人负责对建筑物进行定期检查,以贯彻清洁规划;任何卫生间设施宜与生咖啡贮存区域分开,完全用墙围住并保持清洁;袋装生咖啡存放时与外墙相隔一定距离,以便在生咖啡与墙之间的地面进行检查及保持清洁卫生,此外,适当的距离也有利于空气流通;建议袋装生咖啡与外墙的距离在0.8 m以上。

(2)贮存要求

①贮存环境要求:贮存仓库所在地应与鲜果生产地地理地势、气候环境基本一致,要求空气相对湿度60%以下,温度22 ℃以下,空气质量优良,无烟尘的环境。

②仓库贮存检查要求:贮存的袋装生咖啡宜定期按 ISO 4072—1982 和 ISO 6666—2011 进行取样,并根据适用情况按 ISO 4149—2005 和 ISO 6667—1985 测定检查生咖啡是否损坏或变质。在运输和贮存期间,袋装生咖啡宜用遮盖保护,以防雨淋和水雾的损害。

思考题

1. 简述咖啡豆精制初加工工艺及特点。
2. 画出咖啡豆精制初加工工艺流程。

3. 简述咖啡豆的脱壳机的工作原理。
4. 简述咖啡豆的抛光主要作用。
5. 分析咖啡豆的粒径分级和重力分级的区别和特点。
6. 咖啡豆为什么要进行色选分级?
7. 简述 CCD 色选机工作原理,画出原理图。
8. 简述咖啡豆的贮存方法。
9. 为什么要对咖啡豆进行熏蒸? 如何进行熏蒸?
10. 咖啡豆包装材料有哪些? 各有什么特点?
11. 简述咖啡豆仓库贮存条件及要求。
12. 咖啡仓库建筑及其内部环境有哪些要求?
13. 咖啡豆贮存对环境有什么要求?
14. 咖啡豆包装材料有哪些要求?

第 7 章 咖啡豆的质量评价

【本章提要】

本章论述了精深初制加工后咖啡豆的质量评价方法、咖啡豆主要质量评价体系、咖啡豆主要质量评价步骤、咖啡豆主要质量评价指标,分析影响咖啡豆质量的因素和咖啡豆的缺陷等。同时介绍了部分国家咖啡豆的质量等级及精品咖啡豆质量简介及评价指标。

7.1 咖啡豆主要质量评价方法

要正确判断咖啡豆质量的好坏,必须在咖啡豆生产的各个环节都进行质量跟踪和监督。国际上通行的做法是采用气候、海拔、品种、土壤、管理、加工、贮存和运输过程中的缺陷(巴西式缺陷)进行评价,其质量鉴定分为咖啡豆外质鉴定及咖啡豆内含物化学分析鉴定,在商业贸易中通常只采用生豆外质鉴定和熟豆杯测内质鉴定,咖啡豆的质量等级根据咖啡生豆的外观、气味、粒径、水分、缺陷物比例、卫生指标来综合评定。

7.1.1 咖啡豆主要质量评价体系

咖啡豆的质量评价体系通常由咖啡生产国依据瑕疵率(缺陷率)、豆形粒度大小(用目数来衡量)、海拔、生豆硬度、处理标准甚至杯测分数来确认分级。

(1)瑕疵率

评测者会随机从需要分级的生豆中取 300 g 豆样,进行人工分拣,把未熟豆、霉变豆、破损豆、虫蛀豆以及小石子等杂质挑出来,按照挑出来的数量进行分级,瑕疵豆越少,品级越好。

按照瑕疵率分级还有不同的标准,通常国际上用的是以下 3 种:美国标准 USP,即 US Preparation;欧洲标准 EP,即 Euro Preparation;极品标准 GP,即 Gourmet Preparation。

这些标准是以咖啡瑕疵率和颗粒大小确定,有时也会有另外附加的标准在其中。一般情况下,USP/EP 标准相对常见,且 EP 标准高于 USP。部分瑕疵豆如图 7-1 所示。

(2)粒度大小

ISO 4150 规定筛孔径与筛号对应关系见表 7-1 所列。

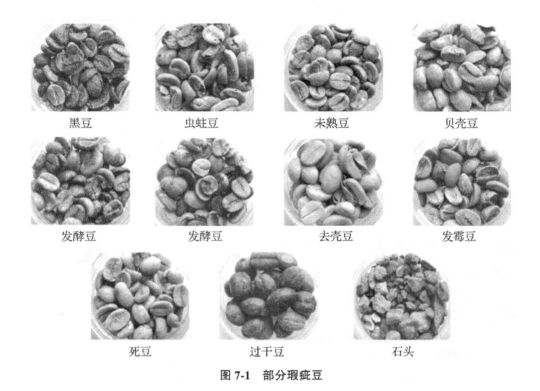

图 7-1 部分瑕疵豆

表 7-1 筛孔径与筛号对应关系

筛号/目	20	19	18	17	16	15	14	13	12	10
筛孔径/mm	8.00	7.50	7.10	6.70	6.30	6.00	5.60	5.00	4.75	4.00

其通用级别为：AA 级 = 17~18 目；AB 级 = 15~16 目；C 级 = 14~15 目；E 级指大象豆(通常为大号圆豆)；PB 级指小圆豆；T 级指从 AA 和 AB 级中重力分选出的轻型豆；TT 级指小于 T 级的碎豆；UG 级指未评级，即达不到任何官方要求的级别。其中，AA 级为最高级别，这一级别的咖啡豆有资格入选精选咖啡，C 级以下的咖啡通常用作饲料或肥料。

(3) 海拔

部分中南美洲产国以极高地生长(strictly high grown, SHG)标示咖啡豆等级，即高海拔咖啡豆，以海拔高低来分级，通常是指海拔 1 400 m 以上高地出品的咖啡豆，如中美洲的萨尔瓦多、洪都拉斯等。

(4) 生豆硬度

同一纬度，同一地块，当海拔越高时，日夜温差越大，咖啡生长期越长，生豆越坚硬，豆中吸收的养分越多，风味物质会更明显。因此，墨西哥往南的中南美洲很多咖啡产国以此为标准。这些生产国出口生豆时，都只有 SHB 一个等级，海拔与咖啡质量关系见表 7-2 所列。

表 7-2 海拔与咖啡质量关系

海 拔/m	评价表述	代 号
1 400 以上	极硬豆	SHB（strictly hard bean）
1 200~1 400	硬豆	HB（hard bean）
1 100~1 200	稍硬豆	SH（semi hard bean）
900~1 100	特优质水洗豆	EPW（extra prime washed）
800~900	优质水洗豆	PW（prime washed）
600~800	特良质水洗豆	EGW（extra good washed）
600 以下	良质水洗豆	GW（good washed）

7.1.2 咖啡豆主要质量评价步骤

根据 ISO 4072 给出的程序进行充分取样后，抽取出一份 300 g 实验室样品。将实验室样品摊放于一个橙色或黑色的平面板上，在漫射日光或尽可能接近日光的人造光下进行检验。生咖啡缺陷可参见 ISO 10470：2004 附录 C 的生咖啡缺陷图。捡出所有杂质和有缺陷的咖啡豆，并按 ISO 10470：2004 规定的类别将其分组，按不同类别堆放或置于不同的容器中，将每一种含有杂质和有缺陷的咖啡豆称量，精确至 0.1 g，然后按百分比计算它的质量分数。杂质和缺陷对咖啡质量的影响，通过与 ISO 10470：2004 的缺陷参考图表中的系数乘以每种缺陷的质量分数，来计算其质量损失百分率和感官影响百分率，即"质量影响单位"。具体检测步骤如下：

（1）取样

生产的同一批次的咖啡豆按原料袋数 100% 用取样器在包装麻袋的上、中、下部位均匀抽取基样，所有基样混合均匀后根据实际应用情况等分成四份或若干份送杯测室、存样、缺陷分拣、化检、客户等。

（2）初检

在抽取混合基样的同时可对咖啡豆的外部及气味特性预先做个初检，方法是净手后对每袋抽取的混合基样捧取查看生豆，一是观察豆粒大小和饱满程度；二是观察豆粒颜色；三是闻生豆气味。主要是初步判断生豆外观和气味是否正常。正常的生豆粒饱满，在日光下豆粒整体颜色浅蓝或浅绿，在鼻前闻其气味有清新生青味。若豆样中的黑豆、棕色豆、霉豆等缺陷咖啡豆含量高，则生豆会闻到异常的气味或呛鼻。在检测以上 3 个生豆项目内容时，若发现任何一项有异常，应做记录。

（3）水分检测

在抽取的基样中用调校合格后的水分仪测定生豆含水量，水分≤12% 较好。水分含量范围在 9%~12%，标准指标为 10%~11%，定价时根据实际水分参照标准相应增加或扣减价钱。

（4）粒径检测

豆粒的大小即粒径，其检测方法是可在混合基样中抽取 100 g 过平面圆孔筛网，筛网应按孔径从大到小依次叠放,根据号数分类有 12~18 号,根据商业贸易的需求选取若干个不同号数的筛网,将接豆盘放在最小的筛网下。把 100 g 咖啡豆样倒在最上面的筛网上,用手轻轻角对角式搅拌咖啡豆,同时,边搅边轻轻抖动筛网,搅拌完毕后,用力抖一下筛网,以便让挂在筛孔上的咖啡豆掉下,不能掉下的咖啡豆则被视为不能过筛。每次筛豆结束,将每个筛网上的咖啡豆称重(精确到 0.1 g),再将接豆盘上的小咖啡豆称重(精确到 0.1 g),如果在过筛中发现有杂质、瓣壳或碎豆应做记录。其中,要求 13 号以上的咖啡豆重≥97%,14 号以上的咖啡豆重≥95%,15 号以上的咖啡豆重≥75%。

(5)缺陷分拣

在混合基样中,抽取 100 g 生豆进行碎豆率、色豆率、异物率三项比例分拣计算,其中碎豆率≤15%,色豆率≤12%,异物率≤2.5%,任何一个单项缺陷超过对应的最高缺陷指标,不合格;若单项缺陷不超标,三项合计大于 15%,也被视为不合格。

(6)带壳咖啡豆检测

若为带壳咖啡豆,必须按同批次原料袋数 100% 抽取基样后,经脱壳成商品豆按以上步骤检测,再做熟豆杯测检测。

(7)检测记录

根据以上检测内容数据填写相应的生豆检测记录表,见表 7-3~表 7-5 所列。

表 7-3 咖啡入库记录表

日期	编号	货主	咖啡豆/kg	带壳咖啡豆			100 g 商业或脱壳豆			含水量/%	备注
				数量/kg	出豆率/%	100 g 咖啡豆					
						碎豆率/%	色豆率/%	13 号	14 号	15 号		

注:13 号以上的咖啡豆重比例≥97%,14 号以上的咖啡豆重比例≥95%,15 号以上的咖啡豆重比例≥75%。

表 7-4 咖啡豆样品记录表

| 日期 | 样品编号 | 含水量% | 100 g 生豆缺陷比例 | | | | 杯测等级 | 备注 |
| | | | 碎豆/g ≤15 | 色豆/g ≤6 | 异物/g ≤0.5 | 总缺陷 ≤15 | | |

注:1. 任一个单项缺陷超过对应的最高缺陷指标,拒收;2. 单项缺陷不超标,三项合计>15%,拒收。

表 7-5　咖啡杯测记录表

姓名：　　　　　　　　　　　　　　　　　　　　　　　　　日期：

分数值	无 0	低 1	低~中 2	中 3			中~高 4			

样品号	内在质量			不愉快的味道				量变味道				拒收味道			等级	备注
	香气	酸度	浓厚度	青草味	谷味	陈味	麻袋味	不干净	泥土味	灰尘味	发酵味	化学药品味	霉味	臭味		
标准样	2	3	3	0	0	0	0	0	0	0	0	0	0		2	三杯一致
各级别指标	3~4	4	4	0	0	0	0	0	0	0	0	0	0	0	1	
	1~3	1~3	1~3	0~2	0~2	0~2	0~2	0~1	0~1	0~1	0~2	0	0	0	2	
	1~4	1~4	1~4	0~3	0~3	0~3	0~3	2	3	3	3	1	3	2	3	

注：合格：1 级和 2 级；不合格：3 级。

7.2　咖啡豆主要质量评价指标

7.2.1　咖啡豆的缺陷指标

气候、海拔、品种、土壤、管理、鲜果加工、贮存和运输各个环节都与咖啡豆质量有关。统计表明，阿拉比卡咖啡商品豆的缺陷有 42 种，种植可产生 13 种、种植和初加工可产生 6 种、初加工可产生 12 种、初加工和贮存可产生 3 种、贮存可产生 8 种，见表 7-6。

表 7-6　咖啡豆的缺陷一览表

生产环节	缺陷豆名称	原因	对杯测的影响力
种植环节	蟒螬危害豆	蟒螬吸吮绿果果汁	非常高
	琥珀豆	土壤缺铁，土壤 pH 值高	中等
	薄片豆	咖啡豆发育的自然缺陷	中等
	霜冻豆	霜冻	非常高
	未成熟豆	混合采果，干法加工豆，缺肥，病虫害	中等至最高
	皱缩豆	干旱，果实发育不良	低至中等
种植或初加工环节	黑豆	病虫害，干旱，熟果落地过度发酵，干燥差	高
	部分黑豆		中等至高
	棕色豆	干燥时间长，过熟果，霜害，黑果	非常高
	腊质豆	过熟果，发酵时受细菌危害，干燥时间长	高
	银皮豆	干旱，未成熟豆，发酵时间不足，干燥时间长	中等

（续）

生产环节	缺陷豆名称	原 因	对杯测的影响力
初加工环节	踩裂豆	晒豆时被裂的咖啡豆，未干脱壳	中等至高
	果皮豆	不成熟，过熟，鲜果部分变干不能脱净果皮	高
	臭豆	过度或重复发酵，污水加工，鲜果未及时脱皮，干燥方法不正确	非常高
	带壳咖啡豆	脱壳机调校有问题	高
	干果	鲜果不分级	非常高
	机损咖啡豆	脱皮机调校不好，鲜果不分级脱皮	中等
	异色过干豆	过度干燥	中等
初加工或贮存环节	酸豆	采果到脱皮的时间长，过度发酵，污水加工，仓库潮湿	很高
	花斑豆（斑疤豆）	回潮，干燥不均匀	中等
贮存环节	陈豆	贮存时间长，贮存条件差	中等至高
	白豆	贮存或运输中受细菌危害	中等至高
	霉豆	贮存或运输中受霉菌危害	非常高
	被贮存害虫轻度危害的豆	咖啡象甲等	中等至高
	被贮存害虫严重危害的豆	—	非常高
	被贮存害虫寄生的豆	—	高
	海绵豆（白豆）	贮存或运输中变质	低至中等

7.2.2 咖啡豆的主要质量评价指标

咖啡豆主要质量评价内容和指标包括：外观和感官特性、物理指标、化学指标、卫生指标等。

（1）外观和感官特性

颜色应为浅蓝色、浅绿色、浅褐色，形状为圆形或椭圆形。参照中国农业行业标准 NY/T 604—2006，不同等级带壳咖啡豆的外观及感观特性指标见表7-7，带壳咖啡豆分为一级、二级、三级。

表7-7　不同等级带壳咖啡豆的外观及感观特性

项 目	阿拉比卡咖啡豆（中国农业行业标准 NY/T 604—2006）要求	
	感官特性	外 观
特一级	芳香、风味和口感都很好	浅蓝色或浅绿色
特二级	芳香、风味和口感都很好	浅蓝色或浅绿色
一级	芳香、风味和口感都很好	白亮或淡黄色，清脆、饱满，略带果皮或异物，半球形
二级	气味清新，无异味	白亮或淡黄，饱满，部分带有果皮或略有异物，半球形
三级	气味不太清新	淡黄色，饱满度差，带果皮较多有异物，船形或半球形

（2）物理指标

不同等级带壳咖啡豆的物理指标见表 7-8 所列，阿拉比卡咖啡豆的物理指标见表 7-9 所列。

表 7-8　不同等级带壳咖啡豆的物理指标

项目	要求						检验方法
	阿拉比卡咖啡豆			罗布斯塔咖啡豆			
	一级	二级	三级	一级	二级	三级	
缺陷咖啡豆/%(质量分数)，≤	6	8	12	10	20	35	GB/T 15033—2009
外来杂质/%(质量分数)，≤	0.1	0.2	0.3	0.5	1.0	5.0	GB/T 15033—2009
粒度*/mm，>	6.30	5.60	4.75	6.70	5.00	4.75	ISO 4150—2011

注：* 达到同等级的粒度要求不少于 90%。

表 7-9　阿拉比卡咖啡豆的物理指标　　　　　　　　　%

项目	阿拉比卡咖啡豆(中国农业行业标准 NY/T 604—2006)要求		
	特一级(粒径 7.1 mm)	特二级(粒径 6.7 mm)	一级(粒径 5.6 mm)
粒度	>90	>90	>90
破碎豆	≤5	≤10	≤15
变色豆	≤1.0	≤2.0	≤3.0
异物	≤0.1	≤0.1	≤0.1

注：变色豆、破碎豆、异物各级别指标均为实测值。

（3）化学指标

不同等级带壳咖啡豆的化学指标见表 7-10 所列。

表 7-10　不同等级带壳咖啡豆的化学指标　　　　　　　　　%

项目	要求		检验方法
	阿拉比卡咖啡豆	罗布斯塔咖啡豆	
水分/(质量分数)，≤	12.0	12.5	GB 5009.3—2016
灰分/(质量分数)，≤	5.5	5.5	GB 5009.4—2016
咖啡因/(质量分数)，≤	1.2	1.5	GB/T 5009.139—2014
水浸出物/(质量分数)，≥	20.0	—	GB/T 8305—2013
总糖/(质量分数)，≥	9.0	—	GB/T 5009.8—2016
蛋白质/(质量分数)，≥	11.0	—	GB/T 5009.5—2016
粗脂肪/(质量分数)，≥	5.0	—	GB/T 5009.6—2016
粗纤维/(质量分数)，≤	35.0	—	GB/T 5009.10—2003

（4）卫生指标

不同等级带壳咖啡豆的卫生指标见表 7-11 所列。

表 7-11　不同等级带壳咖啡豆的卫生指标

项目	指标/(mg/kg)	检验方法
砷（以 As 计）	≤0.5	GB/T 5009.11—2013
铅（以 Ps 计）	≤0.5	GB/T 5009.12—2017
铜（以 Cu 计）	≤20.0	GB/T 5009.13—2017
六六六	不得检出	GB/T 5009.19—2008
DDT	不得检出	GB/T 5009.19—2008

7.3　部分主产国咖啡豆的质量标准

（1）商品豆等级标准

咖啡主产国商品豆的等级没有统一的标准，各国的级别差异大，见表 7-12 所列。

表 7-12　部分咖啡主产国商品豆的等级标准

咖啡主产国	等级	海拔/m	描述
牙买加	一级蓝山	1 000~1 200	300 g 瑕疵豆比例不超过 2%
	二级蓝山		300 g 瑕疵豆比例不超过 2%
	三级蓝山		300 g 瑕疵豆比例不超过 2%
	蓝山特选		300 g 瑕疵豆比例不超过 4%
	圆豆		300 g 瑕疵豆比例不超过 2%
	高山		300 g 瑕疵豆比例不超过 2%
	牙买加优质		300 g 瑕疵豆比例不超过 2%
	牙买加精选		300 g 瑕疵豆比例不超过 4%
危地马拉	1 级极硬豆（SHB）	>114.3	—
	2 级硬豆（HB）	101.6~114.3	—
	3 级稍硬豆（SH）	88.9~101.6	—
	4 级特优质水洗豆（EPW）	76.2~88.9	—
	5 级优质水洗豆（PW）	63.5~76.2	—
	6 级特好水洗豆（EGW）	50.8~63.5	—
	7 级好水洗豆（GW）	<50.8	—
哥伦比亚	特选级	—	80%的咖啡豆能通过 17 号以上的筛网
	上选择级	—	80%的咖啡豆能通过 14~16 号筛网
坦桑尼亚	AA	—	筛网 6.75 mm 以上
	A	—	筛网 6.25~6.50 mm
	AB	—	筛网 6.15~6.50 mm
	AF	—	AA 级及 A 级豆中的轻豆
	C	—	筛网 5.90~6.15 mm
	TT	—	B 级豆中的轻豆
	F	—	AF 级与 TT 级中的轻豆
	E	—	大象豆
	PB	—	圆豆

(2)精品咖啡豆的质量评价

精品咖啡(specialty coffee)这一术语源于1974年,由美国艾佛瑞·皮特(Alfred Peter)和挪威裔的娥娜·努森(Ema Knutsen)提出,用于描述产于一些特定区域因微气候而具有最好咖啡风味的咖啡,同咖啡的产出与种植环境、品种和加工方法密不可分。这类咖啡再经过严格挑选与分级,其质地坚硬、口感丰富、风味特佳。现在国际咖啡贸易已经采用"4C"、雨林等认证体系,强化和透明了种植户与采购商的合作关系,就是精品咖啡。实现咖啡产品到产地的可追溯性,是实现生产精品咖啡的前提条件。

目前世界主要的精品咖啡协会分别是:美国精品咖啡协会(SCAA),欧洲精品咖啡协会(SCAE),日本精品咖啡协会(SCAJ)。

精品咖啡豆的质量要求:

①精品咖啡豆的质量与地域关系:重视品种与水土关系,明确产区、庄园、纬度、海拔、初加工方法、小气候、品种。

②精品咖啡豆的质量与加工方法:重视低污染处理方法,流行日晒、半水洗、蜜处理、湿刨法,改变水洗豆的传统方法。

③精品咖啡豆的质量与微处理方法:酵素作用、焦糖化、干馏作用、浓度等。

④精品咖啡豆的质量与区域环境条件:高海拔、火山、石灰岩或花冈岩土质、高温时多云或有庇荫树(凉爽)、昼夜温差大、干湿季明显、适宜的咖啡品种、人工采摘鲜果、有机种植、种植规模小。

⑤精品咖啡豆的质量评价方法(SCAA):随机选取350 g咖啡生豆样品进行评价。达到精品级咖啡豆标准为:无一级瑕疵,≤5个二级瑕疵。生豆评价系统中共有16种瑕疵豆,其中6种为一级瑕疵,10种为二级瑕疵豆。一级瑕疵豆标准见表7-13所列,二级瑕疵豆标准见表7-14所列。

表7-13 一级瑕疵豆标准

瑕疵豆种类	标　准
全黑豆	1颗明显的全黑豆=1个完整瑕疵
全酸豆	1颗全酸豆=1个完整瑕疵
霉菌豆	1颗霉菌豆=1个完整瑕疵
异物	1个异物=1完整瑕疵
干果/干豆荚	1个干果或干豆荚=1个完整瑕疵
严重虫蛀豆	3个或更多穿孔为严重虫蛀豆,5颗严重虫蛀豆=1个完整瑕

表7-14 二级瑕疵豆标准

瑕疵豆种类	标　准
局部黑豆	1颗豆中一半以下颜色为黑色,3颗局部黑豆=1个完整瑕疵
局部酸豆	1颗豆中一半以下是酸豆,3颗局部酸豆=1个完整瑕疵
轻微虫蛀豆	少于3个穿孔为轻微虫蛀豆,10颗轻微虫蛀豆=1个完整瑕疵
未熟豆	5颗未熟豆=1个完整瑕疵
死豆	5颗死豆=1个完整瑕疵

(续)

瑕疵豆种类	标　准
漂浮豆	5颗漂浮豆=1个完整瑕疵
贝壳豆	5颗贝壳豆=1个完整瑕疵
带壳豆	5颗带壳豆=1个完整瑕疵
果壳/果皮	5个果壳/果皮=1个完整瑕疵
破损(裂、断)豆	5颗破损豆=1个完整瑕疵

依据瑕疵率(缺陷率)、豆形、颗粒大小、生豆硬度、处理标准分级，优质级的咖啡豆就可以作为精品咖啡原料豆进行后续深加工处理。最终按照精品咖啡标准评分达到80分以上的咖啡才能最终确定为精品咖啡。

思考题

1. 简述咖啡豆主要质量评价方法。
2. 分析咖啡豆主要质量评价体系。
3. 简述咖啡豆主要质量评价步骤。
4. "巴西式缺陷"是如何评价咖啡质量的？
5. 分析咖啡豆的主要质量评价指标。
6. 影响咖啡豆质量的因素有哪些？
7. 简述筛孔径与筛号对应关系。
8. 简述咖啡豆硬度与海拔的关系。
9. 分析咖啡豆的主要缺陷指标。
10. 如何对咖啡豆进行缺陷分拣？
11. 咖啡主产国牙买加和坦桑尼亚如何评价商品咖啡豆的等级标准？
12. 如何对精品咖啡豆进行质量分级？
13. 简述精品咖啡瑕疵豆具体标准确定方法。

第 3 篇　咖啡深加工

本篇介绍从咖啡豆烘焙到咖啡产品的整个深加工工艺过程，包括咖啡烘焙、咖啡研磨、咖啡萃取、咖啡浓缩干燥、咖啡质量评价等内容，重点分析咖啡深加工过程中咖啡成分变化与咖啡质量的关系。

第 8 章 咖啡烘焙

【本章提要】

本章论述了咖啡豆烘焙原理和烘焙方法,从咖啡烘焙的重要性及烘焙过程中发生的物理、化学变化等方面分析了咖啡烘焙的工艺及执行的标准,提出了烘焙度的划分方法。要求熟悉烘焙度的划分方法,能使用烘焙机烘焙咖啡豆。

8.1 咖啡豆拼配

(1) 单品咖啡豆

单品咖啡豆(single origin coffee)指来自特定产区、特定品种、特定加工方式,能表现出原产地咖啡豆风味及品质特征的咖啡与其他咖啡豆进行优化混合。

(2) 拼配咖啡

拼配咖啡(blend coffee)是指为适应市场经济需求和消费者喜好,把一种及以上具有风味品质特征属性的单品咖啡豆拼配而成的咖啡豆。拼配咖啡的目的是:凸显特征、稳定风味、平衡口感和降低成本。大部分的拼配咖啡是为了凸显独特的咖啡香气口感等风味特征。单一品种的咖啡豆,即使是同一种,它的风味每一年也会有所不同,所以将几种咖啡豆混合在一起就很好的解决了这个问题,可以使每一年的口味基本保持一致。

拼配咖啡前要确定拼配的目标,确定参与拼配的咖啡豆风味最突出的特点,了解各咖啡豆的特性,熟悉每一种单品咖啡的特性和最突出的特点,烘焙程度与咖啡风味之间微妙的关系。拼配开始时先决定以哪一个产区咖啡豆为基础咖啡豆,再以基础豆为中心进一步选择调和整体风味的其他咖啡豆,再不断尝试让拼配咖啡突出柔和的苦味、鲜明的酸味还是厚重的醇度等。也可以尝试拼配个性相反或不同烘焙程度的咖啡豆,让咖啡豆风味各具特色,试着拼配个性完全相反的咖啡豆可添加特殊的咖啡香;或者拼配个性相似的咖啡豆,试着调和个性相似的咖啡豆,再进一步选择咖啡豆的风味,添加咖啡整体不同的香气与口感。

拼配咖啡使用的原豆,要求采用各具特性的咖啡豆,而避免使用风味相似的咖啡豆,如相同的咖啡处理法、相同的生豆产地、相同的咖啡风味。拼配咖啡比例,每个咖啡商也会根据自己的特色拼出不同比例的咖啡豆,一般不采取1∶1的拼配比例,相同的比例会互相抑制对方特有的风味,所以拼配时要有主次之分才能拼配出比单品咖啡更美妙的味道。拼配烘焙方式,拼配咖啡有生拼,即以生豆按比例混合;也有熟拼,即烘焙结束再按比例混合,具体看拼配风味需求。拼配风味,原则酸甜平衡,拼配时一般采用2~6种咖啡豆，不管是什么咖啡豆，或者是怎样的烘焙度，过多的种类会无法表现咖啡独特的风味。当然拼配咖啡需要的是不断的尝试和优化，也可以尝试采用改进的交互式遗传算法，进行智能化咖啡拼配方案优化。

无论是单品咖啡豆还是拼配咖啡豆，只要符合质量要求，都可进行深加工。

8.2 咖啡深加工工艺

根据咖啡风味的要求选择不同产地、不同品种、不同海拔的单品咖啡或拼配咖啡豆进行深加工。咖啡深加工工艺可分为烘焙制粉、萃取浓缩、冷冻或喷雾干燥，具体工艺流程为咖啡豆预处理→烘焙→研磨→萃取→香气收集浓缩→干燥→成品，咖啡深加工工艺流程总图如图 8-1 所示。冷冻干燥易保持咖啡原有的风味而得到快速发展。

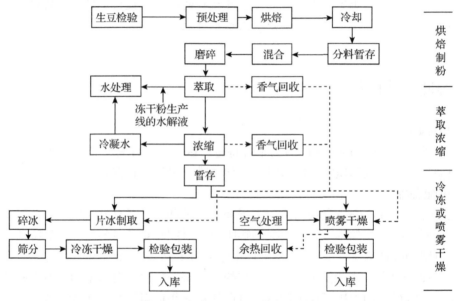

图 8-1　咖啡深加工工艺流程总图

8.3 咖啡的烘焙

8.3.1 咖啡烘焙概述

咖啡豆制作成可以喝的咖啡之前，要先烘焙加工，炒出它的苦味与香味。咖啡之所以受大家的喜爱，关键在于烘焙后所形成的香气与饮用时的口感。生咖啡豆本身没有什么特殊味道，只有在烘焙之后才能够闻到浓郁的咖啡香味。所以，咖啡豆的烘焙是咖啡豆内部物质的转变与重组，形成新的结构的过程，只有经过烘焙之后浓烈香醇风味释放出来，我们才能闻到咖啡的香味。

烘焙能创造出咖啡独特的色泽(近似琥珀色，视烘焙程度要求而定)、风味与芳香，使淡绿色(或浅黄色)的生咖啡豆变成我们平常所熟悉的茶褐色咖啡豆。优质的烘焙是指能将生咖啡豆具有的香味、酸味、苦味成分巧妙地表现出来。

烘焙又称烘烤、焙烤、焙炒,是指通过干热的方式使物料脱水变硬的过程。咖啡烘焙就是利用特定的设备,经过高温方式将生豆中的淀粉转化为糖和酸性物质的过程,在这个过程中,纤维素等物质会不同程度的炭化,水分和二氧化碳会挥发掉,而蛋白质会转化成酶,和脂肪的剩余物质结合在一起,在咖啡表面形成油膜层,咖啡豆本身也会通过烘焙而膨胀,内部产生孔隙。经过烘焙后的咖啡豆能产生特殊的香味和不同的风味,才能用于冲泡咖啡。咖啡的烘焙是一种高温和焦化的作用,它彻底改变生豆内部的物质,产生新的化合物,并重新组合,形成香气与醇味。这种作用只会在高温的时候发生,如果只使用低温,则无法造成分解作用,即使烘得再久都烘不熟咖啡豆。

烘焙的基本原则:将生咖啡豆烘焙,使咖啡豆呈现出独特的咖啡色、香味与口感。烘焙最重要的是能够将咖啡豆的内、外侧都均匀地炒透而不过焦。首先是透过火力将豆中的水分顺利地排出,这一步骤若太操之过急则会起斑点,而且味涩呛人。咖啡的味道80%是取决于烘焙,是冲泡好喝咖啡最重要也最基本的条件。烘焙的技术好,则豆会大而膨胀、表面无皱纹、光泽均匀,各有其不同风味。将咖啡豆烘焙出其最大极限的特色,正是烘焙的最终目标。

烘焙是咖啡加工的重要过程,咖啡豆在200~280 ℃的高温下进行热处理。咖啡在烘焙过程中发生了许多物理化学变化,通过各种机理产生了数百种化学组分。这些化学和物理变化对于咖啡的香气、风味、颜色和最终特性产生至关重要。烘焙咖啡香气已鉴定出800多种挥发性风味组分,其中大部分组分是由烘焙过程产生的。

咖啡烘焙的基础原理是传热与传质,虽然经过数百年发展,烘焙器具与最初发生了巨大的变化,加工技术也随之发生了较大的变化,但其原理基本未变。咖啡豆的烘焙从最古老的铜(铁)锅煎炒到现今的全自动机器烘焙,使用的器械随时代进步,但是要烘焙出什么样的口味,还是取决于烘焙的经验。旋转炉(鼓)式烘焙、固定炉(鼓)和旋转桨式烘焙、流化床式烘焙、商业用烘焙、家用烘焙是咖啡市场上的主流。

(1)旋转炉(鼓)式烘焙

使用水平或垂直圆柱体烘焙炉(鼓)(图8-2),该烘焙方法是咖啡烘焙中最传统,也是最常用的方法。将咖啡豆放入由燃气(或电)加热的转炉(鼓)中混合,转炉(鼓)在旋转过程中通过气缸壁和热气将热量传递给咖啡豆。该技术可以分批次进行烘焙,也可以连续烘焙。焙烤时间在低温长时间(LTLT)中为8~20 min,在高温短时间(HTST)中为3~6 min。

(2)固定炉(鼓)和旋转桨式烘焙

固定炉(鼓)和旋转桨式烘焙(图8-3)外观与旋转炉(鼓)式烘焙类似,但其加热方式

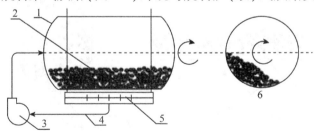

图8-2 咖啡旋转炉(鼓)式烘焙
1. 圆柱体烘焙炉(鼓); 2. 咖啡豆; 3. 风机; 4. 热气流管; 5. 燃气喷嘴; 6. 左视图

截然不同。固定炉（鼓）和旋转桨式烘焙对咖啡豆加热使用的是对流加热源，而旋转炉（鼓）式烘焙使用的是直接加热旋转炉，通过气缸壁和热气将热量传递给咖啡豆。固定炉（鼓）和旋转桨式烘焙使用桨叶代替旋转炉（鼓）来混合和均匀化焙烧炉内部的热量，加热更加均匀高效，烘焙时间一般在 3~6 min。

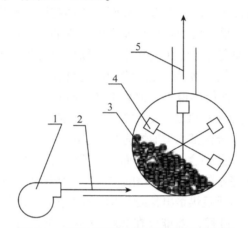

图 8-3　咖啡固定炉（鼓）和旋转桨式烘焙
1. 风机开关；2. 热气流管；3. 咖啡豆；4. 旋转桨；5. 排气管

(3) 流化床式烘焙

咖啡豆的流化是通过在多孔烘焙炉中使用高速热空气对咖啡豆进行烘焙。由于咖啡豆处于动态的漂浮状态，混合更加均匀，因此可以更好地控制过程参数，使用对流热空气传热相对以上 2 种更加均匀化，烘焙效果更佳。空气速度控制在流化床烘焙系统中至关重要，因为咖啡豆的大小、质量和密度在整个烘焙过程中都会急剧变化。在快速系统中，烘焙时间通常为 3~5 min。流化床烘焙系统根据对流热空气流动使咖啡豆的漂浮状态，产生了诸如喷射床和旋流床等不同的流化床烘焙系统。1976 年，美国人麦可·施维兹设计出流化床式烘焙机。他在一个密闭的容器内，让热空气由下往上吹，使生豆在容器内上下飘动，直到烘焙完成时，才倒出容器外的冷却盘，进行冷却。流化床式烘焙如图 8-4 所示。

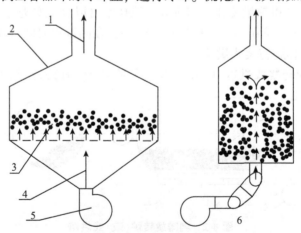

图 8-4　流化床式烘焙
1. 排气管；2. 流化床容器；3. 咖啡豆；4. 热气流；5. 风机；6. 左视图

在一般的烘焙过程中,豆内的水分被蒸发得越来越少,质量也变得越来越轻。若使用这种烘焙机,质量重的会较快落下,再度接受热风的烘焙,如此反复上下,即能烘焙出均匀的咖啡豆。不过,缺乏金属滚筒的焖烧,有人会觉得少了一种味道。

(4) 商业用烘焙

①直火式:人类最早使用的烘焙工具,都是直火式,就是用火焰直接对咖啡豆加热。即用火烤热滚筒,再传热给筒内的生豆。用马达不停地转动滚筒,翻搅筒内的咖啡豆,让每粒咖啡豆都能平均地碰触到炽热的铁壁,达到均衡烘焙的目的。演变至今,直火的"火"除了一般的火焰(包括瓦斯炉火与炭火)之外,还包括红外线与电热管。直火式烘焙优点:烘焙时间较长,使得焦糖化反应比较充分,味道比较丰富。缺点:容易造成烘焙不均,火候控制不好的话还容易烧焦咖啡豆,形成焦苦味。烘焙的咖啡甘苦和酸香较热风式深厚,醇度较高,口感柔滑,但咖啡豆的干香较弱,有时烘焙较浅时,咖啡豆的味道就会产生浓烈的青草味。

②热风式:20世纪,有人想到用热风烘焙咖啡豆,这样少了铁的阻隔,热源能更直接地传给生豆,提高烘焙效率。1934年,美国的柏恩公司所制造的瑟门罗烘焙机(Jabez Burns Thermalo),即一种大型的热风式机种,至今,美国有一些大型的烘焙厂仍在使用该公司制造的烘焙机。

热风式的烘焙机利用鼓风机吸入空气,再让空气通过一个加热线圈使其温度升高,利用热风作为加热源来烘焙咖啡豆,热风不但可以提供烘焙时所需要的温度,也可以利用气流的力量翻搅咖啡豆。热风式烘焙机的优点:热效率高,加热快,生豆受热比较均匀,易控制。缺点:因为加热效率高,容易导致升温过快,造成咖啡豆"夹生",就是咖啡豆生"芯",而且升温过高,容易使焦糖化反应不够充分。烘焙的咖啡豆酸度明显,味道比较干净、单纯,但是味道不够丰富、缺乏深度,而且深度烘焙容易产生刺激性气味。

③半热风直火式:1870—1920年,德国人范古班改良与制造了筒式烘焙机。在他的烘焙理论中提到将热空气带进烘焙中的咖啡豆。1907年,德国制的Perfekt烘焙机开始引进这种观念,使用瓦斯加热,有一个空气泵,将热气一半带进滚筒内,一半带到外围烧烤滚筒。至今,德国的滚筒式烘焙仍被广为应用,该国的波罗拔(Probat)滚筒式烘焙机名满天下。一般烘焙机使用瓦斯或电力作为热源。美国爱达华州的迪瑞克公司于1987年率先使用瓦斯启动的红外线热源,使温度控制得更为精准,颇获好评,成为北美洲的第一品牌。

现今的滚筒式烘焙机几乎全是半热风直火式,一面以火源直接烤热滚筒,一面将热风带到滚筒内。吹进滚筒内的热风可提升加热速度,又可吹走碎屑,因而生产出均衡又干净的咖啡豆。

结合直火式与热风式的优点的烘焙方式,为目前商用烘焙机器的主流。半直火式烘焙其实与直火式烘焙比较类似,但是因为烘焙容器的外壁上没有孔洞,所以火焰不会直接接触到咖啡豆;除此之外,还加上了抽风的设备,将烘焙容器外面的热空气导入烘焙室中提升烘焙效率,这个抽风设备的另一个功能则是将脱落的银皮(附着于咖啡种子外层的薄膜)吸出来,避免银皮在烘焙室里因为高温而燃烧,进而影响咖啡豆的味道,烘焙出均衡又干净的咖啡豆。半热风直火式烘焙机兼具直火式和热风式的优缺点，通过对热风和锅炉转速的调节来改变其加热方式。热风开得越大，转速越快就越接近热风式；反之则越接近直火式。烘焙的咖啡豆味道比较丰富，醇度较高，干香及湿香散发悠远。

(5) 家用烘焙

近年来兴起小量烘焙咖啡豆的热潮，市面上出现了不少家用烘焙机，自己烘焙咖啡豆变成相当简单的事。目前的家用烘焙机大致上可以分为三类：自火式、热风式与滚筒式。虽然，这些都不是很精密的专业机型，但只要操作得当，所烘焙出来的咖啡豆依然香醇。

①直火式：直火式的器具最简单，可以是平底锅，或是日本制的长柄陶瓷烘焙器。陶瓷烘焙器呈封闭式，有焖煮的效果，能烘焙出滋味鲜美且口感复杂的咖啡；它的口味最自然，而且厚实。现在，在日本以外的地区，也常可以买到这种陶瓷烘焙器。平底锅效果不佳，因此不建议使用这种器具。

陶瓷烘焙器的烘焙方法很简单，首先将生豆放入锅里，然后手持长柄在瓦斯炉上不断地摇晃。烘焙者可以自己控制火力的大小，掌握烘焙时间。这种工具的缺点是没有热风吹掉银膜与碎屑，较容易有杂味；此外，它也没有冷却功能，烘焙后得将咖啡豆倒入篮子里，自己用扇子或电扇来冷却，较麻烦些。

②热风式：热风式爆米花机或热风式家用烘焙机。

热风式爆米花机本来是爆米花用的，随后有人用来烘焙咖啡豆，且效果尚佳，曾经风靡一时。它的缺点是：没有收集碎屑的功能，热风吹得碎屑膜到处飞扬，事后须费功夫清理；而且加热速度太快，4~5 min 便可听到第一次爆裂声，水分没有完全蒸发，口感不够饱满，略微偏酸。爆米花机一次可以烘焙 100 g 的生豆，不足或超出太多便无法烘焙。它没有自动停机的功能，使用时要在一旁照看，否则可能会烧掉整锅咖啡豆。

热风式家用烘焙机都有收集碎屑及冷却的功能，能产生干净的烘焙豆。理想的烘焙度设定应该是能判断温度，然后自动停止烘焙。不过，这些机器的烘焙度设定功能只是一个计时器而已，时间到了便自动切换到冷却阶段。由于冬天与夏天的气温相差很多，烘焙咖啡所需的时间也不同，设定烘焙刻度时可能会相差一个刻度以上。在冬天，加热的速度太慢，这种机器无法使 0.23 kg 的生豆达到意式浓缩咖啡的烘焙度。因此，若想要有重烘焙的咖啡豆，应适度减量。另外，它的碎屑收集功能只是底部的一个小盘子，让碎屑与银膜自动掉落到盘子里，并没有热风吹赶碎屑，因此，烘焙豆的碎屑很多，建议用铁网筛除碎屑，否则会产生较多的杂味。内部的死角较多，焖烧的烟雾容易留下油污，事后的清洁工作很费时间。

③滚筒式家用烘焙机：传统的烘焙机都是滚筒式，由火源烘焙不停转动的滚筒。这种烘焙方式具有焖烧的特性，会使咖啡豆风味较老成，口感较饱满，与陶锅的效果相似。目前，市面上已有 Swissmar 公司所制造出品的 Alpenrost 机种，属于家用的滚筒式烘焙机。它一次可以烘焙 0.23 kg 的咖啡豆，一次的烘焙时间（含冷却与出豆）需 21~25 min，烘焙度越深，所需的时间越长。使用时，只要放入生豆，设定烘焙度，按下启动钮即可，从烘焙到冷却均自动完成。该机所建议的烘焙度都是以 0.23 kg 生豆为基准，若烘焙量小于 0.23 kg，烘焙所需的实际时间较短，这时就需要人为介入，在到达所要的烘焙度时，按下"冷却"钮，否则会烧坏一锅咖啡豆；若烘焙量超过 0.23 kg，则可能发生不熟的情形。此外，它的加温速度较慢，13~15 min 才会听到第一次爆裂声，因此有足够的时间可以蒸

发水分,然后才进入高温裂解阶段,使得咖啡豆的内外均可熟透,形成较丰厚的质感。所以,大部分的烘焙师都认为它比较接近商用的专业烘焙机,因此,Alpenrost 在北美有不错的销路。

8.3.2 咖啡烘焙主要阶段

一般人以为咖啡的烘焙只是用火将生豆煎熟而已。事实上,在咖啡的处理过程中,烘焙是最难的一个步骤,它是一种科学,也是一种艺术。在欧美国家里,有经验的烘焙师傅享有极受尊重的地位。烘焙进行大致可分为以下 3 个阶段。

(1) 烘干脱水

烘干脱水也称为干燥吸热阶段。在烘焙的初期,生豆开始吸热,内部的水分逐渐蒸发。这时,颜色渐由青色转为黄色或浅褐色,银皮开始脱落,可闻到淡淡的草香味道。这个阶段的主要作用是去除水分,约占烘焙时间的一半。由于水是很好的传热导体,有助于烘熟咖啡豆的内部物质。所以,虽然目的在于除水分,但烘焙时要利用水的温度,并控制好使其不要蒸发的太快,当水分蒸发的太快,就容易造成豆心不熟,咖啡豆容易苦涩,而水分蒸发的太慢,会造成咖啡味道平淡。通常水分最好控制在 10 min 时达到沸点,转为蒸汽,这时内部物质充分烘熟,水也开始蒸发,冲出咖啡豆的外部。

(2) 高温分解

高温分解即烘焙阶段。在此期间,发生许多复杂的热裂解反应,咖啡豆的化学组成发生巨大的变化,形成许多咖啡风味物质,同时产生大量的二氧化碳气体,咖啡豆变为褐色。烘焙到了 200 ℃ 左右,豆内的水分会蒸发为气体,开始冲出咖啡豆的外部。生豆的内部由吸热转为放热,出现第一次爆裂声。从这个时候,我们熟知的咖啡风味开始发展,烘焙师可以自行选择何时结束烘焙。这时,如果给予相同的火力,温度上升的速度会减缓,如果热能过低,可能导致烘焙温度停滞,造成咖啡风味呆钝。其中的焦糖化反应会带来咖啡豆的甜度、深褐色和醇度,一爆会持续 1 min 左右。在爆裂声之后,又会转为吸热,这时咖啡豆内部的压力极高,可达 25 个标准大气压力。高温与压力开始解构原有的组织,产生大量的挥发性化合物,造就咖啡的口感与味道;一爆结束后,咖啡豆表面会看起来较为平滑,但仍有少许皱褶。这个阶段决定了最终咖啡上色的深度以及烘焙的实际深度,要注意最后熟豆产品要呈现的酸味与苦味,烘得越久,苦味就越高。到了 220 ℃ 左右,吸热与放热的转换再度发生。进入二爆,声音较细微且更密集。此时,咖啡豆内部会发生更剧烈的反应,放出大量的热。随着二爆的结束,这时咖啡豆基本已经变黑,内部的油脂更容易被带到咖啡豆表面出现冒油,大部分的酸味会消退,产生另一种新的风味,通常称之为"烘焙味"。这种风味不会因为咖啡豆种类不同而有差异,因为其成因是来自炭化或焦化的作用,而非内部固有的风味成分。咖啡豆体积会膨胀到原来的 1.5 倍左右,质量减少 12%~20%。一般在二爆结束 1 min 后必须停止烘焙,否则咖啡豆会发生自燃。这是很危险的,有时可能导致火灾,特别是在使用大型商用烘焙机时更是需要注意。

咖啡烘焙领域中有"法式烘焙"及"意式烘焙"等烘焙深度,指的都是烘焙到非常深的咖啡豆,有典型的高度苦味,但大多数咖啡豆本身的个性会消失。

(3) 冷却

咖啡豆在达到想要的烘焙度之后,一定要立即冷却,迅速停止高温裂解作用,将风味锁住。否则，豆内的高温如果仍在继续发生作用，将会烧掉芳香物质。冷却的方法有 2 种：气冷式和水冷式。气冷式需要大量的冷空气，在 3~5 min 内迅速为咖啡豆降温。在专业烘焙的领域里，大型的烘焙机都附有一个托盘，托盘里还有一个可旋转的推动臂。在烘焙完成时，咖啡豆自动送入托盘，此时托盘底部的风扇立刻启动，吹送冷风，并由推动臂翻搅咖啡豆，进行冷却。水冷式速度虽慢，但干净而不污染，较能保留咖啡的香醇，为精选咖啡业者所采用。水冷式的做法是在咖啡豆的表面喷上一层水雾，让温度迅速下降。由于喷水量的多少很重要，需要精密的计算与控制，而且会增加烘焙豆的质量，一般用于大型的商业烘焙。冷却中烘焙咖啡豆如图 8-5 所示。

图 8-5　冷却中烘焙咖啡豆

8.3.3　咖啡烘焙后变化

(1) 物理变化

烘焙所造成的变化是很复杂的，虽有科学家不断地研究分析，仍无法窥知全貌。大致归纳其主要变化如下：

①颜色变化：在烘焙过程中，咖啡豆发生的最明显也是最容易观察到的就是咖啡豆颜色的变化。在烘焙之前，咖啡豆是蓝绿色的。随着烘焙的进行，咖啡豆的颜色将会由黄绿色转变成浅褐色，逐渐向褐色、棕褐色（点状出油）、深褐色、黑色变化。这是一系列褐变反应的结果，如淀粉转化为糖分，糖分进一步焦化；由于蛋白黑素的产生，它们变成了棕色。这是由于糖和氨基酸经过加热而结合形成聚合物。豆壳或银皮也会在烘焙过程中脱落。在整个烘焙过程中颜色不断发生变化，可用 SCAA 的焦糖化测定仪来确定咖啡豆当前所处的烘焙度。焦糖化测定仪是利用近红外线照射，通过向咖啡豆表面发射并接收光线来确定咖啡豆当前所处的烘焙度。烘焙程度越深，咖啡豆颜色就越深，吸光性就越强，反光效果越差，焦糖化分析数值(agtron number)越低。反之，烘焙程度越浅，咖啡豆颜色就越浅，吸光性就越弱，反光效果越好，焦糖化分析数值越高。可通过标准烘焙色板来确定烘焙程度。但是烘焙色值只是烘焙辅助技术之一，无法作为绝对衡量风味的标准。烘焙时，不仅需要比照色泽，还需要嗅香气、聆听爆声、计算时间、分析曲线等方法加以综合运用。

②失水减重：咖啡豆中含有丰富的水分，分为游离状态的自由水和锁定在细胞内及与

有机固体物吸附结合的结合水。结合水是咖啡豆各个细胞组成的成分和良好溶剂。经过加工和干燥的咖啡生豆，水分含量大概在10%~12%，但烘焙后将减少到约2.5%。除了已经存在于咖啡生豆中的水分，烘焙过程中的化学反应还会产生额外的水分。但是，这部分水分又会在烘焙过程中会蒸发掉。水分的损失及一些干性的物质转化为气体是豆类烘焙后总体质量减少的原因。咖啡豆的质量平均要减轻10%~20%。

不同的烘焙曲线会影响脱水发生的时间。水活性在不同的烘焙节点上的改变意味着化学反应的差异，这可能会影响最终的风味特征。

③体积膨胀：咖啡豆在植物界是有着最强的细胞壁的植物。它们的外环状结构可以加固细胞结构，增加其强度和韧性。烘焙过程中时，升高的温度和汽化的水会在咖啡豆内部产生很高的压力。这种情况下，细胞壁的结构从刚性结构变为橡胶状。这是因为多糖（合成的糖分子）的存在。内部物质将细胞壁向外推出，在中心留下充满气体的空隙。这意味着随着咖啡豆质量的减轻，咖啡豆的体积会膨胀。集聚在一起的气体大部分是烘焙后释放出的二氧化碳。烘焙后，咖啡豆的体积会增加60%左右。

④质地疏松：生豆的细胞壁坚硬，细胞孔闭锁，但烘焙后细胞壁变得很脆弱，使得紧致密实的咖啡生豆变得较脆易碎，形成大量海绵、活性炭或蜂窝状的孔洞，降低咖啡豆的密度。水分、二氧化碳和挥发性香气通过这些不规则的通道溢出，增强可溶解性，这对于将它们变成美味的饮品是至关重要。同时氧气也能通过这些通道进来，迅速劣化咖啡的风味。

⑤油脂变化：咖啡豆含有脂类或油脂。在烘焙过程中，内部的高压使这些化合物从细胞中心向豆的表面迁移。脂质可以将挥发性化合物保留在细胞内，挥发性化合物在室温下是具有高蒸汽压力的化学物质。其中，有一些对于咖啡产生的香味和香气是必不可少的。没有油脂，它们可能会挥发出去。烘焙的时间越长，结构转变得越明显。咖啡豆的密度不断降低，随着时间的推移会产生更多的气体，在极深度烘焙的咖啡豆里，我们可以看到油脂迁移到咖啡豆表面，如图8-6所示。

图8-6 深烘焙的咖啡豆

（2）化学变化

咖啡豆的烘焙从投豆到出豆的过程中，发生了化合、分解、置换和复杂分解等一系列的化学反应，这会降解和改变一些物质，并有新的物质生成。

①美拉德反应：咖啡豆的这个过程大约从150℃开始，这时咖啡豆仍在吸热，并将在烘焙后程的放热部分继续。咖啡豆吸收的热量引起内部碳水化合物和氨基酸之间的反应，导致颜色、味道和营养成分的变化。颜色的变化是由于黑精的产生，使咖啡豆转变成棕色。反应过程中还产生成百上千个不同气味的中间分子体，包括还原酮、醛和杂环化合物，这些物质为咖啡提供了特殊的风味和诱人的香气。在咖啡烘焙过程中，美拉德反应生成的类黑精化合物或小分子物质，它们作为挥发性芳香物质或非挥发性口感物质，对咖啡的风味十分重要。

美拉德反应中温度和时间长短的细微变化会对咖啡的最终风味产生很大的影响。长时间的美拉德反应将增加咖啡的黏度，相对短时间的美拉德反应将为咖啡豆带来更多的甜感和酸度。这是因为咖啡中由酸度带来的果香和甜感，会被过长时间的美拉德反应破坏掉。

②焦糖化反应：是糖的氧化与褐变。咖啡豆在大约170℃时，咖啡豆烘焙时的一爆阶段的温度。热量会使咖啡豆中的碳水化合物分解成更小的、可溶于水的糖分子，这意味着咖啡豆的甜度会增加。焦糖化反应将一直持续到烘焙结束，并有助于咖啡中糖果类香气的产生，如焦糖和杏仁。焦糖化反应的产物分为两部分：一是糖的脱水产物，就是焦糖或酱色；二是裂解产物，主要是一些挥发性醛与酮。所以，在焦糖化反应中咖啡豆产生了火烤的香味、焦糖与颜色，同时也产生了其他芳香性的物质，如麦芽醇、呋喃类化合物等。这些化合物在红酒、果汁、奶油中也存在。但是，在烘焙的过程中焦糖化过头反而会造成碳化，使咖啡具有燥苦绞喉的口感。如果焦糖化不足则会使得香气单调乏味，缺少层次。除了以上提到的化合物外，还有有机酸、无机酸、植物碱等成分。不只是香甜美好的成分，一些微苦涩的化合物让咖啡风味有更广的层次与变化，也创造出咖啡独有的丰富滋味。

③干馏作用：是指固体或有机物隔离空气干烧到完全碳化，而隔绝空气旨在防止氧气助燃或爆炸。咖啡豆的烘焙虽然在半封闭的滚筒或金属槽内进行，氧气仍可以进出，似乎不像干馏的无氧闷烧环境，但在正常烘焙情况下，咖啡豆不可能烘焙到完全碳化燃烧。重烘焙豆在燃烧前出炉，经历的脱水、热解、脱氢和焦化，均与干馏差不多，因此可以将深焙的香气（树脂香、香料辛香、炭香等）归因于干馏作用。浅焙与中焙的芳香属于低、中分子质量，但进入二爆后的深焙，碳化加剧，焦糖化消失，美拉德反应持续进行，氨基酸与多糖类的纤维，不断分解与聚合，产生更多高分子质量的黏合化合物，香味从焦糖化转化由美拉德反应与干馏作用为主导，以焦香、闷香辛呛为主。

8.3.4 咖啡烘焙程度及其特征

咖啡烘焙主要是为了让咖啡豆产生出芳香的各类物质，这是热传导的过程，烘焙的热量会使咖啡豆出现一系列的化学反应。先是淀粉会变为糖及酸性物质，然后咖啡豆的基本结构会发生变化，蛋白质转化为酶，在咖啡豆的表皮形成一层咖啡油脂。烘焙温度和时间如果不够，咖啡风味就不会渗出；反之，如果烘焙时间过长或温度过高，咖啡味就会变涩，并发出一股焦味。风味物质的形成和变化与咖啡豆在单位时间内升温量有关，同时烘焙器具对咖啡质量影响也很大。适度快炒，咖啡豆膨胀率、萃取率、醇厚度增加，酸度增强，苦味减弱；适度慢炒，咖啡豆膨胀率、萃取率、醇厚度减少，酸度减弱，苦味增强。随着烘焙程度的加深，形成的芳香物质（浅度烘焙时）以小分子质量化合物为主，活跃度高，大量散逸被人的嗅觉感知，表现出来的气味以花香、草香和果香为主；到中度烘焙时，形成的芳香物质以中分子质量化合物居多，焦糖、奶油、巧克力、坚果等类型气味凸显，待逐渐过渡到深度烘焙时，形成的芳香物质只是大分子化合物，在嗅觉感知中，以树脂、香料、炭烧等气味十分明显。

在影响一杯咖啡味道的因素中，生豆占比60%，烘焙占比30%，萃取占比10%，好的烘焙可以将生豆的个性发挥到极致而最大限度地减少缺陷味道的出现，反之，不当的烘焙则会完全毁掉好的咖啡豆。由于在烘焙过程中受热时间以及温度的控制非常的难以把握，烘焙技术是一项很复杂的技术，因此烘焙的重要性显得更加突出。从烘焙程度来看，烘焙程度越深，苦味越浓；烘焙程度越浅，酸味就越浓。选择何种烘焙程度，要看咖啡豆本身的特性，对于本身苦味较强和酸味较淡的咖啡豆，一般都是选用中度较浅的烘焙程度。选择豆的种类，烘焙温度及烘焙方式，烘焙时间的长短都是决定最后风味的主要因素。一般将咖啡的烘焙度划分为八段。

（1）极浅烘焙

烘焙度值为95~100。又名浅烘焙（light roast）。所有烘焙阶段中最浅的烘焙度，进入一爆，咖啡豆还未熟，表面呈淡淡的肉桂色、略偏黄的咖啡色，其口味和香味均不足，有生豆的青味，口感酸涩，不适合研磨饮用，一般用作试验。

（2）肉桂色烘焙

烘焙度值为85~90。为一般的烘焙程度（cinnamon roast），一爆密集期至尾期，咖啡豆外观上呈现肉桂色，臭青味已除，香味尚可，酸度强，为美式咖啡常采用的一种烘焙程度。释放的芳香气体以低分子质量为主，口感单薄、尖锐、生涩，但个别烘焙师设计特殊烘焙曲线也能产生惊艳的口感。

（3）中度烘焙

烘焙度值为75~80。又名微中烘焙（media roast）。一爆结束，咖啡豆颜色加深呈栗色，容易提取出咖啡豆的原味，香醇，酸味适中，主要用于混合咖啡。释放的芳香气体以低分子质量为主，香气辨识度高，如花香、果香、草本香。若此烘焙度出锅，可采取慢焙，增加甜度，降低酸涩感，此烘焙度可用于杯测寻找瑕疵风味。

（4）深度烘焙

烘焙度值为65~70。属于中度微深烘焙（high roast），一爆后、二爆前沉寂期，咖啡豆表面已出现少许浓茶色，咖啡的味道更浓，酸味变淡，这是一般咖啡豆的烘焙方法。开始释放出美拉德反应中产生的中分子质量气体，口感鲜爽、明亮，焦糖的甜香表达较为充分。咖啡味道酸中带苦，香气及风味皆佳，为日本、中欧人士所喜爱。

（5）城市烘焙

烘焙度值为55~60。烘焙程度为中深度烘焙（city roast），到达二爆，苦味和酸味达到平衡，香味独特。城市烘焙是标准的烘焙法，适合哥伦比亚咖啡和纽约式咖啡。释放的气体以中分子质量为主，酸香中夹杂着诱人的焦糖、坚果、巧克力等香气。这也是精品咖啡业界选择的主要烘焙度，各种风味达到极佳的均衡态势，有全风味烘焙之称，SCAA杯测技术标准建议以此烘焙度为宜。

（6）全城市烘焙

烘焙度值为45~50。为微深度烘焙（full city roast），进入二爆，颜色变得相当深，豆表面莹润有光泽，出现少许油星，苦味较酸味强，属于中南美式的烘焙法，极适用于调制各种冰咖啡。大分子质量的气体开始逐渐出现,并随着烘焙度加深而渐多。意式浓缩咖啡首选此烘焙度。常用烘焙度的区分如图8-7所示。

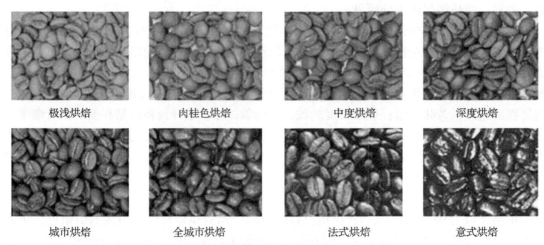

图 8-7　常用烘焙度的区分

(7)法式烘焙

烘焙度值为35~40。为深度烘焙,又名法式烘焙。二爆密集至尾期,咖啡豆表面出油明显,豆体丰沛圆润,颜色呈浓茶色带黑,酸味已感觉不出,苦味强,回甘持久,带有独特香味。咖啡香气中带有树脂、香料、炭烧等内敛的气味。

(8)意式烘焙

烘焙度值为25~30。最深的烘焙程度(Italian),二爆结束,咖啡豆乌黑透亮,表面油乎乎的,带焦味,苦味很强烈,无香气。这个阶段咖啡豆已经很严重的炭化了,一种咖啡豆与另一种咖啡豆的口味已经较难辨出,适合冲泡意大利蒸汽式咖啡,只有极少数烘焙师会用此烘焙度。

8.3.5　咖啡烘焙各国倾向

世界各地都有其偏好的烘焙倾向。不同地区产的咖啡,有着不同的口感风味,除了产地质量影响,其口味上的最大差别来自烘焙。

微深的中度烘焙在日本较受欢迎,但慢慢地也倾向于深度烘焙,深度烘焙在西方国家较受欢迎。城市烘焙在纽约较受欢迎,但由于城里居住着各种不同的人种,因此,出售着各种不同烘焙程度的咖啡豆,变化相当丰富。维也纳则偏好深度烘焙,法国人则较喜爱法式烘焙,意大利人则经常使用意式烘焙。不过,近年来欧美人士广泛地使用意式烘焙(巴西及意大利人最常使用的深度烘焙),变化也多彩多姿,而蒸汽加压器煮的咖啡依旧为人们所喜爱。

总的来说,烘焙得越黑,品质越低。较深的烘焙意味着将会损失咖啡豆的大部分风味。

8.4 咖啡烘焙工艺

8.4.1 咖啡烘焙工艺要点

咖啡豆的烘焙好坏直接决定了咖啡豆的香味的好坏。烘焙不好的咖啡,即使生咖啡豆是很好的,也无法获得很好的咖啡熟豆,结果当然做不出好喝的咖啡。只有用好的咖啡生豆,经过适当的烘焙,才可能加工出好的咖啡熟豆,也才能为制作好咖啡提供一个好的前提条件。

咖啡豆烘焙工艺流程如图 8-8 所示。

图 8-8　咖啡豆烘焙工艺流程

咖啡粉加工工艺流程如图 8-9 所示。

图 8-9　咖啡粉加工工艺流程

(1) 清理

用风力和振动把咖啡豆中混杂的灰、泥土、小石子、金属等多种杂质去除。清理过程一般在专用机械上进行,也可使用手工筛选,再让咖啡豆通过大小不同的筛网,将其按大小分级。有条件的还可用色度计来监测未成熟过头的咖啡豆,挑出颜色过浅或过深的咖啡豆。用紫外光挑选并去除朽烂的咖啡豆。

(2) 调配

在进行烘焙之前,不同品种的咖啡调配起来,通过补充不同品种和产地的咖啡,把各种香味和成分组合起来,使制出的咖啡具有特定的香味,保证咖啡质量的一致性。为了找到适合不同人口味的咖啡,可把咖啡按其产地不同以一定比例加入以取得最好的效果。一般来说,湿法处理的阿拉比卡咖啡味道发酸而芳香四溢,天然的阿拉比卡咖啡中味道平均。罗布斯塔咖啡则味道浓烈、发苦且带泥土味;而产于肯尼亚和坦桑尼亚的咖啡,有明显的甜和酸味。不同的混合能产生独具的特色。

(3) 烘焙

调配好的咖啡豆在干状态下处理,使咖啡豆的结构和成分发生重大的化学和物理变化,导致咖啡豆变暗并散发出烘焙咖啡特有的香味。图 8-10 为某咖啡的烘焙曲线。

烘焙时间的长短,不仅因咖啡的品种及类型而异,还取决于最终产品所要求的烘焙程度,一般都要烘焙 20~30 min 才能充分产生香气,烘焙的机器有大有小,其原理都基本相同,就是用一个圆柱形桶盛装咖啡豆,烘焙时加热并转动;圆柱形桶应密闭,让烘焙过程中咖啡豆散发出的香气被其吸收,使之保持原有的风味。

烘焙质量控制:投料烘焙温度 100 ℃ 左右;烘焙过程温度 180~270 ℃;烘焙时间 20~30 min。烘焙度的观测如图 8-11 所示。

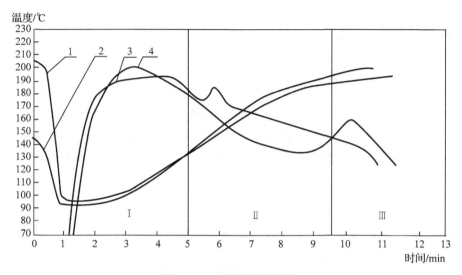

图 8-10 咖啡的烘焙曲线

Ⅰ. 烘干脱水阶段；Ⅱ. 高温分解阶段；Ⅲ. 冷却阶段

1. 炉子环境温度曲线；2. 炉子实际温度曲线；3. 咖啡豆实际温度曲线；4. 咖啡豆的理论温度曲线

图 8-11 烘焙度的观测

(4) 冷却

烘焙完的咖啡豆必须快速冷却，一般采用冷空气鼓风冷却，也有采用水冷却工艺。

(5) 包装

焙制完成后，咖啡就可以用了。由于烘焙咖啡制品本身易氧化，空气中的水分和氧气会加速氧化过程，使咖啡品质变差。烘焙咖啡制品要求有严密的包装和适宜的贮藏环境，尽快包装好，以避免香气的损失和保持新鲜。烘焙咖啡豆的包装如图 8-12 所示。

图 8-12 单向气阀式包装烘焙咖啡豆

8.4.2 容易出现的质量安全问题

(1)咖啡烘焙过程中时间和温度设置不合理造成质量指标下降

在烘焙过程中,咖啡豆在高温处理过程中发生了一系列的物理和化学的变化,这决定了它们的味道和风味的质量,如果烘焙温度被提高,虽然可以提高烘焙速度,也可使咖啡豆的颜色变深,但却不能使美拉德反应充分发生,咖啡的风味物质生成有限。

(2)产品贮存和包装不当造成咖啡风味下降和产生不愉快气味

刚烘焙过的咖啡应该尽快包装起来,如果与空气接触咖啡就会氧化失去它特有的味道,包装也可防止烘焙咖啡染上周围的不愉快气味。所以,烘焙咖啡制品大多采取密封性包装保持它的香味。同时,咖啡豆经烘焙后会产生一定量的二氧化碳。所以,如果存放不当会造成体积膨大而胀坏包装袋,故应尽量采用带气门装置的复合包装袋。气门是一个单向阀门,它既防止空气进入,又能让咖啡产生的气体顺利排出。当然,金属罐是较为理想的包装材料。

8.4.3 烘焙咖啡豆的保存

(1)烘焙过的咖啡豆

烘培过的咖啡豆,很容易受到空气中的氧气影响产生氧化作用,使得所含的油质劣化,芳香物质易挥发消失,再受到温度、湿度、阳光等作用会加速咖啡豆的变质;高温也容易使咖啡豆香气和内部的优良物质挥发掉,所以需要尽可能地放在密闭、低温、避光的地方。

(2)已开封的咖啡豆

如果是已开封的咖啡豆需要用密闭的罐子或者使用专用的密封条进行封存,然后将之放在阴凉干燥的地方,温度10~20 ℃,不透光保存,最好2 d用完;使用长匙取豆,防止二氧化碳散失。

(3)未开封的咖啡豆

如果是未开封的咖啡豆建议放进恒温储藏室里,因为温度降低会减慢咖啡豆的氧化速度。若不放恒温储藏室里则选适合保存于阴凉、通风良好的环境,温度18~22 ℃,尽可能不要置于太干燥之处(湿度54%以下太干燥);保存在带有单向排气阀的食品级材料制成的袋中,带单向排气阀(排出二氧化碳,防止空气进入),最多保存2年;真空保存或惰性气体保存,最多3年。

8.4.4 手工烘焙咖啡

手工烘焙咖啡是最古老的一种方式,烘焙温度范围在190~280 ℃;烘焙咖啡时,要用工具不断搅拌,使咖啡豆表面触热均匀,避免咖啡豆烘焙不均;咖啡烘焙好时,要立刻冷却,避免咖啡豆内在温度使咖啡豆烘焙过度;烘焙咖啡时烟会增多,所以在烘焙时选择通风良好或排烟通风系统良好的地方;咖啡烘焙后,会挥发出咖啡特有香味。咖啡最好的香味是在24 h之后,所以,烘焙咖啡豆24 h后才能研磨咖啡豆。

(1)木炭或煤气炉

人们通常用铁锅或铸铁锅直接在火上烘焙咖啡豆。用铁锅烘焙时一定要洗干净,避免烘焙后影响咖啡豆的香味。烘焙时也要用温度仪检测烘烤过程中的温度。如果烘焙使用木炭，要避免产生火焰，以便能够获得更均匀的温度，使咖啡豆烘焙均匀。现在人们也可选用煤气炉，通过调整火焰对咖啡豆适当加热。在没有专业的烘焙机器以前的漫长时间里，咖啡的烘焙就是用锅炒，用锅炒的咖啡相对专业的机器品质不一定都胜出，但是品质最好的咖啡豆却是人工炒成，其实很多炒货都存在这样的情况。机器的好处是质量稳定，可以简单的标准化炒作，但是人的作用是机器永远也取代不了的。

用锅炒咖啡豆，首先要清洗好用于炒咖啡的锅，除去上面的油脂。一般情况下，洗好锅开火把上面的水烧干，然后加入水煮一下，倒出水再开火烧干。这样重复1~2次。加热把锅面水分烧干直到看不到明显的油脂就可以开火加热，锅面上已经干爽没有水气的时候，放入咖啡生豆。使用电、煤气或是其他热源都可以，关键是要控制好火候。这个可以类比其他炒货或者油炸食品，整个过程要求火力适中、稳定。开始的时候用小火，以后慢慢调整。炒的时候要不停地搅动咖啡豆，同时注意观察咖啡豆的颜色变化。如果咖啡豆颜色快速变化，但是这种变化不是整体。这种情况说明火大了或者是搅拌频率不够。如果觉得搅拌方面已经可以，没有再提高的可能性。这说明火确实太大了，出现这种情况应该立刻把火调小，同时把锅拿开，使锅内温度很快降低，温度降低以后再放到已经调整好火力的炉子上继续加热炒。如果咖啡豆的颜色长时间没有变化（3 min、5 min、10 min 甚至更久），说明火太小。这种情况应该适当的加大火力。咖啡豆的颜色慢慢发生变化，并且这种变化是整体性、均匀的，这时注意咖啡豆的颜色和爆裂的声音。随着烘焙持续进行，豆的颜色由一开始的浅绿色慢慢地变黄，然后再变棕、变褐，最后变黑，注意出锅时间。停火后立刻放到筛子上，用凉风冷却咖啡豆。

（2）微波炉烤箱

若没有专用的烘焙咖啡机，可以选择用微波炉或者电烤箱来烘焙咖啡豆。不少微波炉和烤箱不能搅拌里面的咖啡豆，在这样的情况下，建议每次烘焙的咖啡豆不要太多，平铺一层咖啡豆即可，不要叠加、堆码咖啡豆。这样不用搅动也可以达到很好的效果，根据咖啡豆色泽的变化和爆裂声响判断咖啡豆的烘焙情况。

思考题

1. 简述咖啡深加工工艺。
2. 简述咖啡豆拼配要求。
3. 分析咖啡烘焙主要方式。
4. 简述咖啡烘焙 3 个主要阶段及特点。
5. 简述咖啡烘焙后产生的物理变化。
6. 简述咖啡烘焙过程中的美拉德反应。
7. 简述咖啡烘焙过程中的焦糖化反应。
8. 什么是烘焙度？
9. 如何界定八段咖啡的烘焙度？
10. 咖啡在烘焙过程发生了什么变化？
11. 简述咖啡豆烘焙工艺流程。
12. 简述咖啡粉加工工艺流程。

13. 为什么咖啡烘焙过程中时间和温度设置不合理会造成质量指标下降？
14. 为什么产品贮存和包装不当会造成咖啡风味下降和产生不愉快气味？
15. 简述咖啡烘焙豆的保存要求。
16. 简述手工烘焙咖啡方法。

第 9 章　咖啡研磨

【本章提要】

本章介绍了咖啡豆研磨的原则、研磨度和研磨设备等内容。通过对咖啡研磨的重要性和研磨度的研究,能够根据所使用的咖啡壶的特点及咖啡豆的特性选择适宜的研磨度。

9.1　咖啡研磨概述

咖啡在冲泡之前,一定要将咖啡豆研磨成粉,增加水与咖啡的接触面积,才能将咖啡的美味萃取出来。咖啡粉的好坏对接下来的冲泡过程有重大影响。研磨度也要和冲泡方法匹配,这是能从咖啡豆中提炼出最佳风味的关键一点。咖啡粉与热水接触时间长的冲煮方法需要粗一点的颗粒。如果咖啡粉相对于冲泡方法过细,萃取出的咖啡会有太苦、硬涩、"煮过了头"的味道。反之,咖啡粉过粗会使咖啡淡而无味。因为咖啡粉与空气的接触面积大,所以磨好的咖啡粉容易氧化降解。随着人们饮用咖啡品味的提高,越来越多的人倾向于在家里磨咖啡豆,现磨现煮。

将烘焙后的咖啡豆粉碎成粉的作业叫研磨。研磨咖啡豆的道具叫磨子。咖啡研磨最理想的时间是在要冲煮之前才研磨。因为磨成粉的咖啡容易氧化散失香味,尤其在没有妥善的贮存之下,咖啡粉还容易变味,自然无法冲泡出香醇的咖啡。在磨豆机发明之前,人类使用石制的杵和钵研磨咖啡豆。如果是买已磨好的现成咖啡粉,这时要特别注意贮存的问题。气候潮湿,咖啡粉开封后不要随意在室温下放置,应该放置在密封的罐子里再放入冰箱冷藏,不要和大蒜、鱼虾等味道重的食物同置。因为咖啡粉很容易吸味,会给咖啡带来异味。冲泡过的咖啡粉渣可放在冰箱当除臭剂,也可放在烟灰缸吸收异味。

研磨咖啡豆的时候,粉末的粗细要视冲泡的方式而定。一般而言,冲泡的时间越短,研磨的粉末就要越细;冲泡的时间越长,研磨的粉末就要越粗。以实际冲泡的方式来说,意式浓缩咖啡机器制作咖啡所需的时间很短,因此磨粉最细,咖啡粉细得像面粉一般;用虹吸壶冲泡咖啡,大约需要 1 min,咖啡粉属中等粗细的研磨;美式滤滴咖啡制作时间长,因此咖啡粉的研磨是最粗的。研磨粗细适当的咖啡粉末,对想做一杯好咖啡是十分重要的,因为咖啡粉中水溶性物质的萃取有它理想的时间,如果粉末很细,又冲泡长久,造成过度萃取,则咖啡可能非常浓苦而失去芳香;反之,若是粉末很粗而且又冲泡太快,导致萃取不足,那么咖啡就会淡而无味,因为来不及把粉末中水溶性的物质溶解出来。

9.1.1 咖啡研磨的原则

一般而言,好的研磨方法应包含以下4个基本原则:
①应选择适合冲泡方法的研磨度。
②研磨时所产生的温度要低。
③研磨后的粉粒要均匀。
④冲煮之前才研磨。

不管使用什么样的研磨机,在运作时一定会摩擦生热。优良物质大多具有高度挥发性,研磨的热度会增加挥发的速度,使咖啡的香醇散失于空气中。咖啡豆在研磨之后,细胞壁会完全崩解,这时与空气接触的面积会增加,氧化与变质的速度变快,咖啡在 0.5~2 min 内就会丧失风味。因此,建议不要买咖啡粉,最好买咖啡豆,在喝前才研磨,磨好则应尽快冲泡。

9.1.2 咖啡研磨度

咖啡粉根据其颗粒的大小可以分为粗研磨、中研磨与细研磨3种。咖啡豆研磨的粗细程度,一般是由咖啡的冲泡方式来决定的,还有中细研磨或比细研磨更细的极细研磨(成粉状咖啡粉)。

(1) 颗粒的粗细与用途

①粗研磨(coarse grind):颗粒粗,大小如粗砂糖。适用于法式滤压壶、绒布过滤网、烧煮等冲泡方式。

②中研磨(medium grind):颗粒粗细介于粗砂糖和细砂糖之间。适用于绒布过滤网或纸过滤袋等冲泡方式。

③细研磨(fine grind):颗粒大小如细砂糖。适用于纸过滤袋或虹吸壶等冲泡方式。

④极细研磨(finest grind):颗粒大小如面粉。适用于意式咖啡或土耳其咖啡等冲泡方式。

(2) 研磨要点

颗粒大小要均匀,才能保证均匀地提取咖啡;研磨时温度不能过高,才能保持咖啡香气;咖啡的粗细要适合咖啡的冲泡方式,才能最大限度地提取咖啡的各种口味。

(3) 咖啡豆研磨粗细对咖啡的影响

新鲜度是好咖啡第一要件,第二是掌握咖啡豆研磨粗细度,这直接影响到萃取效果,也就是咖啡风味的好坏及浓淡。原则上咖啡粉越细,泡煮时间越长,咖啡味道就越浓;反之,咖啡粉越粗,泡煮时间越短,味道就越淡。可以这么说,萃取时间越长,豆就要磨得越粗,以免造成过度萃取,苦涩不堪;萃取时间越短,豆就要磨得越细,以免萃取不足。举例来说,法式滤压壶的萃取时间 3~4 min,宜采粗研磨;家用手按式磨豆机(俗称砍豆机)按下 7~10 s 即可松手,如果磨得太细,容易喝到咖啡渣并有焦苦味。滤纸或塞风泡煮法,因为萃取时间比较短(1~2 min),咖啡豆就要磨得比法式滤压壶(10~15 s)细一点。

9.2 咖啡研磨工艺

咖啡豆的磨制有三类方法：研磨、打磨和臼磨。

①研磨：是用两个转动的部件挤压和粉碎咖啡豆。研磨部件可以是圆盘形或圆锥形。锥式机械的噪声要小一些，阻塞的概率也要小一些。研磨的方法产出的咖啡末比较均匀，在冲泡的时候出味也比较一致。锥形磨盘的设计降低了所需要的转速，一般低于 500 r/min。研磨的速度越慢，摩擦产生的热量越少，因而咖啡的香气不易流失。通过调节研磨的参数，锥式研磨机可以胜任各种不同颗粒大小的咖啡的制备。好一点的机器可以磨制土耳其咖啡所需的超细粉末。盘式研磨机一般转速要高一些，产生热量多一些，但它的功能广泛、经济实用，可以胜任多数家用咖啡的制备。

②打磨：多数现代机器实际上是在 20 000~30 000 r/min 的高速下把咖啡豆切成碎末（有的人干脆用打浆机）。这类刀片式打磨机的耗件寿命要长一些；但是打磨中积聚热量，制成的咖啡碎末大小不均，难以提出优质的饮品。这类打磨机理论上只能用于滴漏式咖啡壶。它们产生的尘粉会堵塞意式浓缩咖啡和法式滤压机器中的滤网。

③臼磨：如果找不到好的研磨设备，也可使用捣杵和臼钵。

9.2.1 选择研磨机的参考要素

比较理想的研磨机是能够调整研磨度的，同时还要考虑以下因素：

①研磨的均匀程度：是判断研磨机品质的主要指标，要求颗粒大小均匀。咖啡粉颗粒大小不均会造成后续萃取的不均匀，出现有的部分咖啡粉还没有萃取充分，而有些却已经萃取过度了，造成整杯咖啡有杂味。普遍出现的问题是粗研磨时会产生细粉，造成咖啡偏苦。再好的研磨机也会有细粉现象存在，但是低端的研磨机细粉的现象会尤为明显。

②研磨时产生的热量：咖啡粉中的芳香物质是很容易挥发的，而研磨时的发热导致咖啡香味提早溢散，好的研磨机，可以通过合理的扭矩，降低发热量并控制在一定的范围。

③研磨速度：越省时越好，但要注意单纯靠提高转速来提高效率，这样会产生大量热量，好的研磨机一般通过低转速高扭力达到产热与效率的平衡。

9.2.2 咖啡研磨机

咖啡研磨机有各种不同的品牌与型号，不同品牌的研磨机虽然刻度一样，但研磨粗细范围也会有差异，选择优良的研磨机就显得尤为重要了。

(1) 螺旋桨式磨豆机

这种磨豆机是使用马达转动螺旋桨式的刀片，将咖啡豆削成粉。咖啡豆被砍得支离破碎，风味流失多。因此，这种螺旋桨式磨豆机并不常用。不过，因为其价格便宜，且体积很小、不占空间，一些家庭与办公室还是会经常使用。螺旋桨式磨豆机主要有以下几项缺点：

①研磨时形成高温：这种磨豆机相较于其他磨豆机来说，转速最快，与咖啡豆高速摩擦之后，容易形成高温，咖啡的香醇会流失在研磨过程的高温中，从而让咖啡失色。

②研磨不均：这种磨豆机会将咖啡豆乱砍一通，所形成的粉粒不是过粗，就是过细，

难以均匀。尤其在大量研磨时，经常浮在上层的咖啡豆容易产生过粗的咖啡粒。好的研磨机所磨出来的咖啡粉，会形成一个正态分布，曲线的正中央为目标的研磨度，表示粉粒的研磨度大部分符合目标。螺旋桨式磨豆机会形成一个随机分布，过细与过粗的粉粒所占的比例都很高。为了克服这个缺点，可采用小量研磨，并且要手持磨豆机，用拇指扣住上面的盖子上下摇晃，这样才能使刀片均匀地削到咖啡粒。

③形成块状：在磨豆的时候，高速运转的螺旋式叶片会使咖啡粉形成一个漩涡，但由于离心力太大，会使得过细的粉末形成块状，黏住四周，这些块状会阻碍热水均匀浸泡咖啡，造成萃取不均的情形。

④无法设定研磨度：这种磨豆机没有研磨度的设定功能，只能依据研磨时间来决定研磨度。一般的研磨时间为 6~10 s，适合滤压壶、滤泡杯与塞风壶。不过，浓缩咖啡需要极细的研磨，恐怕要磨到 20 s 以上，此时摩擦的温度会不断地蒸发咖啡的香气。

⑤危险的开关设计：这种研磨机通常都利用合上盖子的压力来启动开关，转动螺旋式刀片。在放咖啡豆或清理时，若不小心压到开关，而手指又正好在刀片附近时，后果将不堪设想。建议平时应将插头拔掉，磨豆前再插上，用后立即拔掉；在处理与清洗时，也应切断电源。另外，上面的塑料盖子可以用水清洗，但机身内外都不能沾水，只能用抹布擦拭。

（2）手摇式磨豆机

一百多年来，手摇式磨豆机的设计几乎没有什么改变，即使是最新的机种也都倾向于古典而雅致的造型。这种磨豆机需要用手旋转摇杆，转动内部铁制的磨刀，将咖啡豆压裂成细粉状，掉落在下面的盒子里。严格来说，内部的磨刀不是刀，因为它没有锋利的刀锋或锯齿，而是一块有角度的锥形磨铁。它以辗压的方式将咖啡豆磨碎，这种方法类似古代的研钵和捣杵，也最能留住咖啡的香醇。虽然使用手摇磨豆机确实有点辛苦，而且速度不快，但是，它却能研磨出颗粒均匀的咖啡粉，再加上研磨时的摩擦温度最低，不易破坏咖啡的美味，很适合滴滤式与滴泡式的冲泡方法。除此之外，手摇式磨豆机所造成的声响最小，一直是冲泡咖啡者的最爱。

手摇式磨豆机通常在摇杆与主体之间，有一个环状的转钮，向下转可磨出较细的咖啡粉，这种磨豆机可以研磨出中度到细度的咖啡粉，但是不可能磨出非常细的粉粒，所以并不适合做浓缩咖啡粉的研磨。在使用家庭式的手动式磨豆机时，要轻轻地旋转，尽可能使其不产生摩擦热。若考量磨豆品质、磨豆量、使用时间及方便性，使用家庭用的电动式磨豆机将是最佳选择。

（3）锯齿式磨豆机

锯齿式磨豆机能迅速而稳定地磨出均匀的咖啡粉，只是价格较高。这种磨豆机的操作方法相当简单，只要遵照说明书上的导引，就能轻松使用。它有两个设定功能，一是研磨度设定，二是研磨时间设定。研磨度大多以阿拉伯数字(1，2，3，4，5……)表示，数字越小表示研磨越细。有些则更加清楚地标示各种冲泡方法的研磨范围。例如，Filter, Espresso 等。Filter 的范围适合滴滤式与滤泡式的冲泡方法；Espresso 则适合浓缩咖啡，说明书上也会详细说明各种研磨度的适用情形。

这种磨豆机上面有一个漏斗形的容箱，盛装尚未研磨的咖啡豆。时间设定越久，将有越多咖啡豆落入研磨机里，自然能磨出越多的咖啡粉。由于容箱的保鲜效果并不好，建议尽可能量好一次的饮用量，并且一次磨完喝掉。其他咖啡豆则可以保存在真空罐或者保鲜袋里，待下次再拿出来研磨。

①锯齿式磨豆机的种类：锯齿式磨豆机的磨刀有 2 种类型，一种为平面式的锯齿刀；另一种为立体的锥形锯齿刀。

平面式锯齿刀：平面式的机种由两片环状的刀片组成，圆周上布满了锋利的锯齿。启动后，咖啡豆被带进刀片之间，瞬间被切割与碾压成细小的微粒。就家用器具而言，平面式的锯齿磨豆机最接近商用的大型磨豆机，与咖啡店里的磨豆机类似。

立体的锥形锯齿刀：锥形磨豆刀由两块圆锥铁所组成，锥铁的表面布满锯齿，这两块铁贴合之间的空隙，就是将咖啡豆磨成粉的地方。锥形锯齿刀所产生的摩擦温度最低，也最能形成均匀研磨。商用机与手动式磨豆机采用的都是锥形锯齿刀。

②选购锯齿式磨豆机的注意事项：功率较高的磨豆机，研磨速度较快，咖啡粉停留在锯齿间的时间较短，能磨出低温咖啡。一般磨豆机功率在 70~150 W 之间，功率越高越好。

有些咖啡研磨机研磨的效果很差，研磨出的咖啡粉不够细。冲煮浓缩咖啡时，萃取不足，使得成品索然无味，所以对于研磨浓缩咖啡而言，特别要注意研磨机的精密度，确定能够研磨出均匀细致的咖啡粉，从而冲煮出好的咖啡。

无论是手摇磨豆机或是电动磨豆机要尽可能挑选能调整粗细，且均匀一致的研磨工具，同时，掌握新鲜研磨的原则，避免氧化与香气散逸。咖啡豆内含有油脂，因此磨豆机在研磨之后一定要清洗干净，否则油脂积垢，久了会有陈腐味，即使是再高级的咖啡豆，也被磨成怪味粉末了。磨豆机在每次使用完毕后，一定要用湿巾擦拭刀片机台，并用温热水清洗塑料顶盖。但是，要特别注意美国流行的加味咖啡，添加的香精味道又浓又重，会残留很久，因此，在清洗前最好先放两匙白糖进去搅打去味。当然，最好是一台研磨机只研磨同一种咖啡豆，那样就没混味的问题了。

9.3 咖啡的包装

刚生产出来的烘焙咖啡制品，有着优美的香味，这些也应该是烘焙咖啡制品新鲜的特征。但不久，以上的这些特征相继消失。在一般的气候下，烘焙咖啡制品变质速度往往取决于包装和贮藏条件。

(1) 包装的作用

包装的作用是避免空气各水汽对烘焙咖啡制品的侵袭。空气的相对湿度时高时低，如果烘焙咖啡制品吸收空气和水蒸气可严重到失去商品的价值。因此，包装材料和包装形式的选择是提高咖啡制品的防水、隔离空气的关键。包装的另外一个作用是能长时间保存烘焙咖啡制品的香气。

①保护烘焙咖啡制品本身的香气，避免散逸到空气中。

②阻止外界环境中一切不愉快气味的污染。新鲜的香味浓郁的烘焙咖啡制品，在放置一段时间后，香味就会削弱，这首先是易挥发的芳香物质从产品扩散到空间中，同时烘焙咖啡制品也会吸附周围的不愉快气味。所以，品质优良的烘焙咖啡制品，通常采取密封性包装保持它的香味。

(2) 影响包装的因素

①环境：与空气接触，咖啡会变质，对咖啡粉更严重。因为暴露于空气中，咖啡粉反应的表面积更大。

②氧气：它氧化了香气成分，特别是氧化了脂肪，产生腐败的味道(哈喇味)。

③温度：新磨粉会迅速吸收空气中的湿气，增加重量且降低提取咖啡成分的有效性，内部分子压力使事情更加复杂化。焙制过程中，咖啡豆内产生二氧化碳，而二氧化碳也会减少些香气。

(3) 包装材料

①阀口袋(自封袋)：刚刚烘焙好的咖啡豆，如果按照重量来计算的话，每颗含有大约2%的二氧化碳和其他气体。由于咖啡豆内部的压强，咖啡豆里的这些气体需要数周才能慢慢地解析(释放)出来。在烘焙过后的12 h里，咖啡豆内部的压强足以将空气中的氧气隔绝从而避免其进入咖啡豆结构内部。12 h以后，氧化反应开始侵蚀咖啡并使内部芳香因子开始降解。咖啡豆内部的气体成分、内部气压以及咖啡豆的排气率，都是受烘焙方法所影响。烘焙度越深，或者烘焙时火力越猛，都将会产生越多的气体、越大的豆内气压、咖啡豆的细胞结构更加蓬松扩张(颗粒越大)、细胞壁上肉眼看不到的气孔越大，这些因素都会导致烘焙后气体排放和氧化速度的加快。一般情况下深烘的咖啡豆与浅烘的咖啡豆相比，更容易变质。精品咖啡业标准包装方法，配有单向通气阀。此种包装袋允许内部气体外漏但是防止外部气体入内。用此种包装方法存储咖啡可以保鲜2周左右。对于阀口袋包装来说，袋内咖啡不新鲜的迹象是数周后当你打开袋子时，会很容易发觉到二氧化碳和香气的大量流失。而二氧化碳的流失意味着萃取意式浓缩咖啡的时候，溶液的油脂减少。

②真空密封阀袋：真空包装有效地限制了咖啡的氧化，减缓了芳香因子的降解速度。目前很少烘焙商再使用真空袋了，此种包装限制了氧化速度，但是由于真空袋中的咖啡豆排气引起真空袋膨胀，给存储和使用带来不便。

③充氮气阀袋：将阀袋里充氮气几乎可以完全隔氧。阀袋限制咖啡氧化但是几乎无法控制咖啡内部气体流失。经过几个月的存储，当打开阀袋时，咖啡豆老化速度要比刚刚烘好时更快，因为咖啡豆内的气压不足导致无法对抗外界氧气入侵。例如，存储了1周的一袋咖啡，打开即喝会非常鲜美，然而，仅仅1 d之内，咖啡的新鲜度有如在空气中暴露1周的程度了。

④充氮气式增压容器(罐)：此种方法目前来讲是最佳包装选择了。充氮气防止氧化，而内压容器则防止咖啡豆排气。将容器放置在阴凉处(越凉越好)将会减缓咖啡豆的老化速度，可以使烘焙后的咖啡保鲜数月。

⑤冷冻存储：即使咖啡届仍然对此法有质疑，冷冻法已经证明了是一种长期存储熟豆最有效的方法。冷冻法降低90%的氧化速率，并减缓可挥发性物质的能动性。其实没必要担心刚烘焙好的咖啡豆冷冻是否会使其受潮，因其被束缚在咖啡豆内纤维素基体中，从而使其保持不冻结状态。冷冻咖啡熟豆的最好方法是只冷冻喝一顿的量(一壶咖啡或者一杯咖啡的量)并将其放入真空袋里，如密封塑胶袋(商标名)。当需要使用时，将袋子从冷冻室中取出，温度降到室温之后再打开袋子进行研磨。

(4) 包装的方法

由于咖啡豆烘焙后会产生相当数量的二氧化碳气体，而二氧化碳也会减少咖啡的香味，因此熟咖啡豆的包装除要求避免与空气接触外，还要设法排出咖啡豆放出的二氧化碳。包装方法的选择还取决于消费者类型（酒吧、饭店、家庭）、运输距离和供应方式。目前常用的咖啡豆包装方法有以下几种：

①柔性的非气密性包装：这是最经济的一种。通常由地方小烘制厂采用，因为他们能保证迅速地供货，咖啡豆可及时地消耗完。该方式下的咖啡豆只能短期保存，一般不超过1周。

②气密性包装：适于酒吧、上货架或家庭，以小袋和罐装为主，咖啡装好后抽真空并密封。由于烘焙后会产生二氧化碳，此方法只能将咖啡放置一段时间脱气后方能进行，需有几天的存储期，咖啡豆放置时间应比咖啡粉更长些。由于贮存期间不需要与空气隔开，因此成本较低。此包装方式下的咖啡应该在10周内用完。

③单向阀包装：可以用各种密封的容器。烘焙后的咖啡放进特制的带单向阀的密闭容器中，这种单向阀只能让气体排出而不会流入，保证了咖啡与外界空气的绝缘和所产生二氧化碳的及时排出。不需要单独贮存阶段，但由于有放气过程，香气会有一定损失。该方式可避免腐败味道的形成，但无法阻止香气的损失。

④加压包装：这是最昂贵的方式，但能保存咖啡达两年之久。体积大小取决于用户类型，家庭还是酒吧。在烘焙几分钟后，咖啡就能被真空包装。加入一些惰性气体后，包装内保持合适的压力，咖啡豆在加压下保存，使香气留在脂肪上，由此改善了咖啡的香味。

⑤市场上常见的咖啡产品包装有：小批量塑料密封袋包装；咖啡烘焙豆和研磨粉的排气阀牛皮纸袋、铝箔袋包装（分为全铝和镀铝2种）；三合一咖啡和无糖速溶纯粉的铝箔卷膜小袋装和条装；冻干速溶粉的玻璃瓶装、金属罐装和铝箔塑料小罐装；现磨咖啡粉的胶囊咖啡和滤泡式挂耳咖啡；易拉罐的三合一、二合一咖啡，咖啡萃取液，其他咖啡混合饮料，咖啡啤酒等包装。

思考题

1. 咖啡研磨的重要性体现在哪些方面？
2. 简述咖啡研磨的原则。
3. 什么叫咖啡研磨度？咖啡豆研磨度对咖啡质量有哪些影响？
4. 简述咖啡研磨的主要方法及特点。
5. 介绍咖啡研磨的粗细程度和用途。
6. 如何选择咖啡研磨机？
7. 简述咖啡研磨机主要类型及各自特点。
8. 如何正确保养研磨机？
9. 简述咖啡包装的作用。
10. 简述影响咖啡包装的因素。
11. 咖啡的包装材料和包装方法有哪些？各有什么特点？

第 10 章 咖啡萃取

【本章提要】

本章介绍了咖啡的萃取原理、萃取方法等内容,从咖啡萃取的萃取率、咖啡浓度及相互关系方面分析了影响咖啡萃取的变量,提出了咖啡萃取的工艺。要求能够应用不同的咖啡壶具冲泡咖啡,做到正确清洁和保养相关器具。

当咖啡研磨成粉,再与水相接触,它们便在进行萃取。萃取物就是水从咖啡粉中溶解出一部分可溶性的物质。我们最直观感受到的是风味物质,它组成了品到的这杯咖啡的所有东西。是不是溶解的越多越好呢?一杯好咖啡,在熟豆环节后,要把握一个适量的萃取度,以保证咖啡均衡美味的口感。

10.1 咖啡萃取概述

咖啡豆的内部含有 2 000 种以上的物质,至今科学家能够了解的只有 700 种左右,它们之间还会发生微妙的变化。冲泡咖啡并不是要将这些物质全部萃取出来,因为有些物质的口感苦涩,并不被人们所接受。人们更喜欢咖啡中的甜味、醇味、酸味和香味。要掌握好其中的度,是成为一个"咖啡艺术家"的关键。咖啡豆的新鲜度、研磨的均匀度、冲泡的时间与水(水质、水温等)都会影响到一杯咖啡的口味。

10.1.1 咖啡萃取技术

在化学中,萃取指的是从原料(咖啡豆)里提取有价值的物质(风味),来到咖啡萃取中,就是使用水把风味从咖啡粉里提取出来。提取出的物质对咖啡的风味和香气有直接的影响,咖啡中含有咖啡因(苦)、酸(其中一些产生酸味/或甜味)、脂质(黏度)、糖(甜味、黏度)、碳水化合物(黏度、苦味)、水溶性化合物和其他化合物。

(1)咖啡萃取

咖啡萃取有两大原理,即扩散和冲蚀。扩散是发生在咖啡接触水的一瞬间,这时候咖啡分子从浓度高的区域转移到浓度低的区域。冲蚀发生在压力环境下,水在压力下过滤咖啡粉,纤维、蛋白质等非可溶物质会被萃取出来,增加咖啡厚重的口感。萃取指的是从原料里提取有价值的物质,咖啡萃取简单地说就是使用水把风味从咖啡粉中提取出来。咖啡萃取核心过程:

①咖啡烘焙的程度。
②咖啡豆的研磨，增加咖啡粉与水接触的表面积。
③咖啡粉充分浸泡在水溶液中，咖啡精华亲水溶解。
④将咖啡浸出液与咖啡渣分离。
核心是研磨、浸泡和过滤，属于物理的范畴，这个过程基本没有化学变化。

（2）咖啡萃取方法

咖啡粉的粗细、浸泡时间的长短、分离过滤的方法等差别，造就了丰富的咖啡制作冲泡器具与手法。虽然咖啡萃取的核心过程相同，但根据萃取咖啡时所使用的压力以及萃取时间的显著区别，现代咖啡萃取方法可以简单分为2种：

①高压快速萃取：即意大利快速浓缩咖啡的萃取方法，在 0.9 MPa 92 ℃ 的水温，20~30 s 的时间萃取出约 30 mL，表面覆盖有一层红棕色泡沫的一杯浓缩咖啡。它和其他的咖啡萃取制作方法有显著的差异，涉及稳定的压力和水温，在自然条件下不能做到，必须要用意大利半自动咖啡机、全自动咖啡机制作，一杯好的意式浓缩咖啡对于咖啡机、研磨机在价格和质量上都有较高的要求。

②浸泡萃取：是比较传统、自然、简单的咖啡萃取方式。萃取温度 85~92 ℃ 为宜，过滤压力都在 0.1 MPa 左右。可细分为：压滤——使用人为压力过滤咖啡，包括法式滤压咖啡杯和爱乐压；虹吸——利用水蒸气冷却所造成的压力差来过滤咖啡，包括虹吸式咖啡壶、比利时咖啡壶；滴滤——利用自然重力滴落过滤咖啡，包括手冲滤泡组件、美式电动滴滤咖啡壶、越南滴滤咖啡壶、冰滴咖啡壶等；蒸汽加压——利用蒸汽加压的方式来萃取咖啡，主要指意大利摩卡壶，萃取过程类似意式浓缩咖啡，但摩卡壶的压力也只有 0.1 MPa，萃取出的油脂比浓缩咖啡少很多，压力和最终的咖啡萃取时间与虹吸式咖啡壶差不多，依据性能指标还是将摩卡壶归为浸泡萃取。

（3）咖啡萃取率

每颗咖啡可萃取溶出物最大约为 30%（也就是有 70% 木质部等无法萃取），即 10 g 咖啡粉最多有 3 g 咖啡溶出萃取物。咖啡的萃取率是指从咖啡粉萃取出的可溶滋味物质质量占使用咖啡粉总质量的百分比。而一杯美味的咖啡，咖啡最佳萃取率为 18%~22%；小于 18% 即萃取不足，咖啡风味将呈现不完整；而大于 22% 则过度萃取，咖啡将呈现出苦涩等不好味道。

要从咖啡中获得最佳口感，需要准确地提取出咖啡中有益的"物质"，如果你的咖啡味道不好，了解它是怎么变化的可以让你找到原因。喝起来太酸，味道淡薄，香气不足，咖啡可能萃取度不足，可以尝试延长萃取时间或更细的研磨度。喝起来太苦，有咬喉感，咖啡可能萃取过度，尝试更粗的研磨度或缩短萃取时间。

（4）咖啡的浓度

前面提到咖啡最佳萃取率为 18%~22%。这些萃取物将溶于多少热水中，这就是咖啡浓度，就是说从咖啡里萃取出来的可溶性滋味物质，必须有适量的水混合稀释，才能冲泡出浓淡适口的美味咖啡。最适咖啡浓度约为 1.0%~1.5%，小于 1.0% 则轻淡无味；如果太浓厚，咖啡浓度 1.5% 以上（滴滤咖啡而言），则有不好的口感。太清淡或太浓厚均是不好的口感。美式风味就是浓度比较淡的咖啡，所以一杯美式咖啡它的浓度落在 1.2%~1.3%。

咖啡浓度：是指咖啡液可溶滋味物质质量与咖啡液毫升量的百分比，又称溶解性固体总量。咖啡浓度越高,表示水中含有的溶解物越多,也就是浓度越高。同样质量的滋味物质,耗用的水量越多,咖啡液的滋味强度越弱,即浓度越低;反之,耗用的水量越少,咖啡液的滋味强度越强,即浓度越高。计算公式如下:

$$浓度(\%) = 萃取滋味物质重(g)/咖啡的体积(mL)$$

浓度代表咖啡酸甜苦咸滋味"量"的强度,浓度太高,一般人会觉得难以下咽;浓度太低,会感觉没有咖啡味,水感太重。

(5)咖啡萃取率与浓度的关系

在保证咖啡豆新鲜的前提下,咖啡的萃取率与浓度是决定一杯黑咖啡是否美味的两大关键因素。制作咖啡时,如果用细度研磨的咖啡粉长时间高温冲煮萃取,会导致过犹不及,口感粗糙、焦苦;反之,如果用粗度研磨的咖啡粉短时冲煮萃取,又会导致咖啡味太淡。只有两者在一定的区间内,咖啡的口感才会顺滑好喝。美国精品咖啡协会所定义的金杯咖啡比例是:咖啡的萃取率控制在18%~22%,浓度为1.2%~1.45%。可用咖啡浓度检测仪器读出咖啡浓度值,通过计算把萃取率计算出,对照是否在18%~22%之间。学会萃取率的计算,有利于设计冲煮方案,调整制作方法,并能制作出均衡美味的纯咖啡。怎样计算咖啡的萃取率呢?咖啡粉的质量用电子秤称量,咖啡液的体积用量杯计量,用咖啡浓度检测仪检测咖啡浓度。

例:用20 g的咖啡粉,冲煮出300 mL的咖啡液,咖啡浓度为1.3%,问咖啡的萃取率为多少?

根据公式计算:

$$萃取滋味物质质量 = 300 \times 1.3\% = 3.9(g)$$
$$萃取率 = 3.9(g)/20(g) \times 100\% = 19.5\%$$

咖啡的萃取率为19.5%,是在18%~22%之间。

10.1.2 影响萃取的变量

咖啡中的物质并非都是以相同的速率被提取出来的,首先萃取出果味和酸味,然后是甜味,最后是苦味。咖啡的芳香物质会被先溶出,不好的物质被后溶出。萃取不足的咖啡酸味较明显,过度萃取则味道偏苦,可以通过调整各个变量来制作适合你口味的咖啡。要做到尽量多地抽取芳香物质,少抽取缺陷物质,达到完美萃取。溶解度和萃取会受到诸多因素的影响,下面来看看各个因素是如何影响咖啡最终的风味。

(1)研磨度

使用细研磨度,要比粗研磨度更快地进行萃取,因为暴露的表面积变得更大了。细研磨度有可能产生更苦的味道,因为许多化合物可以被快速提取出来;粗研磨度意味着更多的酸度,如果研磨度太粗,可能得到一杯口味单薄的咖啡,因为很多物质没有被提取出来。细研磨度会让咖啡粉更紧凑,这意味着水在咖啡粉之间流动的空间更小。对于手冲和过滤咖啡,这会增加萃取时间。仔细选择你的研磨机,质量较差的研磨机可能会产生很多细粉。如果不筛掉,会导致萃取过快,产生不好的味道。

(2)萃取时间

萃取时间越长,从咖啡中提取物质的时间就越长。一般来说,萃取时间短会更酸,萃取时间长会更苦。浓缩咖啡通常只需很短的萃取时间,并且使用压力迫使水快速通过咖啡粉层，这使得它适合更细的研磨度，水更容易流动并且具有更多的表面积可用于快速提取。法式滤压壶就需要较长的萃取时间，因此通常的做法是使用较粗研磨度，以此来减缓萃取时间并避免苦味。

(3) 水温和水质

制作咖啡的理想水温为 91~96 ℃，这也是大多数风味化合物容易溶解在水中的温度。水的温度越高，萃取就越快，如果水温度低，萃取时间会更长，这就是为什么冷萃咖啡需要更长的时间，并且具有比相同豆类的热萃咖啡更加醇厚的风味的原因。

水质主要注意 3 点：水的溶解性总固体(TDS)值、pH 值和水里含的矿物质成分。水的 TDS 值表明 1 L 水中溶有多少毫克溶解性总固体，以 mg/L 表示，通常 TDS 值越低，就越容易把咖啡里面的物质萃取出来；TDS 值越高，越不容易把咖啡里的物质萃取出来。

水也应是中性的，碱性越强，抵消酸的能力就会越强，还有就是水中没有可能影响风味的污染物。

硬水中含有矿物质，镁有助于提取果味，钙可以增强奶油味，但如果水中含有过多的矿物质，它们会减少提取量并影响风味。

一般商用意式咖啡机都有过滤器，不要抱着"哪种水最适合咖啡"的想法，而是以"哪种水冲煮出来的咖啡，最符合喜好"进行选择。

(4) 粉层

制作手冲咖啡需要往咖啡粉里注入水，粉层的重要性在于一致性。如果咖啡粉堆积不均匀或者被不均匀浸泡，水将通过粉层产生通道，水会沿着阻力最小的路线流动。过快注水或不规则移动会使一些咖啡粉发生移位，造成部分咖啡粉没有完全浸泡。注意咖啡粉层的深度，浅的粉层可能允许水过快地通过，太深的地方可能会使水和咖啡保持接触的时间过长，并可能导致过度萃取。

萃取是许多变量的一个平衡，如果你调整一个因素，那还应考虑它对其他因素的影响，了解萃取的工作原理将使你能够更好地控制和调整各个变量，从而找到最适合的口味。

10.2 咖啡萃取工艺

萃取是不同物质在同一溶剂中溶解度的差别，使混合物中各组分得到部分或全部分离的过程。咖啡豆的新鲜度、研磨的均匀度、冲泡的时间与水(水质、水温、水量)都会影响到一杯咖啡的口味。冲泡的艺术在于寻求最适当的条件，取得芳香与苦涩之间的最佳平衡点，将咖啡内部的可溶物质萃取出来。根据专家试验，1 L 水(约 4 杯)冲泡 50~70 g 咖啡粉最恰当，所冲泡出来的咖啡饮料应包含 98.4%~98.7%的水与 1.3%~1.6%的可溶物质，这样才能算是一杯好喝的咖啡。

萃取使用的设备叫浸器组，它由 6~8 个提取罐以管道互相连接并可交替组成一个操作单元，在一个操作单元内完成下列几个过程：

①烘焙磨碎咖啡的湿润。
②可溶物的溶出。
③不溶性的碳水化合物受高热水解而部分转化溶出。

④咖啡颗粒组成的滤层起过滤作用,除去对喷干操作和产品的贮存有不良影响的腊质和脂肪。萃取周期内,咖啡与水的比例因不同咖啡原料、浸器组的设计和要求浸出率不同而有差异。

思考题

1. 简述咖啡萃取的方法。
2. 简述咖啡萃取原理。
3. 如何提高咖啡萃取率?
4. 分析咖啡萃取率与咖啡浓度的关系。
5. 用 30 g 的咖啡粉,冲煮出 300 mL 的咖啡液,咖啡浓度为 2%,问咖啡的萃取率为多少?
6. 已知咖啡浓度为 1.45%,萃取率为 20%,泡出 1 L 咖啡液,问需要用多少咖啡粉?
7. 咖啡是如何萃取的?

第11章 咖啡浓缩干燥与质量评价

【本章提要】
　　本章主要介绍了咖啡浓缩液、速溶咖啡的生产工艺；通过对速溶咖啡不同干燥方法的原理及产品质量要求的研究，确定了速溶咖啡的生产工艺。要求熟悉生产工艺，并能在生产应用中发现问题及时处理。

　　自20世纪初速溶咖啡进入日常消费领域以来，因其可直接热水或冷水溶解且无沉淀物，经过加工后保存时间较长及方便、卫生、质量一致等特点，成为许多国家咖啡消费的主流产品之一。

　　在我国改革开放以后，速溶咖啡进入中国市场并在最近20年内得到了快速的发展和普及。速溶咖啡具有使用方便的特性，破除了常规现煮咖啡的束缚，因此获得了广泛的流行。速溶咖啡的用途很广，除了供个人自行冲泡用途以外，在食品加工业中，可以制成咖啡饮料、三合一咖啡粉及各种咖啡口味的食品，如糖果、调味乳、布丁、果冻、冰品及烘焙食品等，是国内重要食品原料之一。市场上的速溶咖啡有多种，其营养成分种类基本相同，包括能量、蛋白质、脂肪、碳水化合物和钠，但其含量各异，且具有一定相关性。

11.1 咖啡浓缩

　　炒磨咖啡虽能较好地反映出咖啡自然品味。但在饮用时需煮滤或冲滤，饮用不便；而速溶咖啡虽饮用方便，但因生产中高温喷雾干燥，香味损失较大，而咖啡浓缩液正好弥补了以上的不足，即冲即饮，又能保留咖啡的原有品味，且应用领域较为广泛，可用于饮料、冷饮、糖果等行业方面。

11.1.1 咖啡浓缩液的原料与设备

(1) 咖啡浓缩液的原料
①咖啡原料豆：应无黑豆、无霉豆、无发泡白豆和极碎豆，水分<13%。
②添加剂：应符合国家卫生标准规定。

(2) 主要生产设备
烘焙机，除银皮机，磨碎机，抽提罐，离心机，沉降池(自制)，板框式过滤机，调配罐，真空浓缩锅，高压均质机，反应釜，液体灌装机，电磁感应封口机，自动锁盖机，水浴式杀菌槽(自制)，工业锅炉。

11.1.2 咖啡浓缩液的生产工艺

咖啡浓缩液的生产原料调配：1 000 kg 烘焙咖啡粉，30 kg β-环状糊精，0.8 kg 焦磷酸钠，1 kg 黄原胶，1.2 kg 蔗糖脂肪酸酯（BHL=10），1 kg 山梨酸钾，咖啡浓缩液。生产工艺流程如图 11-1。

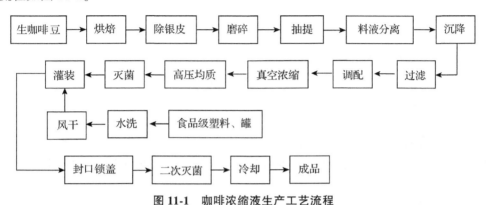

图 11-1 咖啡浓缩液生产工艺流程

(1) 烘焙

在滚筒式的烘焙机中进行，控制烘焙温度在 230~250 ℃，以每炉 50 kg 烘焙量计，时间达 30~40 min，烘焙豆的色值达中度烘焙即可。滚筒的转速控制在 60 r/min 以内，否则会使部分豆破碎，造成部分焦化，而影响整体质量。

(2) 除银皮

在一个带风力反抽系统的转盘上运作，目的是散除余热，使烘焙咖啡豆尽快降温以减少芳香物质的损失，以及使咖啡豆表层已脱落的银皮通过反抽的力量抽走除净，减少最终产品的苦涩味。

(3) 磨碎

将烘焙好的咖啡豆进行粉碎，为满足下一步过滤工序的粒度要求，一般控制在 30~40 目为好。

(4) 抽提

咖啡液的抽提方法有滴淋式、喷射式、虹吸式、煮出式等。根据设备的实际情况，采用煮出式来抽提咖啡液。因咖啡香气是易于挥发的，故抽提设备必须是密闭容器。

在一个带搅拌系统的抽提罐中进行，为抽提彻底，采取二次抽提。第一次抽提时在抽提罐中先加入相当于咖啡粉重 15 倍的 90~100 ℃ 热水，把 β-环状糊精用热水溶解后加入罐中，同时投入咖啡粉，在搅拌器（35 r/min）作用下抽提 20 min，后放出含有渣的料液，进入离心机，把离心出的咖啡渣第二次投入罐中相当于咖啡粉重 8 倍的热水中，同时把焦磷酸钠溶解后加入，在抽提罐中搅拌器的作用下抽提 10 min，然后再放出料液进入离心机。

(5) 料液分离

采用三足离心机处理，为保证产品的得率和质量，选用 120~150 目的脱色滤布较为适宜。

(6) 沉降

使咖啡液在沉降池中自然沉降 30 min，通过自吸泵取走上清液。把底部非溶性的大分子物质除去。

(7) 过滤

用板框式过滤机处理，滤材用 600 目的脱色尼龙布，过滤压力在 0.2 MPa，以恒定流速而保证过滤质量的一致性。

(8) 调配

在调配罐中进行，先把蔗糖脂肪酸酯和黄原胶分别用热水浸泡，初步搅拌进行溶解，再放入容器中强烈振荡后完全溶解，按先蔗糖脂肪酸酯后黄原胶的顺序依次加入到调配罐的咖啡液之中，且迅速搅拌混匀。

(9) 真空浓缩

在升膜式浓缩锅中进行。为减少芳香物质的挥发，一般工作条件选择在真空度为 0.068 MPa，浓缩料液温度为 50 ℃，浓缩时间以咖啡浓缩液的波美度达 19 °Bé 时为准。

(10) 高压均质

采取两段均质处理，目的是使咖啡粉中高达 10% 以上的脂肪能与水相互包溶，同时高压的作用能切断浓缩液中长链分子物质，使最终产品无悬浊状况出现。工作参数：第一段均质压力 17 MPa，第二段均质压力 8 MPa。

(11) 灭菌

把经过高压均质处理的咖啡浓缩液送入反应釜中，把溶解好的山梨酸钾加入，同时开动搅拌器和通入蒸汽，加热升温使咖啡浓缩汁的中心温度达到 85 ℃，维持 2 min，即可放出浓缩液进入料位罐中待装。

(12) 灌装

用能满足高黏度充填的 KPSO 液体灌机进行定量充填灌装，灌装时预留顶隙不少于 3 cm。包装容器可选用食品级的 BOP/PET、PVC 或其他异型塑料桶，以及马口铁罐桶，经水洗后风干使用。

(13) 封口锁盖

用电磁感应封口机把 200 μm 厚的复合铝箔热封于瓶、罐、桶口上（均为缩颈口），达到良好的密封性能要求，使内容物达保质期的技术要求。同时用 KPSO 锁盖机把各容器的各种不同规格及形状的盖子锁紧在对应的容器口上。

(14) 二次灭菌

为达到良好的贮存效果以及稳定产品质量，需进行第二次灭菌处理，采用巴氏灭菌法处理，具体在水浴槽或罐中进行，85 ℃ 的水温中浸泡保持 25 min 即可。

(15) 冷却

水淋式冷却，目的是使包装容器顶隙的水蒸气变为冷凝水，形成真空状况，减少嗜氧菌类对产品质量的影响。

(16) 成品

擦净容器表面的水分入库即为最终产品。

11.1.3 咖啡浓缩液质量指标

(1) 感官质量(表 11-1)

表 11-1 咖啡浓缩液感官指标

项 目	标 准
色泽	呈深棕褐色,颜色均匀且有光泽
滋味和气味	风味醇正,具有咖啡应有的气味,无任何异杂味;冲调后口感丰满,主体香突出,复合味协调圆润
组织形态	组织细腻,质地均匀,黏度正常,无脂肪上浮和分层;允许有少许沉淀,但摇动后能迅速复溶;冲调后汤色清澈而无悬浊状态

(2) 理化指标(表 11-2)

表 11-2 咖啡浓缩液理化指标

项 目	标 准	项 目	标 准
可溶性固形物(以折光计法,20 ℃)/%	≥34	砷/(mg/kg)	≤0.5
咖啡因/%	≥1	铜/(mg/kg)	≤0.5
铅/(mg/kg)	≤1.0		

(3) 微生物指标(表 11-3)

表 11-3 咖啡浓缩液微生物指标

项 目	标 准	项 目	标 准
菌落总数/(cfu/g)	≤1 000	致病菌	不得检出
大肠菌群/(MPN/100 g)	≤40		

11.1.4 咖啡浓缩液质量调控

制造咖啡液体饮料的技术关键是要防止沉淀的产生及脂肪的析出。咖啡液体饮料含有蛋白质微粒、咖啡抽提液微粒、焦糖微粒等。这些粒子呈胶体分散状态,在加热及贮藏过程中容易发生沉降及脂肪析出,影响制品的外观及风味。因此,必须通过添加一些乳化剂、稳定剂,来改善其制品状态,增加其稳定性。

食品乳化剂有蔗糖脂肪酸酯、山梨醇脂肪酸脂、甘油脂肪酸酯、丙二醇脂肪酸脂和一些天然黏性树脂等,其乳液可分为油包水型和水包油型,根据其乳化特性添加了 0.2% 蔗糖脂肪酸酯的咖啡液,则没有明显的脂肪圈出现。

乳化稳定剂,虽没有较大的表面活性能,但它的水溶液有黏性,且具有胶体保护性。添加 0.1% 的海藻酸钠,能较为有效地保持咖啡液体饮料的稳定,减少沉淀的产生。

为突出咖啡浓缩液的复合味,增进口感的协调和圆润,在进行生咖啡豆的烘焙时,可加入部分中粒种,经大量的试验得知与阿拉比卡咖啡豆的配比为 1∶1 时较佳。

11.2 速溶咖啡

速溶咖啡，又称即溶咖啡(instant coffee)，是指从烘焙的咖啡豆提取咖啡有效成分后经过干燥而成粉末，可直接用水冲调制成咖啡饮料。其生产流程一般为：预处理→烘焙→磨碎→萃取→浓缩→干燥。具体注意事项如下：

①原料选择：由于成本的关系，速溶咖啡选择的大多是罗布斯塔咖啡豆，其产地多在越南、中国的海南、巴西和非洲的一些国家。

②和现磨咖啡一样，也要研磨和煮，不过，这个过程放在工厂里了。咖啡最香的时候就是研磨成粉和用水煮的时候，现磨手工咖啡就可以让你真正品尝到氤香的咖啡。但是，对于速溶咖啡来说，最美妙的时刻只能让工厂里的工人享用了。

③煮好的咖啡液用高速的喷嘴喷出来，就像喷雾器一样，然后咖啡雾立刻用冷却系统冷却，就结成颗粒状了。

④因为要保存时间较长，所以在煮和雾化的过程中，会加入防腐剂，而因为香味都跑得差不多了，所以也会加入奶精、香精等食品添加剂，以提升香气。

11.2.1 速溶咖啡生产工艺流程

1938年，瑞士雀巢公司的Max. Morgenthaler博士终于成功地找到了提取咖啡干固物的合适方法，速溶咖啡也就应运而生，很快就成为广大消费者喜爱的饮品之一。速溶咖啡生产工艺流程如图11-2所示。

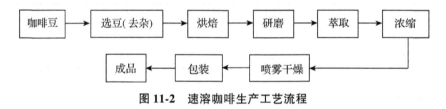

图11-2 速溶咖啡生产工艺流程

11.2.2 速溶咖啡生产工艺要点

(1) 生咖啡豆的预处理

首先对原料进行精选，即咖啡豆应该是豆味新鲜、色泽明亮、颗粒完整、均匀，碎豆及杂物质少、无霉点，同时对原料豆应进行筛选清洗。为了保证质量，可以采用振动筛、风压输送或真空输送等方式进行分离清洗。

(2) 烘焙

烘焙是速溶咖啡风味和质量形成的决定性工序，一般使用转筒式烘焙炉，烘焙温度和烘焙时间是关键控制因素。烘焙时，火力控制应该由大到小，一般控制温度在230~250 ℃之间，此温度能取得较好的芳香并在萃取时取得较合适的品味。当咖啡豆达到所要求烘焙的程度时，关掉火力，停止加热，同时向炉内喷洒一定量的冷水，把烘焙好的咖啡豆排出炉体，烘焙时间不应超过20 min，这样可以尽量减少咖啡芳香物质的挥发。一般阿拉比卡咖啡豆轻烘焙，罗布斯塔咖啡豆重烘焙。

（3）研磨

烘焙好的咖啡豆最好先存放 1 d。让咖啡豆在烘焙过程中所产生的二氧化碳和其他气体进一步挥发和释放，同时也充分吸收空气中的水分，使颗粒变软，从而有利于萃取。研磨后咖啡的颗粒平均直径约为 1.5 mm。

（4）萃取

萃取是生产速溶咖啡过程最复杂的中心部分，温度和压力是萃取过程中最直接的两个参数，其中温度起决定性因素。炒磨咖啡中的可溶物约占 25%，在常压和 100 ℃下萃取率可达 30%。当温度达到 180 ℃时，可以使一些高分子的碳水化合物提取出来，从而使萃取率提高 10%~20%，这些高分子碳水化合物有利于芳香成分的结合，达到调整风味的效果；但温度高于 190 ℃时，提取物中就有不好的风味物质出来。压力的设定是通过萃取罐间顺序压力梯度来实现的，一般为 0.3、0.6、0.9、1.2、1.5 MPa。萃取时间和萃取率与产品质量有关，我们可以在适当的范围内升高温度，增大压力，缩短萃取时间，加快速度，减少不好的萃取物，保证产品质量。萃取率越高，对产量来说越好，但对质量来讲，则不能太高。通过多年实际，得出了一个萃取率和抽提量的关系式：

$$Y_e = \frac{aX_a + bX_h}{W(1-X_g)}$$

式中，Y_e 为萃取率；a 为所抽提的头液量（kg）；X_a 为所抽提的头液浓度（%）；b 为所抽提的尾液量（kg）；X_h 为所抽提的尾液浓度（%）；W 为所耗用的炒磨咖啡量（kg）；X_g 为炒磨咖啡中所含的水分（%）。

在生产每隔一段时间，都可以得到一个实际的 Y_e 值，同时对相应的产品进行分析，如发现产品有酸味、苦味、涩味太重等现象，说明萃取率偏高，则下次运行时减少抽提量，反过来，则可以适当增加抽提量从而达到保证产品质量、提高产量的目的。

（5）浓缩

一般分为真空浓缩、离心浓缩和冷冻浓缩，这里采用真空浓缩。它通过真空降低水的沸点，真空度达 0.09 MPa 以上，此时水的沸点只有 50 ℃左右，从而使液体加快浓缩，浓缩液的浓度一般不超过 60%（折光度计）。由于从蒸发塔出来的浓缩液温度高于常温，因此必须经过冷却再送入贮罐，从而减少芳香物的损失。

（6）喷雾干燥

干燥是速溶咖啡粉的成形过程，也是加工过程中对咖啡粉质量影响最大的环节。目前，速溶咖啡的干燥技术主要分为两大类：喷雾干燥法以及冷冻干燥法。喷雾干燥法因其效率高、成本低，仍是目前大部分工厂的主流方法。采用喷雾干燥机，通过热气流来蒸发咖啡中的水分，使咖啡在高温状态下形成粉末状。但也对咖啡本身香气和风味影响严重，不得不在后期加入其他添加剂来增加风味。

喷雾干燥是咖啡粉形成的过程。浓缩液与芳香液经过调配成咖啡液（混合液），咖啡液通过压力泵直接输送到干燥塔顶的喷嘴。干燥塔的进口温度控制在 250~270 ℃，出口温度控制在 110~130 ℃，调整喷嘴与喷雾压力，使出来的咖啡粉成厚壁的中空球形颗粒，密度控制在 220~250 g/L，水分含量为 3% 左右。在喷雾干燥中要注意咖啡液的浓度，因为溶液浓度越高，黏度越高，表面张力越大，这样有利于厚壁中空颗粒的形成，同时可减少各运行参数和温度压力等调节的幅度，但也不是浓度越高越好，太高的浓度相应使雾化度太低，造成雾化不良，因此咖啡(混合)液的浓度应控制在30%~40%为佳，咖啡喷雾干燥工作示意如图11-3所示。

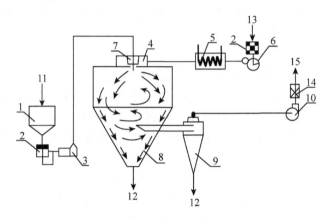

图11-3　咖啡喷雾干燥工作示意

1. 料罐；2. 过滤器；3. 泵；4. 雾化器；5. 空气加热器；6. 风机；7. 空气分布器；8. 干燥室；
9. 旋风分离器；10. 排风机；11. 进料口；12. 咖啡产品；13. 空气入口；14. 末气除尘器；15. 排气口

11.2.3　速溶咖啡的质量

(1) 速溶咖啡的主要质量指标

速溶咖啡的质量主要指咖啡的感官和理化指标，要保证生产出好的咖啡起决定作用的是咖啡原料豆的质量和加工方法。

①速溶度：描述速溶咖啡速溶度的主要物理性质指标有沉降性、湿润性、分散性、溶解性、粒子密度和粒径等。沉降性是指速溶咖啡粉被湿润后沉没于水中的能力。沉降性决定于咖啡粉的粒径和粒子的密度，粒径和密度越大沉降性也越大。湿润性是咖啡粉粒子表面吸附水的能力，是指按规定步骤测出的速溶咖啡被放置在水面上的颗粒被湿润所需要的时间。它受粉粒表面构造、粒径和粒子密度的影响，而这些物理性质受喷雾干燥条件的影响。分散性是表示咖啡粉于水中的分散速度，是指按规定步骤测出的能分散到水中的试样干物质质量的百分数。分散性是反映速溶性能的最佳指标，是分析产品是否速溶的定量方法。

②感官度：咖啡中富含蛋白质、咖啡因、绿原酸、鞣质等物质，感官度指标主要有色泽、组织与形态、泡沫与杂质三项内容。

③呈香度：呈香度指标含香型和品味两项内容，香型可分为天然香型和外赋香型。天然香型要求咖啡具有纯正咖啡的芬香，外赋香型可视消费者爱好选择不同香型。表现的不同在于咖啡粉的闻香和冲调时的头香，赋香型表现出强烈的特定香味(如雀巢、麦氏速溶咖啡)。品味指冲调咖啡的苦味、酸味而无其他异味，主要受咖啡产地、品种、混配比、烘焙度和工艺用水等因素影响。

(2) 改善速溶咖啡质量的方法

①加工工艺：采用冷冻干燥技术生产，这样生产的速溶咖啡有19种氨基酸，更接近家庭煮咖啡的风味。

②控制烘焙度和萃取水解率：科学配比烘焙咖啡豆，即阿拉比卡咖啡豆和罗布斯塔咖啡豆的配比，同时对阿拉比卡咖啡豆轻烘焙，罗布斯塔咖啡豆重烘焙；萃取水解率控制在

30%(不超过30%)。

③速溶度的改善：为了改善速溶咖啡的速溶度，主要应使咖啡粉颗粒达到 20~100 μm，实现内部呈中空的毛细管结构，从而具有很快的湿润能力，可采用直通法流程喷涂卵磷脂来生产。较大的附聚颗粒可借助于喷雾干燥工艺参数的控制和使被干燥的颗粒进行二次流化床附聚而获得，很强的湿润能力则要通过向附聚粉粒喷涂有亲水特性的添加物来达到使其在 25 ℃ 以下的冷水中也能速溶。涂加量一般控制在 0.2%~0.3%，不应超过 0.5%。通常采用的亲水物质是大豆磷脂中的卵磷脂的浓缩物。卵磷脂的喷涂是把相当于咖啡粉量 0.5%的卵磷脂溶解到咖啡油中，加温到 60 ℃ 左右并保温，用定量泵或螺杆泵通过双气流喷嘴，用 0.8 m³/min 的压缩空气在 0.3 MPa 的压力下喷入咖啡粉的颗粒中。卵磷脂涂层厚度一般在 0.1~0.5 μm。

④泡沫和杂质的改善：咖啡中泡沫与杂质是正相关的。杂质越多泡沫越多，杂质越少泡沫越少。而杂质取决于加工工艺，生产中一般是过滤加离心分离处理，以除去咖啡液中鞣质等不溶和部分胶体物质。为了减少泡沫和浮渣、提高溶液透明度，还可添加植酸等添加剂处理。

⑤呈香度的改善：速溶咖啡分为天然香型和外赋香型，市场一般多为外赋香型，主要是为了弥补速溶咖啡本身香气和冲调头香不足，可采用保香措施。一般在萃取过程或干燥过程添加具有包裹能力的 β-环糊精。若选定外赋香型可以在喷涂卵磷脂环节同时完成。

经过以上的各项指标改善可以达到提高速溶咖啡质量的目的。

(3) 产品质量标准

①感观指标：根据食品安全地方标准 DB S 53/021—2014，感官质量指标见表 11-4 所列。

表 11-4 感官质量指标

项目	要求			检验方法
	喷雾干燥速溶咖啡	凝聚速溶咖啡	冷冻干燥速溶咖啡	
色泽	褐色至棕褐色，色泽均匀一致	褐色至深棕色，色泽均匀一致	黄色至棕黄色，色泽均匀一致	把样品置于洁净的白瓷盘中，置于自然光线下，目视、鼻嗅，溶解后口尝
外观形态	细小颗粒状，无杂质，无黏结现象	呈聚集状颗粒，无杂质，无黏结现象	细小不规则块状，无杂质，无黏结现象	
气味和滋味	溶解后具有纯正咖啡的芳香及苦味，无异味			

②理化指标：理化质量指标见表 11-5 所列。

表 11-5 理化质量指标

项目	指标	检验方法
水分，g/100 g≤	4.5	GB 5009.3—2016
灰分，g/100 g≤	9.0	GB 5009.4—2016
蛋白质，g/100 g≥	12.0	GB 5009.5—2016
咖啡因，g/100 g≥	1	GB/T 5009.139—2014
溶解度，g/100 g≥	95	GB 5413.29—2010

③指示菌限量：指示菌限量指标见表11-6所列。

表 11-6 指示菌限量指标

项目	采样方案 a 及限量（若非指定，均以 cfu/g 表示）				检验方法
	n	c	m	M	
菌落总数	5	2	1 000	10 000	GB 4789.2—2016
大肠菌群	5	2	10	100	GB 4789.3—2016 的第二法
霉菌≤	20	20	20	20	GB 4789.15
酵母≤	20	20	20	20	GB 4789.15

注：a 样品的分析及处理按 GB 4789.1—2016 执行。

11.3　咖啡冷冻干燥

　　冻干咖啡是将液态制品冷冻及通过升华作用将冰除去而制得的速溶咖啡。冻干咖啡片较好地保留了咖啡原有风味，由于具有疏松多孔的内部结构，溶解速度快，是方便计量的"速溶咖啡"，可以容易地控制所得饮料的浓度。其优化后的制备工艺条件为：浸提温度 90 ℃，浸提时间 12 min，料液比 1∶15，提取液浓缩至 65% 浓度，分装后置于冷冻干燥机中于 -36 ℃ 以下真空干燥 20 h 以上。制得的冻干片表面光滑，片型完整，风味醇正，为居家、旅行、办公及取热水不便者饮用提供了方便，具有广阔的市场前景。

　　被冻结后的咖啡冰块，按照物理学的原理来说，固态水在未经液态水而直接变成水蒸气的过程称为升华。这也是咖啡冰砖如何变干的物理原理。那些被细研磨的咖啡冰渣，盛在铁盘子中，成批次地放入真空室内，真空室抽真空后再使其温度升高，这时放到铁盘中的咖啡冰渣中的冰将瞬间升华成水蒸气，使冻干粉变干，之后就可以包装了。这就是一个简单且较为完整的冻干咖啡的加工过程。冻干咖啡与喷干咖啡相比最大的优势在于整条低温加工链确保最大程度地锁住了咖啡的风味和香气。冻干咖啡是速溶咖啡粉萃取的一种工艺，实质上仍然是速溶咖啡。冻干咖啡比高温蒸馏萃取的咖啡要好一些，保留的原始香味更多一些。冻干咖啡的咖啡因含量高，所以提神效果比其他种类咖啡好很多。

11.3.1　真空冷冻干燥咖啡技术机理

　　根据热力学相平衡理论，水的三相点温度为 0.009 8 ℃，压力为 610.5 Pa。在水的相变过程中，当压力低于三相点压力时，固态的冰可以直接升华为气态的水蒸气逸出，而不经过转化为液态水，如图 11-4 所示。

　　对于溶液中的水而言，同样存在三相点，只是压力和温度更低。

　　冻干咖啡技术就是把咖啡浓缩液在低温中冻结，其中的水分被冻结成细小的冰晶微粒，然后在高真

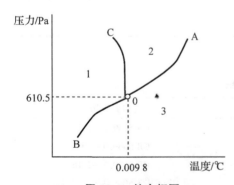

图 11-4　纯水相图
1. 固相；2. 液相；3. 气相

空条件下加热升华，从而实现低温干燥的目的。随着物料升华干燥过程的进行，升华面由表及里向物料颗粒的中心推进，升华面上的冰晶不断升华为气体逸出，沿着细孔散到周围环境中并不断被抽走以维持周围环境的气压始终低于升华面上的饱和蒸汽压，这样才能形成水汽向外迁移的动力。另外，升华所需热量由加热体通过辐射、传导等方式不断输给冻结部分，维持升华的不断进行，从而实现低温干燥的目的。物料升华干燥过程如图11-5所示。

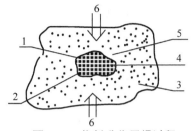

图11-5 物料升华干燥过程
1. 升华面；2. 水汽迁移；3. 干燥部分；
4. 冻结部分；5. 水汽迁移；6. 热量传输

11.3.2 冻干咖啡工艺流程

(1) 冻干咖啡工艺流程图

由于速溶咖啡加工工艺中，预处理、烘焙、磨碎、萃取、浓缩等工艺非常成熟，并已得到广泛的应用，本文主要探讨如何以上述工序制成的咖啡浓缩液为原料，加工成理想的冻干速溶咖啡。冻干咖啡工艺流程如图11-6所示。

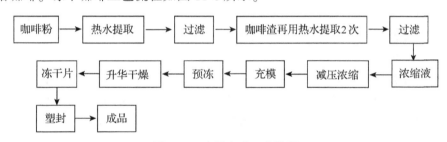

图11-6 冻干咖啡工艺流程

(2) 冻干咖啡工艺说明

①浓缩液：用作冻干咖啡原料的浓缩液浓度一般为40%。这首先是为了提高干燥效率，减小设备投资及能耗；其次还有利于控制成品颗粒的密度，因为干燥过程几乎不改变物料的形状，确定一定的浓度就基本确定了成品的密度。

②冷却：浓缩液的原始温度约50 ℃。为了减少芳香物质的挥发，同时也为了减少片冰机的负荷，必须预先把它冷却到较低的温度。但此时还不能让物料有所冻结，否则将影响物料在管道中的输送和在片冰机中的操作。一般可采用片式热交换器将物料冷却至0～3 ℃。

③冻结：经冷却的物料经管道输送到片冰机中，在这里物料从液态转变为固态。此时须注意保证物料冻结的均匀性，因为这关系到成品颜色的均匀。为此可把冰片的厚度调小一些，建议取3～4 mm。由于厚度较薄，制冷快速而均匀，不会出现冻结分层的现象，冰晶微粒比较细密均匀。值得注意的是，自此后续的工序中，凡与冻结的物料接触的物体的温度须精确控制，最好与物料同温，以防止物料局部融化，影响产品的质量甚至危及操作的正常进行。片冰机的制冷剂蒸发温度为-30 ℃，制成的冻结物料颗粒(片状)大小5～10 mm，温度约-10 ℃。

④降温、破碎及筛分：为了在冻干过程中物料有大的升华面，以提高干燥效率，同时

也由于成品的包装及冲饮习惯所需，我们需要更细的物料颗粒（约 2 mm，即 10 目）。因此，需对前述的片状颗粒进行破碎。但片冰机出来的物料颗粒温度仅为-10 ℃，此温度下物料硬度不足，不利于破碎的进行，还会由于破碎生热及挤压的影响而局部融化。因此，在破碎前物料先通过一台冷冻隧道使温度降到-43 ℃，然后才送入一台双辊破碎机进行破碎。5∶1 以下的破碎比较容易一次完成。破碎后的小颗粒粗细不一，直接落入一台双级振动筛。在此物料颗粒被筛分为：最上面一层是较粗的颗粒，经提升机输送返回破碎机再次破碎；中间一层是合格的、粗细均匀的颗粒，送到一个贮存仓中贮存，并用预先冷却到合适温度的盘子装好，吊在吊车上存放在贮存室内以成批地送入冻干机中干燥；最下面一层是太细的颗料和粉末，落入浓缩液贮罐中混合并融化，同时也作为一部分冷源对浓缩液做初步冷却以充分利用能源。上述双辊破碎机、双级振动筛、粗粉提升机和贮存仓都安装在一间封闭、隔热的车间内，其内温度冷冻到-43 ℃，而片冰机、冷冻隧道只是内部制冷，周围是常温。

⑤干燥：真空冷冻干燥按批次进行；在贮存室内（温度-40 ℃）贮存的物料已一盘一盘装好并装在小吊车上。小吊车通过天轨可以很便捷地把物料送入干燥仓中，以防止物料在室温中暴露过久而局部融化。一趟物料装完后立即关上仓门，并在 15 min 内抽真空直至 133 Pa 以下。在这样的压力下咖啡颗粒可在-27 ℃ 的温度下完成脱水。冰晶升华所需热量由干燥仓内置的加热板通过辐射方式提供，以保证物料受热尽量均匀。升华产生的水蒸气由真空泵抽到一个冷凝器内收集起来，以维持干燥仓内的真空度。

⑥装袋及分装：冻干咖啡颗粒布满微孔，暴露在空气中极易返潮。因此，干燥结束后要尽快地把成品装入薄膜袋中封口保存。分装车间应保持相对湿度 30%～40%，温度 25 ℃ 以下。咖啡真空冷冻干燥工作示意如图 11-7 所示。

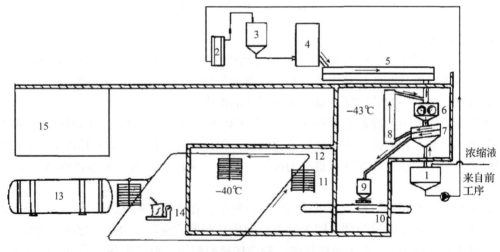

图 11-7　咖啡真空冷冻干燥工作示意

1. 浓缩液贮罐；2. 片式热交换器；3. 贮罐；4. 片冰机；5. 冷冻隧道；6. 双辊破碎机；7. 双级振动筛；
8. 提升机；9. 贮罐；10. 输送带；11. 小吊车；12. 天轨；13. 真空冷冻干燥罐；14. 台秤；15. 贮存室

(3) 优化后的制备工艺条件

冻干咖啡其优化后的制备工艺条件为：浸提温度 90 ℃，浸提时间 12 min，料液比为

1∶15，提取液浓缩至65%浓度，分装后置于冷冻干燥机中于-36℃以下真空干燥20 h以上。制得的冻干片表面光滑，片型完整，风味醇正，为居家、旅行、办公及取热水不便者饮用提供了方便，具有广阔的市场前景。

(4) 冻干咖啡质量指标

①感官指标：见表11-7所列。

表 11-7 冻干咖啡感官指标

项　目	标　准
外观色泽	片剂形状完整，表面光滑，呈深棕褐色，颜色均匀且有光泽
滋味与香味	风味醇正，具咖啡浓郁香气

冻干后的咖啡颗粒为多孔状物质，在浓缩液冻结过程中与冷冻隧道传送带接触的部分在冻干后表面有光泽。按压冻干后的成品有"拍"的响声，颜色为深咖啡色。表明冻干后的成品有一定的硬度，可以保证在包装和运输过程中不易破碎，保持外观的形状不被破坏。

②理化指标：见表11-8所列。

表 11-8 冻干咖啡理化指标

项　目	标准	项　目	标准
片重/g	0.6±5%	砷/(mg/kg)	<0.5
水分/%	2.0	溶解时间/s	<30
咖啡因/%	>1.5	溶解度/%	≥99%
铅/(mg/kg)	<1.0		

③微生物指标：见表11-9所列。

表 11-9 冻干咖啡微生物指标

项　目	标　准	项　目	标　准
菌落总数/(cfu/g)	≤1 000	致病菌	不得检出
霉菌数/(cfu/g)	≤50		

11.3.3　冻干咖啡颜色及其与质量的关系

冻干咖啡的颜色、香气、硬度、口感等都可以通过改变冻干的工艺来实现，这样就对我们研究工艺提出了很多的要求。冻干咖啡颜色和它的质量关系：冻干咖啡颜色由浅至深有很多品种，在市场上我们看到的冻干咖啡多数都是颜色较浅的，这种咖啡香味淡，硬度低，口感柔和，复水性好。相反，颜色较深的咖啡香味浓，硬度高，口感浓郁。这些特性我们可以在冻干过程中利用真空度来控制，产品在干燥过程中真空度高，颜色较浅；真空度低，产品的颜色就会比较深。原因是在真空度较低的情况下产品表面已经有了溶解的现象，这样使得产品表面形成了一层坚硬的表皮，因为溶解使得颜色和咖啡溶液的色比较接近同时香气也被保留得更加好。

11.3.4 冻干咖啡的特点

冻干咖啡有以下特点：

①由于干燥过程在低温和高真空度下进行，热敏性很强的芳香物质得以保留，因此其香气浓郁，口感醇正。

②冻干咖啡颗粒内部布满水蒸气逸出时留下的微孔，类似海绵状，因此速溶性非常好。

③干燥过程不改变颗粒形状，因此制成的咖啡颗粒保持经冻结、破碎而得的棱角分明的小砂粒状，无干裂、无收缩、无表面硬化。色泽和形态都很理想。

冻干咖啡为居家、旅行、办公及取热水不便者饮用提供了方便，但设备成本和加工成本比较高，阻碍了冻干咖啡生产及设备在中国的推广，作为快速消费食品的发展方向，随着冻干咖啡设备技术的日趋成熟，冻干咖啡市场前景一定会相当广阔。

11.4 咖啡的质量评价

11.4.1 通用咖啡质量评价

国际常用咖啡质量评价是采用统一的烘焙度、萃取率、品啜方式，通过嗅觉、味觉和感觉的经验，将咖啡风味，即咖啡的香气、滋味和口感用文字量化为分数，进行咖啡质量的综合评价。其具体要求如下：

(1) 烘焙与质量

把送往杯测室的基样称 100 g 根据烘焙机的特性和杯测要求进行烘焙。云南咖啡品种统属于阿拉比卡，加工方法多为湿法（水洗）和干法 2 种。样品豆的烘焙要求可借鉴雀巢公司的标准，其烘焙度按色度仪读数为：湿法阿拉比卡咖啡豆 120±3 PCU（国际标准色度，mg 铂/L），干法阿拉比卡咖啡豆 130±3 PCU，数值小，颜色浅；数值大，颜色深。样品豆烘焙好后应该迅速在烘焙机上的冷却盘内用冷风冷却，当样品豆冷却到室温（75 °F 或 20 ℃）时，应该将其放入密封盒或密封袋保存至杯测时，以减少与空气的接触并防止污染。

杯测实验室所用的烘焙机最好使用直火卧式（圆筒式）烘焙机，咖啡豆烘焙时能自动旋转受热均匀，而热风式烘焙机咖啡豆受热不均匀。新鲜熟豆浅焙时间在 8~12 min 较好，不能出现明显的黑头或焦糊豆。浅度烘焙到中度烘焙产生的绿原酸内酯，即咖啡苦味的物质，此时的苦味是愉快的。若到深度烘焙绿原酸内酯减少，取而代之的是乙烯儿茶酚聚合物增加，产生不愉快的苦味，因此适宜的烘焙度可减少不愉快的口感。

(2) 研磨熟豆

把烘焙豆经自然冷却，放入具有可调节研磨度的研磨机内进行研磨。不同的研磨机研磨刻度（粗细度）不一样，研磨时粗细度掌握的原则是：浅焙豆稍细，深烘焙豆稍粗。

(3) 杯测咖啡粉及样品设置

把研磨后的咖啡粉按杯测要求称取一定量（精确度 0.1 g）放入杯测碗数中。其具体的做法和用量可借鉴 SCAA 标准，即每 150 mL（200 mL）的杯内放入 8.25 g（11.0 g）烘焙豆研磨的粉,并闻干香。杯碗数量借鉴雀巢公司标准,即每个样品用 3 杯并标明编号,实际杯测操作,杯测的杯碗数量多少没有统一,根据实际情况而定。一般每轮杯测不超过 6 个样品,每个样品 3 杯(碗),这样能较好的感受风味和滋味,如果一次性杯测样品太多,第一个和最后一个样品温度差异大,就不能客观的感受或反映样品的风味和滋味,进而影响咖啡质量的评价。同时,要设立标准样,标准样要选择香气、酸度、浓厚度中等,无异味,若使用中出现异味及时更换标准样。

(4)沸水冲泡

用约 94℃ 的沸水冲泡杯碗中的咖啡粉,并闻湿香,自然静置 3~5 min 后,破渣闻湿香。所用水质最好是经过软化处理的自来水,硬度高的水质不能用于杯测,也不能用蒸馏水、纯净水,冲泡时每杯的用水量要求破渣后咖啡液位线与杯口边缘平齐。冲泡咖啡的萃取率最好在 18%~22% 之间,即咖啡浓度为 1.15%~1.35%,此时咖啡的各种滋味较均衡,易于杯测;且冲泡水温、萃取时间、搅拌水流与萃取率成正比,咖啡粉量、磨粉粗细度与萃取率成反比。

(5)品啜

用咖啡专用汤匙,吸啜咖啡液体,用味觉、口腔触觉感受咖啡风味、滋味和口感。要求每品完一个样品用温热水漱口后品下一个样品。

(6)评定记录

杯测结束,杯测人员根据样品特性共同讨论评判达成一致后在杯测表格上记录。对有异议的样品重新取样烘焙杯测,咖啡杯测记录表样见表 11-10 所列。

表 11-10 咖啡杯测记录表样

×××单位												批次	
				咖啡杯测记录表								杯测人	
												日期	
杯测编号	样品编号	酸度			浓厚			香醇			综述			级别	建议
		1/3	2/3	3/3	1/3	2/3	3/3	1/3	2/3	3/3	芳香	品味	其他		
1	参考样														
2															
3															

说明:1. 口感与参考样相似的在 3/3 处打勾,定为一级;2. 口感与参考样有明显差异的在 1/3~2/3 处打勾,但纯净的,定为二级;3. 口感与参考样有明显差异的杯测轻度不纯,但无霉味、化学味、过度发酵味、酸臭味的,定为三级;4. 要求四人以上同时进行杯测,最终以多数人的结果为准。

11.4.2 精品咖啡质量评价

SCAA 技术标准委员会推行以下咖啡杯测的标准。这些引导确保精确地评价咖啡质量,精品咖啡杯测前的准备记录表见表 11-11 所列。

杯测玻璃杯:杯测容器应为玻璃或陶瓷材料,它们体积应介于 207~266 mL,顶部口径在 76~89 mm(3~3.5 inch),所用的所有杯子应是相同的体积尺寸和制造材料,并带有盖子。

表 11-11　精品咖啡杯测前的准备记录表

烘焙准备	环　境	杯测准备
样品烘焙机	灯光充足	天平秤
烘焙度焦糖化色度仪或其他颜色读数装置	干净、无异味	带盖杯测玻璃杯
研磨机	杯测桌	杯测勺
水平放量	安静	热水设备
无振动	舒适环境	表格或其他文书
机体干净	有限干扰(关闭手机)	铅笔和写字夹板

样品准备、烘焙：样品应在烘焙后 24 h 内完成杯测，而且存放时间允许不低于 8 h。根据 SCAA 杯测的研磨标准，用以杯测的咖啡粉所需烘焙度的测定应在烘焙后 30～240 min 内完成，测定温度为室温。

下面所列的是咖啡(粉)测量值，误差为±1.0。

烘焙度焦糖化色度仪精品级咖啡粉测量值：63.0；焦糖化色度仪商业级咖啡粉测量值：48.0；色痕(color track)色度仪测量值：62.0；Probat Colorette 3b 色度仪测量值：96.0；Javalytics 色度仪测量值：与焦糖化色度仪相同，有用于测定精品级和商业级一样的刻度；Lightells 色度仪测量仪：与焦糖化色度仪相同，有用于测定精品级一样的刻度。烘焙应不少于 8 min，也不要超过 12 min。无烧焦或爆裂。样品应立即风冷(不可水冷)。

当室温达 24 ℃或 75 ℉时，烘焙好的样品应在杯测前储藏在密封容器内或非渗透袋中，以此来减少与空气接触和防止污染。样品应储存在阴暗的地方，不可冷藏或冷冻。

确定测量：最佳水粉比为 8.25 g 咖啡配 150 mL 水，因为该比例符合金杯最佳平衡调配的中点确定所选杯测玻璃杯承水量，然后调整咖啡量以适合该水粉比，误差控制在±0.25 g 内。

杯测准备：样品应于杯测前即时研磨，在注水前 15 min 内研磨。如果不行，样品应于研磨后 30 min 内注水加盖。样品应根据合适的杯测杯液体承载量来确定水粉比(上面提到的水粉比)，从而称取全豆的重量。研磨颗粒大小应比专门用于过滤纸滴滤的颗粒粗，70%～75%的颗粒可通过美国标准 20 号网筛。每份样品至少准备 5 杯来评估其一致性。每杯样品研磨前应使用一定量该样品来清理研磨机，然后分别将每杯批次研磨粉装入杯测玻璃杯中，确保每杯样质量整体一致。每杯研磨后应及时加盖。

冲泡：用于杯测的水应是干净无味的，但不能是蒸馏水或软化水。理想总溶解固体为 125～175 mg/L，但不应少于 100 mg/L 或不超过 250 mg/L。取新鲜水且温度达到大约 200 ℉(93 ℃)时，冲到在研磨好的咖啡粉上。热水应直接倒在量好的研磨咖啡上，水量应与杯测杯边缘平齐，这样才能确保弄湿所有研磨咖啡。评价前应静候 3～5 min 让其浸泡不搅动。

样品评价：评价者有必要知道测试的目的和测试结果的用途，杯测协议的目的是让杯测者确定对咖啡质量的感知。分析特定风味属性的质量，然后杯测者根据先前的经验在一定分数范围内给样品评分。给样品计分后即可以比较，显然得分高的咖啡比得分低的咖啡好。

杯测表是记录咖啡风味属性的一种重要途径：干香/湿香、风味、回味、酸度、醇厚度、平衡性、一致性、干净度、甜度、缺点和总体性。特定风味属性是反应杯测者评分判断质量的正面分数；缺点则是说明刺激风味感受的负面分数；综合分数是杯测者根据个人风味经验所做的个人评价。精品咖啡质量描述与分数对照表见表11-12所列。

表11-12 精品咖啡质量描述与分数对照表

好的	很好的	极好的	出色的
6.00	7.00	8.00	9.00
6.25	7.25	8.25	9.25
6.50	7.50	8.50	9.50
6.75	7.75	8.75	9.75

理论上，以上分数范围为最小数值0分到最大数值10分，低于以上分数范围内的就不属于精品级。

评价程序：样品应首先经过视觉检验烘焙颜色。这可标记在杯测表上，评定特定风味属性时作参考。根据咖啡温度下降造成的风味感知变化来决定各项属性评分顺序。

第一步：干香/湿香。样品研磨15 min内，揭盖评定样品干香，嗅闻研磨干粉。注水后，破杯至少在3 min后，不超过5 min。搅拌三次以完成破杯，然后让粉泡流过勺背，同时轻轻嗅闻。干香/湿香打分应基于干湿评价。

第二步：风味、回味、酸度、醇厚度和平衡性。当样品冷却到160 °F(71 ℃)时，大约注水后8~10 min内，液体的评价就应该开始。液体吸进嘴里，尽可能覆盖很多部位，特别是舌头和上颚。因为温度升高，鼻后气处于最大强度，此时给风味和回味评分。随着咖啡温度继续下降(160~140 °F)，风味、回味、酸度、醇厚度共同发生协同组合。随样品温度降低，杯测者倾向于在不同温度下来评价不同的风味属性(通常2~3次)。为了在16个分数范围内给样品评分，应在杯测表刻度线上圈出得分。若需改变(由于温度的变化，样品会获得或失去一些感知质量)，重新标注水平刻度，用箭头标注最后得分取向。

第三步：甜度、一致性和干净度。随着冲泡温度接近室温(100 °F以下)，开始评估甜度、一致性和干净度。对于这些属性，杯测者需对每一杯进行判断，每杯每个属性各2分(最高10分)。当样品温度达到70 °F(21 ℃)时，即停止对液体的评价，杯测者根据综合属性的整体来确定综合得分，将综合分数作为样品的杯测者分数。

第四步：计分。样品评价后，所有分数应添加到计分部分下作为描述，最后得分书写在右上角那栏中。各个属性打分属性得分记录在杯测表恰当的栏里一些活跃的属性会有两条刻度线。刻度线(从上到下)是用于评级所列感官组成部分的强度，评估者可标注记录。评估组成员根据他们对样品的感知和质量的经验理解，使用水平刻度线(从左到右)来评分特别组成部分相关质量的感知。

干香/湿香：香味方面包括干香(咖啡研磨后仍然干燥时的香味)和湿香(咖啡注入热水后的香味)。

杯测过程评测的三步骤：
①在咖啡注水前，嗅闻杯中研磨好的咖啡。
②嗅闻破杯时释放的香味。
③咖啡浸泡中释放的香味。

具体香味标注在"特质"干香，破杯香和湿香强度标注在5分的刻度线上。最后打分应反映样品干/湿香三方面的偏向。

风味：风味代表咖啡的主要特点，"中点值"特征存在于咖啡首次湿香第一印象和最后回味酸度的第一印象之间。风味是所有味觉(味蕾)感官味道和由嘴巴经过鼻子的鼻后香味的结合。打分要能说明味道和香味融合的强度、特质和复杂度，这些强度是用力啜食咖啡时整个上颚的评价体会。

回味：定义为由上颚后部释放出的正面风味特质(味道和香味)和咖啡吐出或咽下后风味特质停留时间长度。如果回味时间短或不好，应给予低分。

酸度：酸度令人喜爱描述为"愉悦"，酸度令人讨厌描述则为"反感"。很大程度上，酸度造就了咖啡的活性、甜味和新鲜水果特点，通常这些特点在咖啡啜食进嘴内几乎立即体会到和做出评价。酸度过分强烈或酸味为主是不好的。然而，过分酸也不适合该样品整体风味。标注在水平刻度线上的分数应该反映出，基于原产地的特点或其他因素(烘焙度、用途等)评委对相关预期风味轮廓的酸度感知特质。例如，肯尼亚咖啡预期酸度为强酸，苏门答腊岛咖啡预期酸度为弱酸，虽然他们的强度评级不同，但也应给予同样的高分。

醇厚度：醇厚度特质是液体在口腔内的触感，特别是舌头和口腔顶部间的感知。大多数醇厚度厚的样品由于冲泡胶质和蔗糖的出现，就醇厚度特质而言也应给予高分。一些样品醇厚度薄的也可给人口腔带来愉悦感。然而，苏门答腊岛咖啡的醇厚度应厚些，墨西哥咖啡醇厚度薄，这些咖啡应该同样给予偏好高分。

平衡性：样品风味、回味、酸度、醇厚度共同作用、互补和对照就是平衡性。如果缺乏特定香味和味道属性，或一些属性压倒性地突出，平衡性打分应减少。

甜度：是指一种像糖一样的、令人愉悦的丰富风味，对它的感知是一种特定糖类的出现。该环境下，甜味的反面即是发酸、发涩或鲜味。这种特质不能直接感知为像软饮料这样的蔗糖制品，但是会影响其他风味属性。该属性每杯2分，满分10分。

干净度：是指从第一次摄入到最后回味没有干扰的负面印象，一次"透明"的杯测。评测该属性要注意从第一次摄入咖啡到最后咽下或吐出的风味体会。任何一杯非咖啡味道或香味的出现应取消这杯分数。每杯干净度评分为2分。

一致性：是指不同杯的味道风味一致。如果一杯出现不同味道，一致性评分不会高。一致性属性每杯分数为2分，总分10分。

总体性：是指评委个人对样品全部整体感知的评分。一杯咖啡有很多令人愉悦的方面，但却不合格将给予低分。一杯咖啡满足预期特点和反映产地风味特性的给予高分。一个典型的样品的偏好特点不完全反映在单独属性里会获得更高的分。这就是评委做出个人评价的步骤。

缺点：降低咖啡质量的负面或贫乏风味。分为2种方式。第一种是瑕疵，异味明显但不完全确定，通常在湿香中发现，一个瑕疵计2分强度；第二种是缺陷，缺陷通常发现于味道方面，无论缺陷完全或致使样品难喝，都计4分强度。首先应区分缺点类别(瑕疵还是缺陷)，然后描述(如酸、似橡胶、发酵、树脂味)并且记录描述。记下有缺点的杯号，缺点强度计为2分或是4分。根据杯测说明，缺点分相乘，再用属性总分减去缺点分乘积即为最后得分。

最后得分：最后得分为总分，栏里各项主要属性分数总和，减去缺点分即得出最后得分。下面的评分略语表被证明是有意义的方法，描述咖啡质量最后得分的范围。精品咖啡总分数质量分级对照表见表11-13所列。

表11-13 精品咖啡总分数质量分级对照表

总分数	质量描述	质量分级
90~100	出色的	
85~89.99	极好的	精品级
80~84.99	很好的	
<80.0	低于精品级的	非精品级

11.4.3 咖啡质量评价要求

(1) 评价场所要求

咖啡质量评价场所(简称咖啡杯测室)是专门为评定咖啡质量而建，对环境和布置以及杯测器具均有一定的要求。咖啡杯测室要遵循"简捷、大方、实用、无异味、安全"的原则，设备和物品有序安置。

(2) 外部环境条件

①杯测室周围无污染源，远离化工厂、食堂等味道浓烈的场所。
②环境安静，无噪声(60 dB 以下)。
③杯测室四周不宜种植乔木和花草，防止室内光线暗淡和香气侵入。
④建立独立的专用杯测室，最好在二楼以上。
⑤房间最好坐北朝南，开窗面积占墙面的 30%~35%。

(3) 室内环境条件

①空气流通，保持空气清新。
②墙面颜色为浅灰色或乳白色，天花板为白色或乳白色，使光线反射均匀。
③光线充足、均匀，不能有太阳光直射。
④自然光不足的阴雨天有日光灯光源补充。
⑤室温要求在 15~28 ℃，太高太低均会影响杯测人员的灵敏度。
⑥相对湿度要求在 70%以下，湿度过高影响杯测的正确性。

(4) 杯测设备

杯测室所有设备、物品、摆放或展示柜均采购无异味的材料制作，具体设备名称及要求如下：

①生豆取样器。
②咖啡样品袋。
③电子秤：称量能力 1 kg，灵敏度为 0.01 g。
④水分仪：最好是用咖啡豆自动敲击感应探头，而不是倒豆敲击感应探头，推荐使用国家粮食局认证的产品。
⑤缺陷分拣盘：选用无味的黑色木质或塑料的长方形盘，尺寸为长×宽×高 = 40 cm× 30 cm×3 cm，同时在它的长边设置缺陷物分装格，即：长×宽 = 40 cm×4 cm(平均分成三

格)分别装异物、色豆和碎豆。

⑥平面圆孔式分级筛网：有12~18号筛，孔径依次增大，使用不锈钢材质。

⑦烘焙机：要求每次烘焙生豆能力为100~300 g/次，加热方式为直火式或半热风式。

⑧色度仪或比色卡。

⑨电动研磨机：要求能调节研磨粗细度。

⑩杯测桌(椅)：木质或大理石桌，圆形或方形均可，高80 cm，以能容纳6组样品为宜。

(5)杯测器具

①玻璃杯或瓷碗：150 mL(200 mL)容量，最好选择容器的内外壁为无色并光滑，其厚度、大小、色泽均匀一致。

②杯测汤匙：要求圆形深口，大小中等。

③烧水壶：以铝制或不锈钢电茶壶为好，容量视样品数量而定，但出水口要能伸出壶身少许，不宜使用铜壶和铁壶烧水。

④定时器。

⑤温度计：咖啡用温度计有3种，一是打奶泡用的指针型温度计，但不容易读数值；二是厨师用的数位针式温度计，较精确；三是专业用的红外线测温仪，精确但价格高。

⑥吐水杯：容量为600 mL，无味塑料杯子。

⑦漱口杯：可用玻璃杯或瓷杯盛温热水。

⑧铅笔和文件夹。

⑨杯测员3~5人。

(6)咖啡质量评价人员的要求

咖啡的质量是靠品出来的，因此对质量评价人员的要求是：必须身心健康，通过专业的训练，其嗅觉、味觉、触觉等感官功能要正常及灵敏，且综合素质要高，生活中积累较丰富的经验，自制力强。其具体要求：杯测员每日保证睡眠；前额头发不超过眉毛，长发束起；杯测期间不能使用香水、护手霜、风油精等味道强烈的化妆品和药品；杯测期间不能涂指甲油、口红和护唇膏；胸前的饰品长度不超过腋下；杯测期间手机设置为静音；烘焙豆和杯测期间不能接打电话；杯测期间不能空腹、用餐后1 h再杯测；平时少吃味道刺激或强烈的食物，并且要少喝酒；杯测期间禁止有肢体或口头语言。

思考题

1. 简述咖啡浓缩液的生产工艺。
2. 简述咖啡浓缩液质量指标。
3. 如何实施咖啡浓缩液质量控制？
4. 简述咖啡喷雾干燥工艺流程。
5. 画出速溶咖啡生产工艺流程图。
6. 怎样改善速溶咖啡的质量？
7. 简述速溶咖啡产品质量标准。
8. 喷雾干燥咖啡和冻干咖啡各有什么特点？

9. 分析真空冷冻干燥咖啡技术机理。
10. 简述冻干咖啡的干燥原理。
11. 分析冻干咖啡工艺流程。
12. 冻干咖啡颜色和它的质量关系是怎样的？
13. 简述冻干咖啡的特点。
14. 简述改善咖啡浓缩液风味的方法。
15. 简述冻干咖啡质量指标。
16. 简述通用咖啡质量评价方法。
17. 简述精品咖啡质量评价方法。
18. 简述咖啡质量评价要求。

第4篇　咖啡产品及副产物加工利用

本篇介绍咖啡产品及副产物加工，包括咖啡原料特征、混合型速溶咖啡的调配；意式浓缩咖啡、胶囊咖啡、爱乐压与氮气咖啡、手冲咖啡、冰滴咖啡、挂耳咖啡、土耳其咖啡、花式咖啡等饮品制作；咖啡冷冻制品的加工；咖啡糖果加工、低糖咖啡风味巧克力制作；咖啡糕点加工；咖啡果皮的加工利用、咖啡果胶的加工利用、咖啡壳的加工利用、咖啡银皮和咖啡渣的加工利用等。

第 12 章 咖啡产品加工利用

【本章提要】

咖啡食品加工是指在以咖啡植物性产品为原料的基础上，进行的添加、配制等食品加工活动，是广义农产品加工业的一种类型。咖啡中富含蛋白质、脂肪、糖、咖啡因、绿原酸、葫芦巴碱、芳香物质及天然解毒物等成分，具有提神、利尿、健胃、抗衰老、抗氧化、降脂等作用，能预防Ⅱ型糖尿病、帕金森病、肝硬化与肝癌的发生。咖啡被广泛应用于食品开发与利用。目前以咖啡为原料的食品有上千种，这些食品因消费方便和营养丰富而深受消费者喜爱。随着世界咖啡需求与消费量的逐步增加，必将带动咖啡种植、加工与贸易业的发展。为了提高咖啡产业效益，充分发挥咖啡的利用价值，世界各咖啡生产国都对咖啡进行了开发研究和利用。本章围绕利用咖啡豆拼配、混合型速溶咖啡、咖啡制作工具和方法、咖啡糖果、咖啡糕点等产品，介绍目前咖啡产品开发成果。

12.1 不同主产地咖啡原料特征

(1)咖啡原料豆味觉特点

酸味：摩卡、夏威夷科娜、墨西哥、危地马拉、哥斯达黎加 SHB、吉利马扎罗、哥伦比亚、萨尔瓦多、西半球水洗法优质新豆、中国云南(传统发酵未机械脱胶)；苦味：爪哇、曼特宁、波哥达、刚果、乌干达；甘味：哥伦比亚(美特宁)、委内瑞拉(aged coffee)、蓝山、吉利马扎罗、摩卡、危地马拉、墨西哥、肯尼亚、巴西桑多士、海地、云南(蜜处理)；醇厚度：哥伦比亚(美特宁)、中国云南(高海拔)、危地马拉、哥斯达黎加；中性：巴西、萨尔瓦多、哥斯达黎加、委内瑞拉、洪都拉斯、古巴。

(2)巴西咖啡

巴西为世界最大咖啡产国，总产量世界排名第一，约占全球总产量的1/3，主要产地集中于中部及南部的省份。巴西咖啡年均产量约为全球1/3，其中有 7 个州的产量最大，占全国总产量的98%，包括圣保罗州、巴拉那州、巴伊亚州、圣埃斯皮里图州、米纳斯吉拉斯州、朗多尼亚州、里约热内卢州，这些咖啡产区种植品种多样，既有阿拉比卡咖啡也有罗布斯塔咖啡，巴西咖啡品种以 Bourbon, Mundo Novo, Icatú, Catuaí, Iapar 和 Catucaí 为主。巴西种植区海拔比中南美洲各产国明显偏低，很多低于 1 000 m，地貌平坦单调，欠缺微型气候和习惯采用无荫蔽栽培，因而发展出巴西独有的软豆风味——酸味低、坚果味重、巧克力甜香与醇厚度佳，略带木味和土味，简单来说就是巴西咖啡较清淡。巴西知名代表性咖啡是山多士（Santos），是以其出口港山多士/圣多斯为名，咖啡豆属中性，可单品来品尝（虽较单调一点），或与其他种类的咖啡豆相混成综合咖啡，它适合普通程度的烘焙，适合用最大众化的方法冲泡，是制作意大利浓缩咖啡和各种花式咖啡的最好原料。一般被认为是混合调配时不可缺少的咖啡豆，此产区的风味为苦咖啡味；此外，高海拔的玻利维亚咖啡会有柑橘的味道。

(3) 越南咖啡

越南绝大多数咖啡树都是罗布斯塔种，由于萃取比例较高，这种咖啡豆常被用来制作即溶咖啡、罐装咖啡或用来掺和在三合一咖啡中。最常见的做法是以厚重的越南咖啡豆、炼奶以及冰混合而成，作为饮料来说是不错的选择。越南咖啡有独特的香味和苦味，呈鼬鼠棕色，口感轻淡。中原咖啡，口感香醇且不带酸味、涩味、苦味。高地咖啡，口感优雅温醇。摩氏咖啡，浓郁醇厚，香甜中带着微苦，口感饱满而顺滑。西贡咖啡，相对香醇，咖啡色泽略清，口感香滑醇厚。

(4) 哥伦比亚咖啡

哥伦比亚咖啡是少数冠以国名在世界上出售的单品咖啡之一。在质量方面，它获得了其他咖啡无法企及的赞誉。与其他生产国相比，哥伦比亚更关心开发产品和促进生产。正是这一点再加上其得天独厚的低纬度高海拔的地理条件和气候条件，使得哥伦比亚咖啡质优味美，誉满全球。烘焙后的咖啡豆会释放出甘甜的香味，具有酸中带甘、苦味中平的良质特性，因为浓度合宜的缘故，常被应用于高级的混合咖啡中。哥伦比亚咖啡散发着淡淡而优雅的香味，不像巴西咖啡那么浓烈，不像非洲咖啡带着酸意，而是一股甘甜的淡香，低调而优雅。哥伦比亚为世界第二大咖啡输出国，占全球产量的约15%，其咖啡树多种植于纵贯南北的三座山脉中，仅有阿拉比卡种。其中，考卡咖啡带有莓果、蜂蜜、香草风味，果汁甜香；波帕扬咖啡果酸丰富，各方面相当均衡与饱满，有类蓝山风味的美称；马尼札雷斯咖啡味道相当浓郁、厚重，香味纯正，酸甜适中；慧兰咖啡的干香有柑橘及焦糖香气，啜饮时即能感受到柑橘类水果的清新香气，并带有莱姆及柑橘果汁的酸甜感，中段可以感受到明显的绿茶调性及细致的咖啡花气息，酸质转为柔和的苹果酸，整体风味圆润、细致平衡；麦德林咖啡颗粒饱满、营养丰富、香味浓郁、酸度适中；亚美尼亚咖啡风味平衡，有较顺滑的口感；娜玲珑咖啡滋味鲜美，品质甚佳；圣奥古斯丁咖啡带有明朗的优质酸性，高均衡度，有时具有坚果味，令人回味无穷；薇拉咖啡香气十足，干香气为莓子、牧草与坚果清香，啜吸入口榛果风味浓郁，带点油脂滑顺，口感温润平顺，蔗糖回甘甜度高；纳里尼奥咖啡具有复杂且优雅的味道。

(5) 印度尼西亚咖啡

印度尼西亚咖啡闷香低酸、醇厚度佳，略带一点似中药及泥土的味道。其中，爪哇咖啡属于阿拉比卡种咖啡，有独特的气味，因油脂丰富而常被用来作为意式浓缩咖啡的配方之一；苏门答腊曼特宁咖啡酸味适度，带有极重的浓香味；黄金曼特宁咖啡是由18目以上筛所筛选的曼特宁生豆，因为生豆来自同一产区以及大小统一，因此风味上较一般曼特宁会更为干净；老虎曼特宁咖啡质地圆润，口感浓郁，药草、黑巧克力突出，伴随焦糖甜感也突出；苏拉维西咖啡颗粒饱满，香味浓郁。

(6) 埃塞俄比亚咖啡

埃塞俄比亚咖啡杂交品种较少，大部分为原生品种，浅度烘焙，有着独特的柠檬、花香和蜂蜜般的甜香气，柔和的果酸及柑橘味，口感清新明亮。各产区风味特征的指导性方向为：西达摩州产区咖啡微酸，带有多种热带水果丰富香气，明显的花香、柠檬和柑橘调性，青柠般的酸质；耶加雪菲咖啡闻起来带有姜花香，入口有柑橘、柠檬、水果糖的感觉，中段带有杉木香，蜂蜜甜感，尾段带有乌龙茶感，奶油余韵持久；古吉产区咖啡有清新的花果感；哈拉尔花魁咖啡有草莓奶油香；利姆产区的咖啡黏稠度会明显较低，花朵与柑橘味的表现也逊色于耶加雪菲和西达莫，却多了一股青草香与黑糖香气，果酸明亮；金玛产区咖啡比巴西大宗商用豆桑多士的风味更优，不错的中低价位配方豆，水洗处理的吉玛酸度低；哈拉精品咖啡产区咖啡有略带令人愉悦的发酵杂香味，带有浓郁的茉莉花香；伊鲁巴柏咖啡产区咖啡果酸味偏低，醇厚度、黏稠度佳，风味平衡，整体干净度佳；金比、列砍提咖啡产区咖啡有明显的果酸与水果味，是美国精品咖啡界常见的日晒豆；金比卡咖啡淡雅果香；吉马产区也译为季马，咖啡有甜坚果与水果调。

(7) 洪都拉斯咖啡

口味上酸性较弱，而焦糖的甘甜味较重。其中，马尔卡拉咖啡花香气有如出水芙蓉般干净清澈，口感不厚重、不浓郁，咖啡质地坚硬清楚，中美洲咖啡常有的坚果杏仁味也不在了，取代的是细致的水果香；蒙德西犹斯咖啡，柠檬与水果香气是其重要的特色，尤其是桃子与柳橙，酸度活泼明亮，有如天鹅绒般的质感，余韵持久；欧巴拉卡咖啡整体表现平衡，具有热带水果的香味，余韵酸甜，展现出强烈的柠檬风味，使用蜂蜜与焦糖的甜味来中和，带着明显的水果风味；科班区咖啡为巧克力风味，融合蜂蜜和焦糖的甜味，相比于其他的咖啡品种，水果风味比较淡；巩玛阿瓜咖啡以柠檬风味为主，明显有甜甜的水果香气，口感更如奶油般浓醇，同时也带有柑橘的甜味，并散发出甜味和巧克力气息；阿卡塔咖啡有柑橘味，并且有微妙而明显的酸度；帕拉索咖啡以温柔的果酸味为主，焦糖香味，口感均衡。

(8) 墨西哥咖啡

墨西哥咖啡具酸性，芳香滑口，味醇厚，酸甜有劲、味香浓。其中，柯特佩咖啡口感甜香，略带青草香，微酸，油脂感的黏度中等；华图司科咖啡口感上似李子轻微的酸度，浓厚的焦糖甜香，尾韵具黑巧克力醇厚；恰巴斯咖啡有着中度的浓稠度，口感温和但带着鲜甜的风味，干香气中带有点香蕉及可可亚坚果的气息，湿香气中有着明显如蜜糖般的香甜味，及胡桃、杏仁糖的香气，口感上最明显的就是如蔗糖般的风味。

(9) 危地马拉咖啡

危地马拉的安提瓜咖啡产区咖啡具有特有的烟草味和牛奶巧克力的甜，危地马拉高山豆的特色是浅烘焙时散发出令人惊艳的热带花卉香；柯班咖啡产区极硬豆以优雅活泼、洁净无杂味、层次分明，以及青苹果酸香、莓果香、茉莉花香、橘皮香、青椒香、水果酸甜感、巧克力甜香等，甚至尾韵有烟熏味著称；阿蒂特兰咖啡产区咖啡香气沁人心脾，并且酸度明亮，咖啡醇厚度饱满；韦韦特南戈咖啡产区咖啡苦而香浓、口感佳；弗赖哈内斯咖啡产区咖啡酸度明亮、一致，香气足，醇厚度细腻；东方咖啡产区咖啡口感均衡，醇厚度丰满，带有巧克力韵味；圣马可咖啡产区咖啡风味主要是焦糖味。

(10) 中国咖啡

中国云南省种植的咖啡大部分为高产抗锈病的卡蒂姆系列品种，国际上很多人对这个品种存在着草腥、蔬菜、涩感、豌豆味、尾韵不足和属于商业豆级别的刻板印象，但经过云南特殊的地理气候环境、本地种植驯化、蜜处理和厌氧发酵处理等加工方式的改进后，这些缺陷已经得到了充分的弥补，其优良品质也逐渐体现出来。尤其是1 500 m海拔以上的咖啡园，由于种植环境昼夜温差大、咖啡果生长期长、干物质积累丰富，所产咖啡香气浓郁，口感醇厚，油脂丰富，未机械脱胶传统水洗发酵的咖啡豆具有愉悦的果酸味，而蜜处理和厌氧发酵处理的咖啡豆甜度较高、回甘较好，开始在国际上声名鹊起。此外，从咖啡豆的保鲜角度来说，与南美洲、中美洲、非洲等产区经过漫长的国际交易和海上运输时间才能进口到中国的咖啡豆相比，在国内使用云南咖啡，具有产品新鲜度高，层次感较为丰富的优势。台湾省阿里山咖啡外观品质不错，含水量和水活力都标准，咖啡豆大小很平均，在感观评价上平均品质好，品质虽不很独特，却无污染和缺点。海南省主要种植低海拔的罗布斯塔种咖啡，其口味较为干净、甜感、微酸，质量不输于印度尼西亚和印度的精品罗布斯塔咖啡豆，海南人还喜欢采用古老的加糖烘焙方式提高口感，并利用旅游资源优势发展咖啡产业。

(11) 巴拿马咖啡

巴拿马咖啡口感干净澄澈，明亮温顺的口感，中等的醇度表现令人惊艳，颇有类似蓝山的气质。其中，翡翠庄园瑰夏咖啡有乌龙茶香、水蜜桃香、蜂蜜香，清新舒服，明亮又均衡，香气的层次感极强，整个香气和焦糖甜感包裹在一起，入口时舌尖感觉果酸明显，在口腔中则温和圆润，果甜味和回甘强烈，像吞了一口新鲜的水果茶水，甘澈心扉；情圣庄园咖啡入口时舌尖感觉果酸明显，在口腔中则温和圆润，果甜味和回甘强烈，甘澈心扉，温度越低，酸质越细腻；艾利达庄园咖啡有热带水果、香料、坚果、牛奶巧克力风味；凯撒路易斯庄园咖啡有干净清新的水果风味，淡雅迷人的花香，柑橘微酸，口感明亮细致，饱满水果甜香；希望庄园咖啡干湿香中带有坚果和莓果类香气，酸度不高、柔和，甜度很高，整体细腻醇厚，留口时间非常长，总体感觉有点类似宝贝瑰夏和甜瑰夏；哈特曼庄园咖啡有黑巧克力、深色水果香气，明亮的柑橘酸、圆润的果汁口感；卡门庄园咖啡有轻微的酸度、类似果汁的黏稠度、柑橘调。

(12) 哥斯达黎加咖啡

哥斯达黎加的塔拉苏产区咖啡颗粒饱满、酸度理想、清淡纯正、香气怡人，并且带有水果味及一些巧克力味或核果味的特殊风味；拉米妮塔产区咖啡风味上有浓郁的巧克力香气，适当的酸味让口感变得更为活泼丰富；中央山谷产区咖啡具有均衡的身体和水果的味道，巧妙的巧克力和香气中的微量蜂蜜；西方山谷产区咖啡风味多种多样，从简单的经典巧克力到更加细致入微的风味，如桃子、橙子、香草和/或蜂蜜等。音乐家系列咖啡，包括莫扎特咖啡、贝多芬咖啡、巴哈咖啡，其甜度、稠度、厚度相当良好，有着类似香蕉干的熟果甜味。

(13) 坦桑尼亚咖啡

坦桑尼亚咖啡少了点明亮的酸气，更显柔和温顺的美，多了份甜香，红酒气息浓厚。其中，乞力马扎罗山咖啡水果香浓持久，整体风味均衡，酸性柔顺、厚实度高、核枣甜顺、麦芽巧克力花香层次完整，后段焦糖甜感浓醇，随温度降低果酸转柔顺，更明显感受甘甜味及焦糖香厚醇度，均衡酸性柔顺温和。

12.2 混合型速溶咖啡的调配

速溶咖啡(instant coffee)一般分为狭义上的速溶咖啡和广义上的速溶咖啡两大类。

狭义上的速溶咖啡,是通过将咖啡萃取液中的水分蒸发而获得的干燥的咖啡提取物,也就是速溶咖啡纯粉,也叫即溶咖啡。它根据萃取温度分为冷萃和热萃取2种类型,根据干燥工艺分为喷雾干燥、凝聚造粒、冷冻干燥3种类型,速溶咖啡纯粉能够迅速溶解于水中,而且在贮运过程中占用的空间和体积更小,更耐贮存。它可以直接冲泡饮用,一般3~5 g 速溶咖啡纯粉冲泡150 mL水。由于传统热萃取和喷雾干燥工艺所使用的高温对咖啡风味物质成分破坏和挥发损失比较严重,即使使用香气收集回填技术和添加香精、化学合成香气等,也难以达到现磨咖啡迷人的香气、风味和口感,所以冷萃或低温萃取与冷冻干燥所生产的速溶咖啡纯粉越来越受到消费者的青睐。

广义上的速溶咖啡包含速溶咖啡纯粉(消费者也称为无糖速溶黑咖啡)、添加植脂末及其替代品的二合一咖啡、加糖速溶黑咖啡、添加植脂末和糖的三合一咖啡,甚至添加更多食品成分的混合型速溶咖啡,都被消费者统称为速溶咖啡。值得注意的是速溶咖啡纯粉是零添加的咖啡产品,对人体是健康的;而添加了加工工艺中难以避免产生反式脂肪酸的植脂末和食用糖类,对肥胖、高血压、糖尿病等长期饮用的特殊人群来说,就存在健康方面的不利因素。为此,咖啡行业已经开始寻求植脂末、奶粉和奶精的替代品,如核桃等植物性蛋白粉,以避免反式脂肪酸的摄入,开始提倡手冲咖啡等苦味不太重和萃取率较低的精品咖啡,以减少糖分的添加,所以说,一味地将速溶咖啡列为不健康食品是完全不对的。相反,速溶咖啡方便快捷,区别于较为繁复的传统咖啡冲泡方式,自第二次世界大战以来在全球获得了广泛的推广和流行。当前,全世界很多国际贸易中的咖啡商品豆仍然用来做速溶咖啡,而且速溶咖啡所消耗的全球咖啡原料与现磨咖啡相比,虽然略有下降,但在全球尤其是亚洲人的咖啡消费中仍然占据很大比例。

混合型速溶咖啡的调配也就是指速溶咖啡纯粉添加植脂末及替代品的二合一、添加糖分的三合一、添加其他食品成品的多合一混合型速溶咖啡的调配方法。

12.2.1 混合型速溶咖啡的常规配料原理

(1)植脂末

大家所熟悉的"咖啡伴侣"就含有植脂末(俗称奶精,coffee-mate),主要作用是改善口感,提供均衡营养,赋予产品润滑的"奶感"。它是植物油脂粉末的总称,主要由葡萄糖浆、氢化植物油、酪蛋白酸钠、硅铝酸钠、乳化剂和抗结剂等食品添加剂构成。通俗地讲,葡萄糖浆也就是淀粉水解后产生的微带甜味、又能让溶液变浓的混合物;而氢化植物油也就是大豆油或菜籽油经过人工催化加氢形成的一种半固态油脂。其中的氢化植物油生产过程,在人工催化加氢之后,植物油中的天然不饱和脂肪酸大部分变成了饱和脂肪酸,而且其中所含的不饱和脂肪酸还可能失去天然的顺式结构,产生不自然的反式脂肪酸。一些研究初步表明,反式脂肪酸还可能增加乳腺癌和糖尿病的发病率,并有可能影响儿童生长发育和神经系统健康,所以建议14岁以下的儿童不喝为好。2017年10月27日,WHO国际癌症研究机构公布的致癌物清单初步整理参考,饮用温度不太高的(咖啡)植脂末在三类致癌物清单中。这就是很多人认为速溶咖啡不健康的由来。不过，反式脂肪酸的危害并不是非常大。FDA 和 WHO 等机构认为，每天吃 2 g 的反式脂肪酸对人体健康没有显著影响，所以允许在食品中存在一定量的反式脂肪酸。

实际上，植脂末种类繁多、功能各异、应用广泛，其生产历史可追溯至 20 世纪 50 年代，现在由于制作成本低廉、价格便宜，已广泛应用于烘焙食品配料、冷制食品配料、糖果配料、固体饮料配料，包括我们所熟知的咖啡、奶茶、冰淇淋等，其在全球食品添加的总消费量上也十分惊人。

咖啡专用植脂末代表型号：K40、K60、K28；脂肪含量 28%~35%；水分 ≤4.0；细菌总数 ≤10 000 cfu/g；大肠杆菌 ≤30 MPN/g；按照各人口味酌量加入。

(2) 奶制品

速溶咖啡可以选择添加不同的牛奶制品，它能够赋予咖啡另一番风味，享受变化多端的口感，如鲜奶油、发泡式奶油、炼乳、牛奶和奶精等。注意：在咖啡中加入鲜奶油，表面若出现羽状的油脂，这是因为高脂肪的鲜奶油一旦加入酸味强的咖啡，或使用到不新鲜的奶制品时便产生脂肪分离的现象。因此，除了注意奶制品的新鲜度，高脂肪的鲜奶油应该和酸味比较缓和的咖啡调配。从健康角度和饮用程度来讲它比植脂末好，但由于在保鲜保质量、贮存使用便利、成本方面比不上植脂末，所以市场运用较少，未来科技创新的冷冻干燥奶精也许会让其成为新的发展方向。

(3) 糖

方糖、砂糖、细粒冰糖、黑砂糖、咖啡糖等各种不同成分的甜味，构筑了更丰富的咖啡味觉之旅。你可以循着钟爱的咖啡风格，找到适合自己的甜度。咖啡加糖的目的是要缓和苦味，而且根据糖的份量多寡，会创造出完全不同的味道。糖粉属于一种精制糖，没有什么特殊味道，易于溶解，通常以 5~8 g 的小包装使用。方糖是精制糖加水，而后凝固成块状。方糖保存很方便，且易溶解、速度快。白砂糖也属精制糖，它是粗粒结晶固体。市面多为 8 g 小包装，以便每次使用。黑砂糖是一种褐色砂糖，有点焦味，通常用于爱尔兰咖啡的调制。冰糖呈透明结晶状，甜味较淡，且不易溶解。通常磨成细颗粒，方便用于咖啡或加味茶等饮品。常用的为咖啡糖，它是专门用于咖啡的糖，为咖啡色的砂糖或方糖，与其他糖比较，咖啡糖留在舌尖上的甜味更持久。

(4) 其他香料

混合型咖啡的种类非常丰富，可以添加具有极少量的具有风味特征的香料和香精，以符合消费者不同口味、不同品牌、不同体验的产品需求，以东南亚、规模较小公司运用较多，大公司和国际品牌运用较少。其所添加配料可以多种多样。例如，香料及香精配料：肉桂（分成粉状或棒状）、可可、腰果、椰子、豆蔻、薄荷、丁香、迷迭香、玫瑰、百合、茉莉等，如肉桂、可可常用于卡布奇诺咖啡；水果谷物及香精配料：柳橙、柠檬、菠萝、香蕉、芒果、榴莲、苦瓜、红豆、发泡奶精、麦芽糊精、脱脂奶粉、木糖醇、蛋白粉、维生素、矿物质复合粉、卵磷脂、茶多酚等，用于花式咖啡的调味及装饰，丰富了咖啡的另类享受；药物美容保健类配料成分：枸杞、藏红花、人参、天麻、灵芝、三七、杜仲、丹参、锁阳、肉苁蓉、丙酮酸钙、左旋肉碱、黄原胶等；酒类配料：白兰地、威士忌、兰姆酒、薄荷利口酒等；以及食品行业所允许添加的羧甲基纤维素（CMC）抗结剂、β-环糊精、抗氧化剂、阿巴斯甜、起泡剂、卡拉胶、增溶剂、酪蛋白酸钠等。

12.2.2 混合型速溶咖啡的常规调配

常规三合一速溶咖啡中,咖啡纯粉所占比例为5%~20%,平均为8%左右;植脂末为20%~60%,平均35%左右;砂糖30%~70%,平均50%左右。每杯三合一速溶咖啡纯重为10 g、13 g、15 g,每杯冲泡用水为100~150 mL。配方举例:

①速溶咖啡粉2.3 g,糖9.2 g,植脂末4.8 g,合计16.3 g。
②速溶咖啡粉1 g、糖7 g、奶精2 g,合计10 g。
③速溶咖啡粉1.5 g,植脂末4.3 g,糖4.2 g,合计10 g。
④速溶咖啡粉1.8 g,植脂末3 g,糖8 g,合计13 g。
⑤速溶咖啡粉1.8 g,植脂末3 g,糖8 g,合计12.8 g。
⑥速溶咖啡粉1 g,植脂末5 g,糖3 g,可可粉0.2 g,发泡奶精等0.8 g,合计10 g。

12.3 常见咖啡饮品制作

12.3.1 意式浓缩咖啡

(1)意式浓缩咖啡的制作

意式浓缩咖啡是意式咖啡的精髓,它的做法起源于意大利,在意大利文中是"特别快"的意思,其特征乃是利用蒸汽压力,瞬间将咖啡液抽出。所有的牛奶咖啡或花式咖啡都是以意式浓缩咖啡为基础制作出来的。意式浓缩咖啡冲泡如图12-1所示。

图12-1 意式浓缩咖啡冲泡

通常用锅炉产生热水,将热水加压到约0.9 MPa后流经金属滤器内的粉状咖啡豆而冲煮出咖啡,此种受压热水冲煮出的咖啡较一般的浓厚,且会有乳化的油脂,称为意式咖啡或意式浓缩咖啡。意式咖啡机按照锅炉类型分为单锅炉式、双锅炉式、多锅炉式,按照自动化程度分为手动、半自动、全自动、智能4种类型。意式浓缩咖啡机的萃取黄金法则:使用15~20 g细研磨咖啡粉,在0.9 MPa的压力下,用90~91 ℃水温,使用25~30 s的时间,萃取25~30 mL的单份意式浓缩咖啡。因为使用不同的咖啡豆的蜜点不同,所以参数也会根据情况而有所调整。使用意式咖啡机萃取出的正确的浓缩咖啡味道强烈,醇厚,尖锐,充满风味,不会全部都是无法忍受的苦。

(2)操作要点

①建议使用几天或几周之内烘焙的咖啡豆,不要用存放时间太长的咖啡烘焙豆。咖啡豆放得久了,会逐渐丧失在烘焙过程中产生的二氧化碳;当磨豆时咖啡豆贮存二氧化碳及其他挥发物的细胞壁会被打碎而将其释放出来,因此为了获得最好的结果,最好现磨、现压,因为二氧化碳及咖啡的香味都会因时间拖长而散失。

②建议使用磨盘式磨豆机(burr grinder)。磨盘式磨豆机磨的粉粒较刀片式磨豆机(blade grinder)大小更均匀,一般是 16~18 g 咖啡,能在 20~30 s 的时间产出 32~36 g 的意式浓缩咖啡;而使用自己控制压力的拉把机,则应调整咖啡粉细到能在冲煮时产生 0.6~0.9 MPa 的压力,并于 20~30 s 内完成冲煮。

③将咖啡粉装入粉碗时,应使用良好的布粉(distribution)方法,以消除粉碗中咖啡结块(clumps)及空气包(air pockets),避免冲煮时产生通道(channel)。例如,使用 WDT (weiss distribution technique)布粉法或是在软垫上轻敲粉杯等方法,压粉(tamping)前,也应先将咖啡粉在粉碗内布平(咖啡粉在粉碗内不要一边高、一边低),再进行压粉的动作,如此可以避免粉碗内整个粉饼萃取不均匀,因为咖啡粉如果不平整,压粉后会造成两边的咖啡粉密度不同,而致整块粉饼萃取不平衡,还有压粉不见得需要很用力,压粉的目的是要能将粉床压平整,并借该压力,去除额外尚未被去除的空气包。

④做意式浓缩咖啡冲煮时,水会自然地更快速流经阻力最小的路径,当粉碗中咖啡粉有"通道"产生时,因为热水会更快速流经这些通道,造成萃取不均匀,也可能因通道而造成所谓"喷射作用(jet effect)",造成无底粉碗底部咖啡乱喷,除了布粉及压粉外,也可以透过预浸泡(pre-infusion)方法降低通道发生的可能。

⑤意式浓缩咖啡的粉水比(brew ratio),也就是咖啡粉量及产出咖啡量的比值,如 20 g 咖啡粉,冲煮出 40 g 的意式浓缩咖啡,其粉水比大约是 1∶2。意式浓缩咖啡的粉水比可以因个人喜好及地区特色,而有极大差异,如从 1∶1~1∶4,意大利人也分别给这些不同浓度的意式浓缩咖啡不同的名称,如 Ristretto espresso、Normale espresso、Lungo espresso 等;当然意式浓缩咖啡冲煮时,粉水比越高,注入杯中的咖啡量越大,虽然萃取率会提高,但是咖啡会变得更淡;一般最普遍的意式浓缩咖啡粉水比是 1∶2~1∶3,不同浓度的意式浓缩咖啡,在添加水或牛奶、奶泡或可可等之后,咖啡又有不同变化及风味。

⑥要制作出一杯够水准的意式浓缩咖啡,除了上面所谈的咖啡粉本身、粉细控制及布粉、压粉等技巧及粉水比等的要素外,另外还有冲煮时的压力、温度及时间控制等要素;制作意式浓缩咖啡,需要使用 0.6~0.9 MPa 的压力,许多咖啡师都认为 0.7~0.9 MPa 是意式浓缩咖啡的甜蜜点(sweet spot),也有研究指出,其他条件固定下,0.6 MPa 的压力压制出的意式浓缩咖啡有最高及最一致的萃取率,当然,压力并不是影响萃取率唯一的因素,但是我们应了解,未必压力越大,意式浓缩咖啡就越好喝。

⑦制作意式浓缩咖啡,要靠水温、压力及时间溶出咖啡粉中的可溶性固态物质(soluble solids),但是水温过高或时间过长,会造成过度萃取而让咖啡偏苦;而水温过低或时间过短,又可能因萃取不足而造成咖啡偏淡且偏酸。一般而言,我们会使用 91~96 ℃ 的水来冲煮意式浓缩咖啡,但是深烘焙的咖啡,应该使用较低的温度(因为重烘焙咖啡本来味道就会偏苦),而浅烘焙的咖啡则应该使用较高的温度(因为轻烘焙咖啡本来味道就会偏酸);所有的意式浓缩咖啡机,无论是全自动、半自动或是手动都要做预热,以达到工

作温度;水温影响意式浓缩咖啡口味甚大,建议在制作意式浓缩咖啡时,试验并调整冲煮水温及预热时间、做法,以达到个人理想口味。

⑧冲煮时间也影响意式浓缩咖啡的口味,视不同意式浓缩咖啡设备本身压力、流速设计及粉碗直径、深度、孔洞设计、粉量、粉细等因素,意式浓缩咖啡冲煮时间一般为 20~30 s。

⑨及时清洗设备,周期性地检查,水压压力值须在 0.3~0.9 MPa,锅炉压力 0.1~0.12 MPa,滤器是否残留咖啡油脂,出粉量每次 7~8 g,检查研磨的粗细程度及研磨机刀片的锋利度。

(3)意式咖啡机与美式咖啡机的对比

意式咖啡属于高压萃取,其浓缩咖啡可以用来做拉花的花式咖啡;美式咖啡机相对意式咖啡机来说,价格相对便宜,功能较少,操作方便快捷,属于常压萃取,咖啡萃取率低,口味较淡,不能用来做花式咖啡,该设备通常分为上下两层,上层为装有滤纸或金属滤器的漏斗状容器,下层则为玻璃或陶瓷咖啡壶。美式咖啡机也是使热水经过咖啡粉流入下方咖啡壶内,萃取出咖啡,但区别在于热水是常压的。美式咖啡机建议粉和水的比例 1∶12~1∶20,除了可以烹调咖啡外,还可以泡茶。一般情况下,专业的咖啡店均配有意式浓缩咖啡机,以制作多种多样的花式咖啡,喜欢浓度较淡的北美和亚洲人的家庭和办公室偶尔会喜欢配置美式咖啡机。

12.3.2 胶囊咖啡

(1)胶囊咖啡的产生

胶囊咖啡(capsule coffee)(图 12-2)诞生于 1976 年,由雀巢公司发明的胶囊咖啡机专用。据说是雀巢的咖啡鉴赏家埃里克·费弗尔(Eric Favre),在造访意大利无数的咖啡馆,品尝了上千杯意式浓缩咖啡后,在罗马的一次偶遇。一家名为圣尤斯塔基奥(Saint Eustachio)咖啡店,由于其操作的咖啡机频繁的故障,咖啡店老板反复扳动把手,使得大量的压缩空气进入杯内,因此受到启发,开发出了如今的胶囊咖啡产品。胶囊咖啡是厂家将烘焙咖啡研磨粉或不同原料配比的咖啡混合物罐装到特制的铝质胶囊中,填充氮气密封以隔绝咖啡粉与空气的接触而达到较长时间的咖啡保质保鲜目的,并配合带有烧水、注水针孔、加压装置的特制胶囊咖啡冲泡机,将胶囊刺破后进行高压热水冲泡后使用。

胶囊咖啡杜绝了普通咖啡豆或者咖啡粉接触空气后变酸、氧化等问题。咖啡胶囊的好处是因为胶囊壁质地较为坚硬,在高温下很好地保持原型,因此可以将高压水蒸气注入胶囊中,从而使咖啡在压力的作用下完全析出意式咖啡泡沫,这样能较好地保证咖啡的香醇。每次做出来的咖啡都很香,那是因为胶囊很好地保存了咖啡的新鲜度,每一杯都保留了咖啡豆烘焙研磨后 4 h 内的新鲜,所以口味较好。而且油沫也很丰富、顺滑。现在口味也已经是越来越完善,可供选择的余地越来越宽。

胶囊咖啡机使用简单方便,只要将胶囊放入胶囊仓中,按键即可得到一杯咖啡。它之所以能调制出不同风味的咖啡,就

图 12-2 胶囊咖啡

是基于不同原料配比的自动控制程序,包括水温、水量、水压、原料种类的控制。咖啡胶囊壳包括胶囊外壳和铝箔封皮,胶囊壳底部为进水端,铝箔封皮为咖啡液萃取出口;胶囊咖啡机的内部包含加压泵、加热器、电子控制板、冲泡区域,以及有奶泡打发、牛奶添加等功能。普通咖啡胶囊冲泡机压力约 0.9 MPa,多数意式浓缩胶囊咖啡机约 1.5 MPa,一些胶囊咖啡机甚至可达到 1.9 MPa,其压力越高,萃取出的咖啡风味与香醇度和萃取率越高。胶囊咖啡对于习惯消费现磨咖啡的办公室人员来说方便快捷,曾在欧美市场上得到大量推广,到中国市场后由于滤泡式挂耳咖啡的兴起,市场反应不大,其使用后的废弃胶囊咖啡壳不容易降解的环境问题也被欧美环保人士抵制。

(2)胶囊咖啡优点

①操作简便:将一颗咖啡胶囊放入胶囊咖啡机,即制作成一杯意式浓缩咖啡,可随意制作成各种意式咖啡料理。

②新鲜度高:咖啡好坏的关键是新鲜,一袋咖啡豆打开后 7 d 后即失去香味,咖啡粉仅保持数小时新鲜度,咖啡胶囊是优质精选咖啡豆烘焙磨粉后即刻灌装,每颗胶囊可制作出新鲜烘焙口味的咖啡。胶囊咖啡质量保鲜期长达 12 个月。

③便于贮存:咖啡胶囊采用太空舱技术铝箔无氧密封,可使灌装的新鲜咖啡粉保持两年内质量稳定。

④多种口味:由生产厂商专业调配烘焙后形成不同口味,消费者可以根据自己喜好选择,口感稳定。

⑤专业水准:由于最新一代软胶囊咖啡机采用意大利专业针刺技术和压力系统,可萃取出迷人赭红色的泡沫,制作出的意式浓缩咖啡完全可以和专业咖啡馆中半自动商业咖啡机相媲美。咖啡胶囊在制作过程中,是通过将咖啡豆经过特殊处理变成咖啡粉后密封在铝制的胶囊中,同时注入惰性气体(氮气等),能起到延长保质期的同时,兼具再次灭菌的作用。需要制作咖啡时,把胶囊放入咖啡机里按下按钮即可。既然能制作浓缩咖啡,那么,其实与普通的意式咖啡机相比,原理并没有太大的出入。机器工作时,通过扎破胶囊和高温高压萃取,制作出一杯纯正的意式浓缩咖啡。由于胶囊质地坚硬,因此在高温下也可以很好地保持原型,在高压水蒸气注入胶囊中时,萃取出浓缩咖啡,所以,虽然是小小的胶囊机,但也有不输意式咖啡机的咖啡香气和丰富油脂。

⑥质量稳定:一杯好的咖啡,所影响的变量非常多,包括咖啡粉的新鲜度、研磨粗细、水温、萃取时间等。由于胶囊咖啡是生产线自动烘焙、研磨、填粉所制作的,而萃取时,也是极其标准化控温、控压、控水,一键式开机出杯,把可变因素降到了最低。所以,胶囊咖啡堪称质量表现最稳定的咖啡。

12.3.3 爱乐压与氮气咖啡

(1)爱乐压

爱乐压(the aero press)是一种手工烹煮咖啡。总的来说,它的结构类似于一个注射器。使用时在其"针筒"内放入研磨好的咖啡和热水,然后压下推杆,咖啡就会透过滤纸流入容器内。爱乐压冲煮出来的咖啡,兼具意式咖啡的浓郁、滤泡咖啡的纯净及法压壶的顺口。通过改变咖啡研磨颗粒的大小和按压速度,用户可以按自己的喜好烹煮不同的风味。

图 12-3　D 特压咖啡器具

D 特压是爱乐压的升级创新，区别在于爱乐压是浸泡式，它跟法压壶原理很相似，将咖啡和粉混合之后，咖啡液经过滤纸被压出来。由于使用了滤纸，口感会比法压壶干净。D 特压是滴滤式，水和咖啡粉分开放置，可以精确控制水和咖啡粉的接触时间。只要不下压，水便不会穿过咖啡粉层流到杯中。同样是通过滤纸压出来，整个过程无需搅动咖啡粉。总的来说，原理和使用滤杯制作滴滤咖啡很相似，可以预浸咖啡（闷蒸）和分段萃取。D 特压咖啡器具如图 12-3 所示。

优点：快速、方便、效果好，它的清洗保养方式十分简单，使用后简单冲洗即可。具有体积短小、轻便、不易损坏的优点，相当适合作为外出使用的咖啡冲煮器具。

缺点：因为需要滤纸的过滤，会产生部分的浪费；每次只能制作一到两人份量。

（2）氮气咖啡

氮气咖啡（the nitrous coffee）属于咖啡界的超新星，区别于冰滴咖啡和冷萃咖啡，就是在冰滴/冷萃咖啡的基础上增加了氮气，可以增加丝滑柔顺的绵密口感，比冷萃咖啡喝起来更清爽一些，氮气杯应用到饮料中已经不是新鲜事，氮气啤酒跟常规啤酒相比，喝了不会打嗝，并且相当顺滑。氮气咖啡机如图 12-4 所示。

优点：口感清爽丝滑，泡沫感强，是一种创新饮用冰咖啡的方式；不需要添加任何的奶或者糖。

缺点：想自己做上一杯氮气咖啡并不是一件简单的事，并且需要机器和时间上的投资。

图 12-4　氮气咖啡机

12.3.4　手冲咖啡

手冲咖啡（hand brewed coffee）是根据过滤工具不同有滤纸和金属滤网等种类，手冲的方法也根据水温、流速、均匀度、冲泡手法、器皿和咖啡的种类不同而千变万化，这里简单介绍 2 种制作方法。

（1）滤纸冲泡法

滤纸可以使用一次后立即丢弃，比较卫生，也容易整理。开水的量与注入方法也可以调整。一人份也可以冲泡，这是人数少的最佳冲泡法。选择烘焙时间较长的咖啡豆磨成粉状，以 5 min 的时间冲泡出咖啡里所含的成分。若喜欢喝味道稍淡的咖啡，则咖啡豆份量可稍增加，但是颗粒需磨得较大，并且冲泡的时间需缩短。滤纸须和过滤器搭配使用，过滤器通常是塑料制，也有陶制品，不过若要保持注入沸水的温度，应使用塑料制为佳，较陶制不易导热。过滤器和滤纸可依照所冲的咖啡份量，选用大小不同的尺寸。

滴漏器有二孔与三孔之分。建议使用三孔式，因其物美价廉；然后要有滤纸，注意选择合适的型号；注入开水用的壶最好是口尖细小可使开水垂直地倒于咖啡粉上。手冲咖啡器具如图 12-5 所示。

图 12-5　手冲咖啡器具

冲泡方法：

①滤纸的连接部分沿着缝线部分折叠后再放入滴漏器中。

②用水润湿滤纸：在冲泡咖啡前，需先将折好的滤纸放入滤杯中，并将滤杯放在咖啡杯上。把热水倒入滤杯，让水润湿滤纸，去除滤纸的味道，并将滤杯和咖啡杯一并淋湿加温。

③磨豆：将刚才倒入杯中的热水倒去，就可以开始磨咖啡豆了。一般来说，300 mL 的咖啡，大约需要 20 g 的咖啡豆。

④加粉：将磨好的咖啡粉倒入铺好滤纸的滤杯中。

⑤闷蒸：用手冲壶往里均匀柔和地加水，淹没咖啡粉即可。这一步叫作闷蒸，大概持续 20~25 s。这时候会看到咖啡粉冒泡，这是咖啡颗粒在释放二氧化碳，气泡间形成的空隙会使咖啡粉形成均匀的过滤层，供给热水透过时所需的空间。闷蒸的好坏影响着过滤层的形成，直接影响着萃取的质量。闷蒸不好，咖啡味道也会不干净，酸涩为主，咖啡本身特点难以体现，口感稀薄，带有刺激感，回香也不够凝重。

⑥第一次注水：闷蒸过后，就开始以咖啡粉的中心点为圆心，用较大水流以画圆的方式第一次注水，并让水高于咖啡粉。切记水流不要直接接触滤纸，注意圆圈保持在距咖啡粉边缘 1 cm 以内。水流高度保持在与咖啡粉平面上 3~4 cm。第一次冲泡注水量占整个咖啡水量 60%。滤纸冲泡法最重要的是水流的控制，注水的速度和力度也很重要，这是这个手法的技术要点。目的是让咖啡粉充分地泡在水中，水高于咖啡粉的作用是为了补水的时候，水流能均匀地通过咖啡粉。水流越细，萃取越充分。

⑦第二次注水：第一次注水后稍作停顿，等咖啡粉中的水完全流下之前，开始第二次注水，方法同第一次注水，注水量占 30%。第二次注水后稍作停顿，等咖啡粉中的水完全流下之前，开始第三次注水，方法同第一次注水，注水量占 10%。

过滤的抽出液不要滴到最后一滴，要有少量残余（倘若全部滴完可能有杂味或杂质等）。将咖啡杯加温，然后注入咖啡杯。一开始可能冲出来的咖啡酸味会很重，除了出水量控制不好之外，咖啡本身的质量（新鲜度等）以及颗粒粗细也是重要因素。

（2）手冲煮法

手冲煮法需要热水、咖啡烘焙豆、手冲壶、滤杯、滤纸和分享杯，短短数分钟，就可以冲煮出一杯新鲜咖啡。手冲咖啡也是精品咖啡最精彩的一环，有很多冲泡方式，可以靠调节冲煮时的不同参数（包括研磨度、粉水比、水温、水速、闷蒸和冲泡时间）改变咖啡的最终味道。一般手冲咖啡壶配有特制的鹅颈壶嘴，便于控制均匀的出水速度和出水量，容量500~600 mL水不超过2/3；杯有圆锥形、扇形及碗形。常用V60系列圆锥形滤杯及配套滤纸；粉水比为1∶15，冲泡时间3 min。具体方法如下：

①烧开水：建议选用软水。

②磨粉：咖啡豆20 g（15~18 g），经典的粉水比为1∶15；中度研磨（3.5），粗细程度为白砂糖颗粒大小（粉太细则萃取过重味道苦）；磨粉后拍打容器外壁可让咖啡粉松散，便于均匀萃取。

③温杯：用开水预热滤杯和玻璃壶，温杯后的咖啡更温润，温杯水倒掉。

滤纸折边：把滤纸侧边折好，放入滤纸，贴紧滤杯。如果平底的滤杯和滤纸不对应的话，把滤纸底部折好后再把侧面反向折边。滤纸服贴：冲水湿润滤纸，让滤纸贴紧滤杯，不能起皱或起气泡，水不能冲到滤杯的内侧，避免漏水，食品级滤纸也可不湿润。

④布粉：倒入咖啡粉，最好平整或中间隆起，初学者可以在中间均匀地捞个小坑。湿润：等水温降到（88~92 ℃）时，冲水40 mL全面均匀湿润咖啡粉，停止倒水，静止闷蒸20 s（停水至闷蒸结束20 s，加上注水时间共30 s）（粉水比1∶2，水量控制到刚好有1滴水能从粉中滴出后就不能再滴出水）。

⑤第一次冲水60 mL：闷蒸后粉泡膨胀到最大，在保证粉泡凸起后不破裂或水面不下陷的情况下，定点均匀缓慢冲水60 mL（可以跳珠）。说明：水温到95 ℃为宜，温度过高有苦味，温度过低酸味重。

⑥第二次冲水100 mL：从中间位置开始缓慢冲水，往同一方向逐渐扩大画圈至硬币大小，在硬币大小的范围重复画圈均匀冲水。让咖啡粉充分吸湿明显膨胀，同时保证粉泡不能破裂。此过程冲水是否均匀决定了咖啡的厚度。

⑦第三次冲水100 mL：从硬币范围内开始往同一方向扩大画圈范围，加大水量，直至咖啡液体到300 mL停止，要与表面油脂泡沫均匀混合，以保证萃取均匀，不能让水面下落，此过程冲水是否均匀决定了咖啡风味的多样性。

⑧饮用：移走滤杯和咖啡粉，咖啡液盖好盖子，用湿毛巾在杯底降温，若咖啡液不足300 mL可以补充温水，摇均匀，即可饮用。

以上步骤看似复杂，实际上熟练后就非常简单，手冲咖啡的大师都是经过无数次训练和总结改进出来的。实际上也可以简单地这样冲泡：

①第一次冲水100 mL：等水温降到88 ℃时，从中间位置开始，往同一方向逐渐扩大画圈，直至整个粉泡表面的咖啡粉与泡沫混合均匀（除边缘3 mm粉圈和滤杯、滤纸边缘外，全部均匀淋湿，让水粉充分均匀接触），再静止闷蒸20 s。

②第二次冲水100 mL：从中间开始缓慢均匀冲水，往同一方向逐渐扩大画圈，在保证液面不明显下降的情况下继续给水（水速可快可慢，中间可短暂停顿）。

③第三次冲水100 mL：同样方法用开水，再次加大水量，冲水100 mL，直至咖啡液体积到300 mL停止（相当于含粉量320 g）。

注意第一次冲水湿润、闷蒸时，让水粉充分接触，萃取均匀，无杂味；水温高、水量足，容易让糖分流出，咖啡甜度好；水温不够和水量不足则咖啡甜度不够；水温太高则出现苦味；水粉接触不均匀则导致萃取不均匀，会出现苦味、涩味、杂味；事先热水温杯，咖啡口感才圆润；冲泡结束用湿毛巾在杯底迅速降温，摇匀咖啡液，口感会更好；本方法适用于刚烘焙好的咖啡豆。

手冲咖啡优点：冲出的咖啡很好地保持原有的风味且口感很好；清洗方便；器具成本合理。

缺点：需要购买特定的滤杯、滤纸、电子秤、手冲壶、滤纸、分享杯。

12.3.5 冰滴咖啡

冰滴咖啡(the cold drip brewing)是利用咖啡本身与水相溶的特性，利用冰块融化一点一滴萃取而成。咖啡粉百分百低温浸透湿润，萃取出的咖啡口感香浓、滑顺、浑厚，令人赞赏；所呈现的风味更是出类拔萃。调节水滴速度，使用冷水慢慢滴漏而成，在5℃低温下，时间滴漏，让咖啡原味自然重现。萃取出的咖啡，依咖啡烘焙程度、水量、水温、水滴速度、咖啡研磨粗细等因素呈现不同的风味。

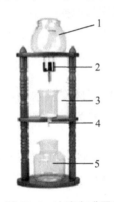

图 12-6 冰滴咖啡器具
1. 盛水器；2. 水滴调整阀；
3. 咖啡粉杯；4. 滤布过滤器；
5. 咖啡液容器

使用方法：先关闭水滴调整阀。按使用人数把适量饮用冷水注入盛水瓶中，可一并放入适量冰块以泡制冰咖啡，一人标准水量约为120 mL，水湿润滤布过滤器，然后把它放入咖啡粉杯中。把适量咖啡粉放入咖啡粉杯中，一人标准量为10~12 g极细磨咖啡粉。最后把丸型滤纸放在咖啡粉中央表面(水滴咖啡器专用6号丸型滤纸)，丸型滤纸应放在盛水瓶下落水滴落点上。慢慢打开水滴调整阀让盛水瓶有水滴流出，水滴应滴在丸型滤纸上，标准水滴速度应为每分钟40~60滴，每隔2 h应调整1次，总制作时间为8~10 h。水滴会渗透丸型滤纸和咖啡粉，成为咖啡后穿过布过滤器，最后落在咖啡液容器中。最好放入冰箱冷藏5 h后再饮用口感最佳。冰滴咖啡器具如图12-6所示。

操作要点：咖啡粉与冰水的比例为1:12~1:20，可随个人喜好而定。为使咖啡粉增加与水接触面积，故咖啡粉研磨程度约在虹吸式与滤压式间为佳。因萃取时间长，故适合使用深焙咖啡豆、高级纯咖啡或冰滴专用咖啡豆。冰滴式咖啡先浓后淡，故需等待冰水全部滴完后才能饮用。水滴式咖啡的一个成败关键是滴滤速度，以10 s 7滴左右的慢速滴滤为佳。水与咖啡粉有较长的时间融合，咖啡口感较饱和；若滴滤时间太快，味道太淡，同时会产生积水外溢；反之，太慢会使得咖啡发酵，产生酸味及酒味。

优点：不酸涩，不伤胃，夏季饮用口感极佳。

缺点：制作消耗时间过长。

12.3.6 挂耳咖啡

挂耳咖啡(the coffee bag)是日本人研发出来的产品，滤包用于存放咖啡，而两侧各有一个小纸板，像两个小耳朵，所以就叫挂耳咖啡。挂耳咖啡是一款即冲即享型现磨咖啡，

一个小纸板，像两个小耳朵，所以就叫挂耳咖啡。挂耳咖啡是一款即冲即享型现磨咖啡，将咖啡豆磨成粉，通过充氮技术密封进食用级滤袋里，是众多咖啡爱好者的新宠。这种便捷滴滤式咖啡包起源于西班牙，改良自日本，随着技术的改进以及人们对咖啡质量需求的提升，挂耳咖啡已经开始日渐普及。希望品尝到现磨咖啡的醇厚香味，同时还要求保持冲泡的便捷性，是挂耳咖啡受众与日俱增的最重要原因。用滴滤方式完成咖啡冲煮，咖啡之中的酸、甘、苦、醇、香完美体现。只要身边有热水水源，有咖啡杯具，即可方便享用。挂耳咖啡冲泡过程如图 12-7 所示。

图 12-7　挂耳咖啡冲泡过程
1. 打开挂耳包；2. 卡到杯口上；3. 冲泡；4. 取出过滤渣

挂耳咖啡的冲泡方法很简单，咖啡粉装在滤包里，两侧纸板制作的夹板可以挂在杯子上，沿密封线撕开挂耳包，缓慢而均匀地分次注水 160 mL 左右，冲完后即可丢掉，可以方便喝到犹如滤滴冲泡式的现磨咖啡。挂耳咖啡凭借其独特的产品设计，很好地解决了人们在旅行、办公或休闲时随时随地饮用咖啡的需求，只需要热水和杯子就可以满足。

优点：不需要在咖啡器具上花费大量的费用，超级方便携带和使用，一般使用品质较好的咖啡豆和精品咖啡豆，受到了日本、中国等亚洲国家的热烈欢迎。

缺点：滤袋放入杯中与咖啡接触，会带给初尝者一种不太卫生的潜意识心理。

注意事项：挂耳咖啡可以根据个人喜好加糖或者加奶，如果要品味原味咖啡，尽量不要加糖、奶。挂耳咖啡要选用工厂生产的二次冲氮气才能保鲜，手工制作的挂耳咖啡无氮气保鲜可能在 3 d 内氧化变味。

12.3.7　虹吸壶

(1) 虹吸壶

虹吸壶(the vaccum pot)(图 12-8)也称吸壶(syphon)，俗称塞风壶或虹吸式，是简单又好用的咖啡冲煮方法，也是坊间咖啡馆最普及的咖啡煮法之一。虹吸壶是利用水加热后

图 12-8　虹吸壶
1. 上盖和支架；2. 虹吸壶导管；3. 咖啡器支架；4. 酒精灯；5. 玻璃下座；6. 玻璃上座

产生水蒸气，造成热胀冷缩原理，将下球体的热水推至上壶，待下壶冷却后再把上壶的水吸回来。

操作基本过程：

①装水（钩好滤芯）：将下壶装入热水，至两杯份图标标记。把滤芯放进上壶，用手拉住铁链尾端，轻轻钩在玻璃管末端。注意不要用力地突然放开钩子，以免损坏上壶的玻璃管。

②点火（斜插上壶）：将酒精灯点燃，把上壶斜插进去，让橡胶边缘抵住下壶的壶嘴，使铁链浸泡在下壶的水里。上壶斜放即可。

③扶正（插进上壶）：烧水，在下壶连续冒出大泡的时候，把上壶扶正，左右轻摇并稍向下压，使之轻柔地塞进下壶。上壶插上以后，可以看到下壶的水开始往上爬。如果你有磨豆机，现在可以开始磨咖啡豆了，两杯份水量使用3匙咖啡（约24 g）约中度研磨刻度。

④让下壶的水完全上升至上壶：待水完全上升至上壶以后，稍待几秒钟，等上升至上壶的气泡减少一些后再准备倒进咖啡粉。

⑤倒入咖啡粉（左右拨动搅拌）：倒入磨好的咖啡粉，用搅拌竹匙左右拨动，把咖啡粉均匀地拨至水里。第一次搅拌的同时开始计时。

搅拌动作要轻柔，避免暴力搅拌。如果是新鲜的咖啡粉，会浮在表面形成一层粉层，这时候需要将咖啡粉搅拌开，咖啡的风味才能被完整萃取。正确搅拌动作是将竹匙左右方向拨动，带着下压的劲道，将浮在水面的咖啡粉压进水面以下。

⑥再搅拌两次（熄火）：第一次搅拌后，计时30 s，做第二次搅拌，再计时20 s，做最后搅拌，即可将酒精灯移开。拿事先准备好的（已拧干的）略湿抹布，由旁边轻轻包住下壶侧面，勿使湿布碰触到下壶底部酒精灯火焰接触的地方，以防止下壶破裂。这个时候可以看到上壶的水被快速地拉至下壶。如果咖啡够新鲜，此时下壶会有很多浅棕色的泡沫。

⑦完成：咖啡被吸至下壶后，一手握住上壶，一手握住下壶握把，轻轻左右摇晃上

壶,即可将上壶与下壶拔开。把咖啡倒进温过的咖啡杯就得到一杯香醇咖啡。

操作注意事项:煮得好的虹吸式咖啡如同好茶一般,甘醇、顺口、芳香。下瓶要擦干,不能有水滴,否则会破裂。拔上座要朝右斜回正往上拔,切勿拔破裂。中间过滤网下面弹簧要拉紧,挂钩要钩住,要拨到正中央。插上座要往下插紧。采用纯水、净水、磁化水,勿用矿泉水、自来水,可用蒸馏水、离子水、软水。水温在80~90 ℃,萃取时间,全程50~60 s(勿超过时间太久),特别咖啡可煮1 min。咖啡豆要新鲜,勿受潮湿。咖啡豆最好现磨现煮,最香、好喝。注意风向,勿直吹火源。注意火源大小,小火最好。煮过的咖啡粉先拍打松散,倒掉,再用清水冲洗。磨豆段数2~3段(酸性豆粗磨,苦味豆细磨),新机段数应高,旧机低。要温杯,用温杯水槽,开小火保温到80~85 ℃。过滤网要泡在清水中备用,定期清洗并更换滤布,或将过滤器放在罐中放入冰箱冷藏保存。拔上座时,左手要抓紧下座的把手,用右手虎口抓住上座顶端。下座内的水最好用热开水,节省煮沸时间。拨动方法要正确。下座的剩余清水最好要倒掉,咖啡快下降完时,剩余的泡沫也隔开。木棒拨动或搅拌只要插下2/3处,勿刮到底下过滤网。木棒中途沾其他水再拿回去拨或搅,会弄脏原咖啡液。训练柔软的手感,才能煮出好咖啡。咖啡粉及水量要正确,煮好倒入咖啡杯中刚好8分满。用湿布擦下座,擦右上角较好。咖啡豆的配方要好(综合热咖啡或单品咖啡)。可用特殊煮法,增加咖啡粉份量到25~30 g,时间缩短到25~30 s。可用特殊煮法,苦味重的咖啡,延长到90 s或120 s。勿用搅拌法或旋转法,容易将咖啡煮成苦涩、焦、酸、杂味、清淡无味等。用大火煮,咖啡一定会有焦味,喝时会有不顺畅感觉。咖啡磨得太细时,过滤器容易阻塞,若堵住上座拔不开,先用木棒将粉拨开透气,再拔开。

虹吸壶清洗方法:用手握于上座玻璃管,左手手掌往瓶口处轻轻拍三下。然后,在玻璃周围再轻拍三下,让咖啡粉末松散。将咖啡粉倒掉后,再用清水冲洗上杯内沿,轻转一圈冲洗。再用清水直冲过滤器,使渣滓清除。把过滤器弹簧钩拔去,用清水彻底洗净。用双手合十挤压转圈拧干即可(不用时请将过滤器放置于冰水内,以免氧化),用洗杯刷蘸上清洁剂,刷洗上座,冲洗时小心瓶口,玻璃管撞击水槽或杯子等。

优点:标准制作能做出一杯十分完美的咖啡;很好地保持咖啡原有的风味。

缺点:过于专业,会经常犯错;非常易碎,操作不当会引起爆炸,且不容易挪动位置;制作麻烦,清洗也麻烦。

(2)比利时皇家咖啡壶

比利时皇家咖啡壶(the balancing syphon)(图12-9)又名平衡式塞风壶(balancing syphon),发明人是英国造船师James Napier。此壶早在19世纪已经是比利时皇室的御用咖啡壶,欧洲社会名流不只要求最好的烹调技术,同时也要精致的手工艺术,比利时的巧匠光耀了这项历史传统,并将之翔实记录下来,流传至今。

比利时皇家咖啡壶的虹吸管非常重要。它结合了数种自然的力量——火、蒸汽、压力、重力,这些使得比利时皇家咖啡壶的操作感觉更具可看性。整个调煮过程尤如上演一出舞台剧的咖啡器,因为其工作原理奇特,增加了咖啡感性浪漫的分数。但是做起来十分复杂,且具有危险性。原理:兼有虹吸式咖啡壶和摩卡壶特色的比利时皇家咖啡壶,演出过程充满跷跷板式趣味。从外表来看,它就像一个对称天平,右边是水壶和酒精灯,左边是盛着咖啡粉的玻璃咖啡壶。两端靠着一根弯如拐杖的细管连接。当水壶装满水,天平失

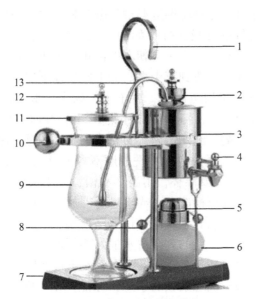

图 12-9　比利时皇家咖啡壶

1. 提手；2. 注水孔；3. 盛水器；4. 水龙头；5. 酒精灯盖；6. 酒精灯瓶；7. 原木底座；
8. 立柱；9. 玻璃杯；10. 金属平衡球；11. 玻璃杯盖；12. 杯盖柄；13. 虹吸壶导管

去平衡向右方倾斜；等到水煮沸了，蒸汽冲开细管里的活塞，顺着管子冲向玻璃壶，跟等待在彼端的咖啡粉相遇，温度刚好是咖啡最喜爱的 95 ℃。待水壶里的水全部化成蒸汽跑到左边，充分与咖啡粉混合之后，因为虹吸原理，热咖啡又会通过细管底部的过滤器，回到右边，把渣滓留在玻璃壶底。

使用方法：先从附件内取出一块过滤布，放置开水中煮 10~15 min 后用清水洗净，再包在过滤喷头上；准备工业用酒精，打开酒精灯注入酒精瓶中 7 分满，并调整灯芯至低档的火候（小火为佳）；调整好虹吸传热管，将过滤喷头尽量移至玻璃杯正中央，同时另一边须将耐热硅胶紧压在盛水器使之密封且两边须平衡；拧开注水口，注入开水约 8 分满（380 mL），然后拧紧注水口；依个人喜好，将 5 平勺（约 40 g）的纯味现磨咖啡或专用咖啡放入玻璃杯中；将重力锤往下压，再将酒精灯打开，卡住盛水器再点燃酒精灯；依个人饮用喜好及习惯而定；等咖啡回流至盛水器时（可以看到咖啡婉转迂回的瞬间），稍微转开注水口让空气对流后，即可打开水龙头，便可得到香醇的私藏咖啡了。

12.3.8　摩卡壶与法压壶

(1) 摩卡壶

摩卡壶（the mocha pot）（图 12-10）和意式咖啡一样经过高压萃取得到的意式浓缩咖啡。在炉上操作摩卡壶可以说是件很厉害的事。摩卡壶的魔力来自于它的三部蒸馏法：存水的下座加热后转换成蒸汽，产生压力，带动水滤过装咖啡粉的粉槽，萃取出咖啡液，存放在上座。关火的时间如果拖太久会产生明显的涩味。使受压的蒸汽直接经过咖啡粉饼，并穿过咖啡粉饼，将咖啡的内在精髓萃取出来，再加上使用深烘焙的咖啡豆冲泡，故而冲泡出来的咖啡具有浓烈的香气及强烈的苦味，随年月的增加而更受欢迎。

结构及工作原理：摩卡壶分为上座、粉仓和下座三部分。下座是盛水的水槽，粉仓是

图 12-10　摩卡壶

用来盛放较细研磨的咖啡粉。上座是用来盛萃取后的咖啡液。

冲泡方法：

①将摩卡壶底座置于毛巾上，注入所需人数份量的开水，淹没安全阀。安装粉仓碗，新鲜研磨的咖啡粉布满并填平，毛巾用于隔热。

②安装上座，并且拧紧，防止泄漏蒸汽。

③组装好后的摩卡壶置于热源加热，煤气炉、电磁炉、吧台炉均可。下半部水壶的开水沸腾后沿水管上升，承空后从火上拿下。观察上座出咖啡孔，确保咖啡正常顺利地萃取（从粉层通过热开水往上喷，在上半部水壶中的咖啡液会被抽出）。

④器具非常烫，所以要注意不被烫伤，再注入事先保温的杯子里。

优点：萃取时间短；咖啡器具便宜；体积小，容易携带。

缺点：口感品质低；萃取不足和过度萃取的风险较大。

（2）法压壶

法压壶（the french press）（图 12-11）又名法式滤压壶、冲茶器。1850 年左右发源于法国的一种由耐热玻璃瓶身（或者是透明塑料）和带压杆的金属滤网组成的简单冲泡器具。起初多被用作冲泡红茶之用，因此也有人称之为冲茶器。

图 12-11　法压壶冲泡法

法压壶煮咖啡的原理：用浸泡的方式，通过水与咖啡粉全面接触浸泡的焖煮法来释放咖啡的精华。法压壶最容易控制的就是时间了，同样状况的咖啡豆、研磨、水温，不同的时间却有不同的效果。一般来说，时间越久味道越浓郁，但也容易出现苦味、涩味、杂味。不过当咖啡的五大变因改变时，控制时间就会有意想不到的结果，如深烘焙的咖啡豆把时间控制较短，会得到很棒的香味与甘甜，浅烘焙的咖啡豆需要多一点的时间来萃取，酸质与香气才得以表现。研磨度为粗颗粒状，静置的时间在 3~4 min，一般是两平勺的咖啡粉（20 g 左右）加 200 mL 的水。

优点：风味明显且独特；容易上手且不用重复太多步骤制作。

缺点：浸泡萃取不易控制咖啡的味道变化。

12.3.9　土耳其咖啡

土耳其咖啡（the turkish coffee）（图 12-12）是将冷水加入土耳其壶中，同时加入极细的咖啡粉。用勺子搅拌均匀，然后放到火上加热，过程当中尽量少用勺子搅拌，会影响咖啡液产生泡沫。当咖啡液快要沸腾的时候，表面会出现一层厚实绵密的泡沫，这时就可以将壶离火了。苦味尖锐明显，风味十足，味道醇厚浓郁且特别，偏向浓缩。

图 12-12　土耳其咖啡

优点：使用方便简单，且喝起来有独特的强烈的风味。

缺点：容易被煮沸或煮过；只能使用明火；喝完底部有残渣。

12.3.10 花式咖啡

(1) 花式咖啡

一般采用意式浓缩咖啡为基底，按照不同方式和比例添加水、奶泡、牛奶、鲜奶油、巧克力糖浆、焦糖、爱尔兰威士忌、鲜奶油等，分别制作成浓缩咖啡、玛琪雅朵、美式咖啡、白咖啡、拿铁、康宝蓝、布雷维、卡布基诺、摩卡、冰摩卡、爪哇摩卡、焦糖玛奇朵、爱尔兰咖啡、罗马咖啡、墨西哥冰咖啡、维也纳咖啡、绿茶咖啡、卡布基诺冰咖啡、茴香起泡奶油咖啡、皇家咖啡、豪华咖啡、卡尔亚冰咖啡、教皇冰咖啡、黄金冰咖啡、黑玫瑰咖啡、豪博咖啡、果酱咖啡、凤梨咖啡、法兰西斯冰咖啡、彩虹冰淇淋冰咖啡、布鲁诺咖啡、贵夫人咖啡、蜂王咖啡、淡红色咖啡、彩虹冰咖啡、百合安娜冰咖啡、巴西利亚咖啡、爱因斯坦咖啡、爱列斯咖啡、爱迪咖啡、巴巴利安咖啡、爱情咖啡、爱尔兰咖啡、艾迪古巴冰咖啡等花式咖啡。部分花式咖啡种类举例如图12-13所示。

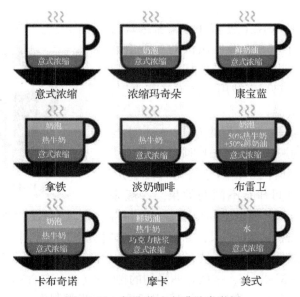

图12-13 部分花式咖啡种类举例

(2) 咖啡拉花

咖啡拉花（图12-14）是在原始的卡布奇诺或拿铁咖啡基础上做出叶子或其他图案的工艺。咖啡拉花，注重的大部分都是图案的呈现，但经过了长久的发展和演进之后，咖啡拉花不只在视觉上讲究，在牛奶的绵密口感与融合的方式与技巧也一直不断的改进，进而在整体的味道呈现，达到所谓的色、香、味俱全的境界。

拉花艺术（latte art）就是用热蒸汽打出的绵密奶泡，注入浓缩咖啡基底，利用浓缩咖啡上的那层咖啡油脂支撑由微小气泡组成的细致奶泡，搭配上咖啡师的拉花技巧，最后在拿铁的表面勾勒出美丽图案。

图 12-14　咖啡拉花（基础花纹）

①材料准备：

牛奶：拉花需要新鲜的冰牛奶，大部分人喜欢使用全脂牛奶，但事实上只要方法正确，拉花用什么样的牛奶并不会有什么差异，可以随个人喜好选择喜欢的牛奶。唯一要注意的是，牛奶必须是刚从冰箱拿出的新鲜牛奶，在打入蒸汽前不要接触到热源或光。另外，打过奶泡的牛奶不要重复使用。

拉花缸：拉花需要干净而且处在室温下的不锈钢细嘴缸。往里面倒入牛奶，牛奶必须够多，以有足够时间让牛奶形成奶泡，否则会在打奶泡时升温太快。建议多倒一点，不需要担心会因此浪费太多。

温度计：用有夹子的温度计以便夹在拉花缸上面，大小适中的表面可以方便在打奶泡同时监看温度。使用前需要先将温度计校正，通常可以使用冰水和温度计背后的螺丝来校准温度计指针，如果有数字温度计来比较校正会是更好的选择。不要把温度计放在洗碗机里，湿气会把温度计弄坏。另外，如果手接触到温度计也会影响测出来的牛奶温度。

蒸汽棒：蒸汽棒在打奶泡过程中要保持蒸汽功能开启，并在使用前先清洁一次以清出管内的水珠。注意要在蒸汽棒浸入牛奶后才把它打开，蒸汽压调整在 0.1 MPa，压力会影响到沸腾的温度。蒸汽棒出口端的孔洞越多，代表打出来的蒸汽越有力。

浓缩咖啡：浓缩咖啡和牛奶本身一样重要，请使用带有一层浓郁咖啡油脂的新鲜浓缩咖啡，没有这层咖啡油脂的话会很难拉花。

杯子：通常会用 30 mL（约 1 oz）的浓缩咖啡配上 180~240 mL 的杯子，杯口大的杯子会比较好操作。使用宽而浅的杯子比较容易拉出复杂的拉花图案。

②制作方法：

打奶泡：开始前先将蒸汽棒一端浸在牛奶中，再将蒸汽阀开至最大。两手抓好拉花缸，慢慢地将壶往下移动直到蒸汽棒末端划破牛奶表面，此时应该会听到嘶嘶嘶的声音。维持这个状态几秒就好，这动作会将气泡打入牛奶形成泡沫结构，所以称之为发泡或拉伸。在下降过程中要小心控制，理想的状况会听到气泡形成的声音，但不应该看到气泡。不要打太久产生太多泡沫，也不要让温度超过 40℃。产生足够泡沫后就可以把蒸汽棒浸回牛奶中，此时并不需要上下摇晃拉花缸。这时在杯里会形成一个漩涡，气泡在旋转过程中融进牛奶里形成奶泡。温度升到 60~65 ℃时就可以关掉蒸汽棒，移出并用布擦拭蒸汽棒；放下拉花缸时用壶轻敲一下桌面，这样可以破坏掉残余在表面的可见泡泡。万一还有气泡，可以再轻敲几下来除掉它们。然而这个动作同时也会让奶泡变得厚重，尽量避免用到，如果打奶泡的方法正确是可以不需要这一步骤的。打好的牛奶不要放置过久，因为泡沫结构很快就会消散。在开始倒进咖啡前，先摇晃拉花缸让奶泡旋转起来，让奶泡与牛奶充分混合。

步骤1：由于浓缩萃取量大概在30~45 mL，一开始将咖啡杯倾斜一侧，目的是让浓缩液体汇集于一处有个基本深度。此时垂直注入奶泡并不会有白色的花，原因是奶流直接撞到咖啡底部反弹上来会被咖啡油脂盖住。刚开始我们要让反白的情况降到最低，因为我们还没有要构图，故保持浓缩的背景干净不要有杂乱的奶泡白。

步骤2：在步骤1时边注入边融合均匀，注满1/2~2/3时。将拉花缸嘴迅速靠近液面，此时原本垂直注入浓缩的奶泡，转为直接借咖啡油脂浮在浓缩咖啡表面的奶泡，而在视觉上产生白色纹路。

步骤3：边倾注奶泡边摇晃奶流，利用流体做出渐层图形。

步骤4：快注满牛奶时，将拉花缸拉高，奶流垂直落下，往前做收尾（收至图案底部）。

③注意事项：在做基础图案的过程中有几个要注意的地方，也是新手刚开始练拉花的时候容易犯的错误：步骤2到步骤3中都要尽量保持缸嘴贴近液面的状态，更精确的说拉花缸嘴和液面的距离尽量保持一致，做出来的线条才不会粗细不均，常常一开始练习都会不自觉边摇晃边将拉花缸抬太高，失去与液面的贴近程度。在步骤3中要摇晃的是奶流并非抖动拉花缸本身，注意奶流的晃动频率而非单纯的摇晃拉花缸，观察奶流是否因为你的摆动而规律晃动很重要。若步骤4没有抬高再往前收尾，过强的奶流会破坏刚制作好的图形，整个会往中间扭曲。

④翻杯：边注奶边做图的时候，液面也会因为体积变多一直升高，倾斜的杯子也要随之慢慢回正，杯子回正速度太快时，拉花缸嘴有可能会与液面离太远，杯子回正太慢时，咖啡会满出来从倾斜侧流出。摇晃做图时，可将拉花缸直接靠放在咖啡杯杯缘做图，靠着杯缘摇晃，增加稳定度（如果稳定度很高的高手有些会悬空摇晃，图形的力道感受会不同）。

12.4 咖啡冷冻制品加工

咖啡冷冻制品按其组成成分与产品组织可以分为咖啡冰棒、咖啡雪糕和咖啡冰淇淋三大类。

咖啡冰棒：用咖啡制作冰棒，是近几年新发展起来的一种产品，其原理是根据咖啡中含有咖啡多酚、糖类、果胶、氨基酸等成分，能与口腔中的唾液发生化学变化，滋润口腔而产生清凉感觉。加上咖啡碱可从体内控制中枢神经，调节体温，刺激肾脏，促进排泄，使体内大量热能和污物排出体外，达到提神、解热、止渴的作用。

咖啡雪糕：是由咖啡、乳与乳制品或豆制品、食用酸味剂、稳定剂等混合配制后，经严格杀菌后，冰结而成。一般来说，它的组织细腻而坚实，也易消化，美味可口，是夏季价廉、物美、方便的消暑食品。

咖啡冰淇淋：是以咖啡的制备液为原料，并以牛奶或乳制品和蔗糖，添加蛋或蛋制品、乳化剂、稳定剂、香料等，经混合配制杀菌、均质、成熟、凝冻、成型、硬化等加工成为松软的冷冻食品。

12.4.1 咖啡冷冻制品的主要原料

（1）咖啡粉

咖啡粉是冷冻制品的主要成分，适量加入会使成品色泽鲜艳，具有独特的咖啡风味。咖啡在冷冻制品中作为主要原料，其作用如下：

①改进冷冻制品口感，增加其特有风味。

②增加冷冻制品的营养成分，特别是维生素类及矿物质类，以补足人们日常生活中所需的不足。

（2）乳与乳制品

这类原料主要是引入脂肪与非脂乳固体，赋予冷冻制品以良好的营养价值，增进滋味，使成品具有柔润细腻的口感。在冰淇淋中，乳脂肪用量一般为8%~12%，高的可达16%左右，脂肪含量少，成品口感不腻。冰淇淋混合料中的乳脂肪经均质处理后，乳化效果增高，可使料液黏度增加，在凝冻搅拌时可以增加膨胀率。

因此，乳脂肪的数量和质量同成品质量有密切关系。冰淇淋的脂肪最好采用稀奶油或奶油，也可用部分氢化油代替。稀奶油要新鲜，其酸度不超过0.15%，脂肪含量在30%以上，奶油以选用优质的不加盐的为宜，加盐奶油对冰淇淋的口味有影响。冰淇淋中的非脂乳固体，以从原料和炼乳引入为佳。炼乳具有特殊香味，可增进制品风味，但单独使用，则熟味太浓。所以，一般与原料乳混合使用。如全部采用乳粉或乳制品配制，则会影响冰淇淋的组织质地与膨胀率。特别是溶解度差的乳粉，会使冰淇淋质量下降，乳制品原料的酸度过高，在成品中可能尝到酸味，且在杀菌工作中容易产生蛋白凝固现象。所以，对乳制品原料的酸度应加以控制，以乳酸百分数计：

原料乳　　　0.18%以下；

奶油　　　　0.15%以下；

炼乳粉　　　0.40%以下；

全脂乳粉　　1.20%以下。

非脂乳固体也能使冷冻制品产生良好的组织结构。但含量过多时，则会影响脂肪的风味，而产生轻微咸味。若成品贮藏过久，还会产生砂砾结构；含量过少时，成品组织疏松、粗糙，缺乏稳定性，且易于收缩。一般成品中非脂乳固体含量以8%~10%为宜。

（3）甜味剂

咖啡冷冻制品甜味剂可选用蔗糖、淀粉糖浆、葡萄糖等。这些物质不仅给予冷冻制品甜味，而且能使成品的组织细腻和降低其凝冻时的温度。但是不同糖类的含量对冷冻制品的冰点影响很大，在选用时须加注意。蔗糖用量一般为12%~16%，其含量若低于12%，则甜味不足；过多时，在夏季会出现缺乏清凉爽口的感觉，并可使冰淇淋混合料的冰点降低，凝冻时膨胀不易提高，容易融化。

（4）蛋与蛋白质

这些物质能提高冷冻制品的营养价值，改善其组织结构与风味，由于卵磷脂具有乳化剂和稳定剂的性能，使用鸡蛋或蛋黄粉，可使冷冻制品形成持久性的乳化力和稳定作用。

所以，在咖啡冰淇淋中，含有适当的蛋品，能使成品具有细腻的"质"和优良的"体"，并具明显的牛乳蛋糕味。一般蛋黄粉用量为 0.5%~2.5%，如若过量，则易呈现蛋腥味。

（5）稳定剂

为了保证冷冻制品的形体组织，必须在混合原料中添加适量的稳定剂，借以改善组织状态，并提高凝结能力。由于稳定剂具有较强的亲水性，能提高冷冻制品的黏度和膨胀率，防止形成纯冰结块，减少粗糙的舌感，使成品组织轻滑，吸水率良好，成品不易融化。一般稳定剂用量为 0.35%~0.5%，在选择稳定剂时必须考虑食品价值、质量优劣及卫生条件，对混合原料黏度及卫生条件、对冻结和冻结搅拌、对阻止冰结晶产生和冻结的稳定力、对成品所产生的形体和组织，对成品的口味，对产生达到稳定作用所需的数量、原料供应的可能性、原料成本等因素的影响。

在冷冻制品混合原料中，明胶是最好的稳定剂之一。膨胀时吸收水分比它本身质量大 14 倍。在温水中能溶胀，但在 70 ℃ 热水中将失去凝胶能力。

琼脂与明胶相似，但使用时会使冷冻制品具有较粗的组织状态。按其凝胶能力来看，它超过明胶，所吸水分较其本身质量大 17 倍。凝胶体形成的性能，在酸性溶液中会减低。另外，海藻酸钠、果胶、羧甲基纤维素等也具有高度的凝胶能力，不同的冷冻制品对不同的稳定剂用量有差别。

（6）香味料

香味料是冷冻制品中必要的调香成分。适量的香味料能使成品带有醇和的香味和具有该品种应有的天然风味，增进食用价值。要使咖啡冷冻制品得到清雅醇和的香味，除了香料本身的品质外，它的用量及调配也很重要。香料用量过大，会使食用者有触鼻的刺激感觉，同时也会失去清雅醇和的天然咖啡香味感；香料用量过少，则达不到呈味的效果。一般常用范围在 0.075%~0.01%，但不能硬套，需视品质及工艺条件而定。如果直接采用天然果仁、果浆、果汁、咖啡汁进行调味，则在 6%~15% 均可，芳香果实用量为 0.5%~2.0%，鲜果仁（糖渍的）用量在 10%~15% 为宜。

（7）着色剂

咖啡冷冻制品中的咖啡是一种很好的天然色素来源，一般可以不加着色剂。但是有的色泽不鲜艳，或者不宜季节，也可增添极少量的其他着色剂。着色剂应用范围很广，在食品中有了鲜艳悦目的色泽，再配上浓郁醇和的香味，就能增进食欲。

在色调选择方面应尽量符合消费者的爱好和对食品色、香、味的认识。此外，还应该选择和原来的色泽相类似的着色剂。如在咖啡冰淇淋的着色中，不但要均匀一致，还应该考虑与该产品香味和谐。

12.4.2 咖啡冷冻制品加工工艺

（1）咖啡冰棒加工工艺

①原料及配方：咖啡冰棒本着保持冰棒的传统风味，增强防暑降温作用，以利身心健康和以咖啡为主的原则。其主要原料有水、咖啡、白砂糖、淀粉、奶油香精、甜味剂和奶粉等原料组成。

咖啡汁提取：按配方称取咖啡，用纱布袋装好，每袋应根据浸提缸的大小装入咖啡，一般以每袋 4~5 kg 为宜。置入一定温度的热水缸中浸泡 1 h 左右，稍搅动，把浸出的咖

表 12-1　咖啡冰棒产品配方（以 1 万支计）　　　　　　　　　　　　　　　　　kg

配　料	咖啡冰棒	配　料	咖啡冰棒
咖啡粉	9~11	甜味剂	0.09
白砂糖	65	奶油香精	0.25
淀粉	20	奶粉	5

啡汁用水泵抽入杀菌缸中杀菌。咖啡冰棒产品配方（以 1 万支计）见表 12-1 所列。

烊糖：先用一定量的热水溶解糖，后用 120 目筛过滤。糖汁用泵通入杀菌缸内备用。烊糖、浸泡咖啡和淀粉三者所用水量，应是提取咖啡汁液的实际用量，可参考咖啡与水的比例为 1∶70。

淀粉：将准备检查无误的淀粉，倒入淀粉缸内，加水拌匀，抽入杀菌缸内。红咖啡奶油冰棒，其奶油应和淀粉在缸内拌匀。

甜味剂：按量直接放入杀菌缸内并充分搅拌混匀。

②咖啡冰棒加工工艺流程：如图 12-15 所示。

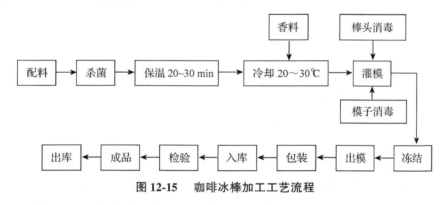

图 12-15　咖啡冰棒加工工艺流程

③工艺要点：

混合原料杀菌：冰棒混合原料配料及杀菌过程，一般在杀菌缸内进行，可用 80~85 ℃的加热杀菌温度，持续时间 10~15 min。

混合原料冷却：经杀菌处理后的混合原料，应放在冷却设备中到 20~30 ℃。但其温度不得低于 -2 ℃，温度过低会造成混合原料输送及浇模困难。冷却后黏度有所增加，这样有利于冻结及提高产品质量。

冻结：冰棒冻结，因冻结设备不同有差异。若用长形冻结缸，则需人工操作，把已经杀菌处理并冷却的混合原料浇入已杀菌的冰棒盘内。在浇模时，必须掌握放料数量，并检查模型内有无断冰棒遗留。若有，应全部取出后才能浇模，以免冻结后将模型胀坏。混合原料浇入模盘后，将模盘前后左右倒动，使其中的混合原料均匀。然后，将其轻放于冻结缸中，随即将已经杀菌的插竿放入其中，使其冻结。待模盘内的冰棒全部冻结后，即可将模盘从缸中取出。

模盘内冰棒冻结好后，将其放置在温度为 48~54 ℃的烫盘中，稍停数秒钟，使冰棒表面融化自模盘中脱出。脱模后的冰棒连模盖置于冰棒分离装置上，通过机械运动，将冻结的冰棒置于包装台传送带上，以供包装之用。

包装：冰棒脱模后，可用人工或枕式包装机进行包装。包装后的冰棒应按次装入纸盒内，装盒时如发现有包装破碎或松散现象，应剔出重新包装，每批包装结束后，应用0.03%~0.04%氨水进行消毒，减少细菌污染。标明生产班次日期等，然后立即送入冷藏库内贮存。

（2）咖啡雪糕加工工艺

①原料处理：咖啡雪糕的原料是由咖啡、牛乳、稀奶油、甜炼奶或淡炼乳、全脂乳粉或脱脂乳粉，以及全蛋粉、蛋黄粉等组成的。其原料处理可参阅本节中咖啡冷冻制品主要原材料有关内容，或按冰淇淋原料处理。

②咖啡雪糕加工工艺流程：如图12-16所示。

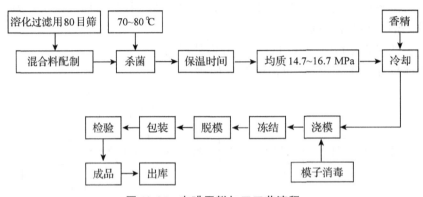

图12-16 咖啡雪糕加工工艺流程

③工艺要点：

混合原料杀菌：雪糕的混合原料、配料及杀菌过程均在杀菌缸内进行，其巴氏杀菌的基本原理与冰淇淋相同。杀菌后，不但保证了混合原料加入的淀粉充分糊化，使混合原料的黏度增加，同时达到巴氏杀菌的目的。

混合原料的均质：混合原料经杀菌后，为了使原料中所含的脂肪不上浮及所制产品组织细腻，且无奶油粗粒存在，必须经过均质处理。

混合原料的冷却：经杀菌和均质处理的混合原料，放在冷却设备中，快速冷却至3~8℃。

冻结与包装：雪糕的冻结与包装是制造过程中的主要环节。要求操作时严格贯彻工艺规程，以保证产品符合质量标准。雪糕的冻结，由于冻结设备不同而有差异，采用长形冻结缸，则需人工操作，把已杀菌处理并经冷却的混合原料浇入巴氏消毒雪糕模盘内。将模盘前后左右倒动，使模型的混合料均匀，后将模盘轻放于冻结缸中，随即将杀菌的插杆覆盖于模盘中，使其冻结，随后取出。雪糕脱模后，进行包装。装盒时如发现有包装破碎或松散现象，应剔出重新包装，包好后立即送冷藏库贮存。冷库温度一般为-22~-18℃。温度必须保持正常、平稳，不宜温度过高，以免产生受压变形，为了保证产品质量，冷库内应保持清洁卫生，以免污染。

（3）咖啡冰淇淋加工工艺

①原料组成：咖啡冰淇淋的原料是由咖啡冷冻制品的主要原材料组成。根据冰淇淋的化学组成和所选的原料状况，进行配料计算。例如，配100 kg冰淇淋混合料，欲使其中

含乳脂肪 10%，非脂肪固体 10%，糖类 15%，稳定剂 0.4%，所选用的原料状况见表 12-2 所列。

表 12-2　咖啡冰淇淋的原料状况

稀奶油中含脂肪	40%	脱脂乳中含非脂乳固体	9%
稀奶油中含非脂乳固体	8%	脱脂淡炼乳中含非脂乳固体	30%

咖啡冰淇淋中的咖啡剂量，可根据比例视其咖啡种类及口感而定。

乳脂肪：其含量与混合原料的黏度有关，含量多则黏度大。黏度适宜，凝冻搅拌时空气容易混入。

非脂乳固体：混合料中非脂乳固体含量高能提高膨胀率，但非脂乳固体中的乳糖结晶、乳酸的产生及部分蛋白质凝固，对混合原料膨胀有不利的影响。

糖分：混合原料中糖分含量过高，可使冰点降低，凝冻搅拌时间延长。但糖分过多，又会影响膨胀率。

稳定剂：明胶或琼脂等稳定剂用量适当能提高膨胀率。用量过多，黏度增加，空气不易混入，影响膨胀率。

乳化剂：使用适量的鸡蛋，则可以使膨胀率增加。

②咖啡冰淇淋加工工艺流程：如图 12-17 所示。

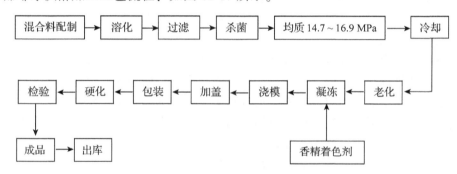

图 12-17　咖啡冰淇淋加工工艺流程

③工艺要点：

原材料混合配制：咖啡冰淇淋与一般冰淇淋一样，原料的配制在杀菌缸内进行。杀菌缸应具有杀菌、搅拌和冷却的功能。配制时，混合原料所用物料必须经相应处理后进行配制。例如，砂糖应另备容器，预制 65%~70% 成为糖浆备用；牛乳及炼乳、乳粉等也应溶化混合，经 100~120 目筛滤后使用；蛋品和乳粉必要时除先溶化过滤外，还应采取均质处理；奶油或氢化油可先加热融化，筛滤后使用；明胶或琼脂等稳定剂，可先制成 10% 的溶液后加入；香味料则在凝冻前添加为宜。待各种配料加入后，充分搅拌均匀。混合料的酸度以 0.18%~0.2% 为宜。酸度过高应在杀菌前进行调整，可用氢氧化钠等进行中和，但不得过度，否则会产生涩味。

杀菌：一般应在杀菌缸内进行，采用巴氏杀菌条件杀菌。如果使用的原材料含菌量较多时，在不影响冰淇淋品质的条件下，选用 75~77 ℃、20~30 min 的杀菌工艺，以保证混合料中杂菌数每克低于 50 个。

需要进行着色的制品，在杀菌搅拌初期加入着色剂为宜。

均质：未经均质处理的混合料，虽可制造冰淇淋，但成品质地较粗。要使冰淇淋组织细腻，形体润滑柔软，提高膨胀率，减少冰结晶等，均质是十分必要的。一般应在杀菌之后进行均质。控制混合原料温度和均质的压力是很重要的，这与混合原料的凝冻搅拌和制品的形体组织有密切关系。

混合原料的处理：采用高压均质及老化处理，增加黏度，有利于提高膨胀率。

混合原料的凝冻：凝冻操作是否适当，对于冰淇淋膨胀率有密切关系。例如，凝冻搅拌器的结构及转速、混合原料凝冻程度等，均宜控制适当。

冷却与老化：经均质处理后的混合原料，应立即转入冷却设备中进行冷却，冷却老化温度一般宜于 2~4 ℃，保持一定时间，进行物料的成熟过程。目的在于使蛋白质、脂肪凝结物和稳定剂等物料充分地溶胀水化，提高黏度，以利于凝冻搅拌时提高膨胀率，改善冰淇淋的组织状态。老化的持续时间又与混合原料的组成成分有关。干物质越多，黏度越高，老化所需时间越短。一般制品的老化时间为 4~24 h。由于制造设备的改进和乳化剂、稳定剂的提高，老化时间可以缩短。

凝冻：是冰淇淋制造中的一个重要工序。它是将混合原料在强制搅拌下进行冷冻，这样可使空气呈极微小的气泡状态均匀分布于混合原料中，而使水分中有 20%~40% 的微粒结晶，凝冻对冰淇淋的质量和产量有很大影响。它的作用有：冰淇淋混合原料受制冷剂的作用而降低温度，使其逐渐变厚而成为半固体状态，即凝冻状态；由于搅拌器的搅动可防止冰淇淋混合原料因凝冻而结成冰块，尤其是在冰淇淋凝冻机壁部分；在凝冻时，空气逐渐混入而使体积膨胀。

冰淇淋混合原料的凝冻温度与含糖量有关，其他成分则影响不大。混合原料在凝冻过程中的水分冻结是逐渐形成的。在未冻结部分的水分中，糖的浓度越高，其冰点越低，则有更多的水结成冰结晶。冰淇淋凝冻时水分越多，硬化则越困难。如果冰淇淋的温度和控制制冷剂的温度均较低，则凝冻操作时间可缩短。其缺点是所制冰淇淋的膨胀率低，空气不易混入，并且混和不匀，组织不疏松，缺乏持久性。

凝冻冰淇淋温度高，非脂乳固体含量多，含糖量高，稳定剂含量高等，均能使凝冻时间过长。缺点是成品组织粗糙，并有脂肪粒存在，冰淇淋组织易发生收缩现象。

冰淇淋的膨胀是指混合原料在凝冻操作时，空气被混和入冰淇淋中，成为微小的气泡，使冰淇淋容积增加，这种现象称为增容。此外，由于凝冻关系，混合原料中绝大部分水分的体积也增大或膨胀。冰淇淋的膨胀率系指冰淇淋容积增加的百分率。冰淇淋容积的膨胀作用，能使原料凝冻与硬化后得到优良的组织与形体，其品质要比不膨胀的或膨胀不够的适口，而且疏松软润。此外，由于空气的气泡均匀地分布于冰淇淋组织中，有稳定和阻止热传导作用，可使冰淇淋成型硬化后较为持久的不融化。但是，膨胀率如果控制不当，则不可能获得优良品质。膨胀率过高，组织过于松软；过低则组织坚硬。在冰淇淋制造中适当控制膨胀率，是凝冻操作中的重要环节。为了实现这一目的，对于影响冰淇淋膨胀的各种因素，必须加以控制。

成型与硬化：为了便于贮藏、运输、销售，凝冻后的冰淇淋要进行分装成型。我国目前市场上销售的品种，一般可分为纸盒散装的大冰砖、中冰砖、小冰砖、纸杯装等几种。冰淇淋的分装成型需根据所制产品品种形态要求，采用各种类型的成型设备完成，如冰砖灌装机、纸杯灌注机、小冰砖切块机、连续回转式冰淇淋凝冻机等。

凝冻的冰淇淋在分装和包装后，还必须进行一定时间的低温冷冻过程，以固定冰淇淋的组织状态，并进一步完成冰淇淋中形成极细小的冰结晶过程，使组织保持一定的松软与硬度，此为冰淇淋的硬化。

经冷冻后的冰淇淋又需进行快速分装，并送至冰淇淋硬化室进行硬化。冰淇淋凝冻后如不及时进行分装与硬化，则表面部分的冰淇淋易受热而融化。如再经低温冷冻，就会形成粗大的冰结晶，降低品质。

冰淇淋硬化迅速，则其融化少，组织中冰结晶细，成品细腻滑润；硬化缓慢，部分冰淇淋融化，冰结晶粗而多，成品组织粗糙，品质低劣。

(4) 咖啡冷制品感官品质

①咖啡冰棒感官指标：见表 12-3 所列。

表 12-3　咖啡冰棒感官指标

项目	要求
色泽	应具有与该品种相适应的色泽（但采用古巴糖配制的与不加入着色剂的不在内）
滋味及气味	应具有该品种特有的风味，不得有咸味、金属味、发酵味、霉味以及其他异味
组织	无杂质，冻结坚实
形态	同雪糕要求

②咖啡雪糕感官指标：见表 12-4 所列。

表 12-4　咖啡雪糕感官指标

项目	要求
色泽	应具有不同品种相应的色泽
滋味及气味	应具有该品种特有的风味，不得有咸苦味、金属味、油味、发酵味、霉味以及其他异味
组织	细腻，乳化完全，无油点，无杂质，冻结坚实
形态	完整，空头率每盒不得超过 10%
包装	清洁，紧密，外包装纸盒破碎不得超过 3 处，每处不得超过 50 mm，内包装纸散碎率每盒不得超过 20%

③咖啡冰淇淋的感官指标：见表 12-5 所列。

表 12-5　咖啡冰淇淋感官指标

项目	要求
色泽	应具有与该品种相应的色泽；红咖啡冰淇淋应该红褐色，绿咖啡冰淇淋的为黄绿色
滋味及气味	应具该品种特有风味和香气，不得有酸味、金属味、油味及其他杂味；咖啡冰淇淋应有明显的咖啡味
组织	细腻润滑，无乳糖、奶油粗粒存在，各类冰砖表面及牛奶冰淇淋，允许有轻微结晶存在
形态	形体完整，冰砖封口一端及咖啡冰淇淋，允许有轻微收缩
包装	完整，清洁，无渗漏现象

12.5 咖啡糖果加工

12.5.1 咖啡糖果加工特点

咖啡糖果基本上是由甜体和咖啡味体(包括其他呈味物质)两部分组成。

甜体即砂糖和糖浆,砂糖是蔗糖的俗称。砂糖是咖啡糖的主要组成之一,在配方中要占65%以上。纯净的砂糖是以白色单斜晶系列晶体出现,其结晶体系是很纯的物质,不带或很少带杂质,一般纯度为99.7%。砂糖很甜,是各种糖果的甜味来源,它又是热量的来源,每100 g砂糖可产生16.72 kJ热量。制造咖啡糖果时对砂糖选择应注意纯度要高、色泽洁白明亮、糖粒干燥流散、不选用粗制糖。糖浆除了提供硬糖部分甜味外,同时对硬糖的结构组织和后期的保存起着十分重要的作用。咖啡糖所用糖浆种类较多,有饴糖、转化糖浆、淀粉糖浆等。饴糖是利用大麦发芽后产生的一种麦芽酶,把酶加入蒸煮好的米饭,混合均匀,麦芽酶把米饭中含有的淀粉分解,变成具有甜味的糖,然后变成糖的汁液,从饭渣中分离出来。经净化和浓缩最后成为一种浅棕色、黏稠、甜味温和、半透明糖浆,称为饴糖。转化糖浆在缺乏淀粉资源的地区,糖浆可以直接从砂糖制取。从砂糖转化为糖浆,称为转化糖浆。转化糖浆除用制造咖啡糖外,几乎应用于所有糖果。从原糖转化为糖浆,通常是在一定条件下完成的:

①加酸法:即在糖水中加入一定量的0.05%盐酸,调节酸值到pH 2左右,保持一定温度和时间,95%的蔗糖会成为转化糖。然后,加硫酸钠5%,使转化糖保持微酸性(pH值约5.0)状态。

②酶法:是把转化酶加入低温的糖水中,保持适合于酶作用的温度,经一定时间后,蔗糖即可大部分转化为糖浆。转化糖浆呈浅黄色或金黄色,甜度约为1 300 °Brix,有蜂蜜风味。转化糖浆没有大分子物质,因此黏度小,具有较高的溶解度和吸水性。所以,选择转化糖浆必须考虑其高甜度、低黏度、溶解度大和吸水性大的特性。在条件许可时,最好能与其他糖浆并用,取长补短。

淀粉糖浆是制造咖啡糖的一种甜味料,它的名称很不统一,有葡萄糖浆、液体葡萄糖和化学糖稀等,应以淀粉糖浆为妥。一般淀粉糖浆是由淀粉加酶水解后生成的一种中间产物,也可以说是淀粉分散后的混合糖浆。

淀粉在水解过程中的变化程序为:淀粉→糊精→高糖→麦芽糖→葡萄糖。由于制造淀粉糖浆最终目标不是把淀粉全部变成葡萄糖,所以分解到一定程度,就应中止化学反应。但必须把淀粉全部分解完,这样,中止以后的产物必须包括有糊精、高糖、麦芽糖和葡萄糖4个部分。淀粉糖浆就是以上4种糖类的混合物。淀粉糖浆无色透明或呈浅黄色,无明显异味。具有温和的甜味,甜度随葡萄糖的增加而增加,其黏度则相反。新型糖浆又称为高麦芽糖浆,其主要组成是麦芽糖和麦芽糖的聚合物,而单糖及高糖以上的糊精相对减少。

咖啡糖果的味体:即以咖啡为主要添加料,其目的是增加营养物质和药效,并赋予呈色物质、香味物质、呈味物质等显示出独特风味;同时可以添加少量乳粉、甜炼乳、乳脂、其他酸味料和调味料。

12.5.2 咖啡糖果的加工工艺流程

咖啡糖果加工工艺与一般食品糖类基本相同，整个工艺包括化糖、冷却、成型、包装3个工段。现介绍真空熬糖工艺流程。咖啡糖果加工工艺流程如图12-18所示。

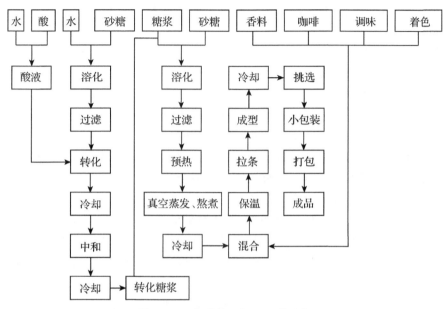

图12-18　咖啡糖果加工工艺流程

工艺要点：

(1) 化糖

化糖目的是用适量的水，在最短时间内将砂糖完全溶化，并和糖浆组成一个均匀状态。其作用为了使硬糖变成无定型的透明固体，必须彻底破坏物料中结晶状态的存在，并阻止这种结晶状态的重现和建立。最后留在硬糖组织中的各种物质，必须保持分子状态或接近分子状态。

注意事项：

①化糖和溶解度：化糖用水要适量。加水多，化得快，糖液中溶剂多而溶质少，要延长熬糖时间，易使产品因时间过长而影响质量；加水少，糖化得慢，化不彻底，熬好后的糖膏常因含有未溶化的微晶，使糖液变浑，造成返工或次品。

②化糖和温度的关系：化糖与温度的关系十分密切。化糖温度越高，其溶解度和浓度也越高，化糖所用的水也就越少。

③化糖的水质：化糖水质要求无色透明，没有异味和臭气，杂质少，特别是在熬糖时容易引起化学变化的杂质。水质的pH值以接近中性为好，特别不能使用硬水化糖，因为硬水可破坏促使砂糖转化的物质，同时还会造成糖液色深而透明度低。

④其他影响因素：化糖时除注意以上问题外，还必须控制影响化糖的其他因素，如糖液沸腾、溶化的温度和时间、砂糖晶粒大小、搅拌作用和加料程序等。品质优良的砂糖和糖浆，在加工过程中一般都要经过严格的净化。

⑤糖在加工、贮运过程中不可避免地要混入杂质。常出现的有灰尘、泥砂、麻丝、藤

织等，这些杂质都必须在化糖后的过滤中除去。否则，将会影响糖的加工生产。

⑥粗大的杂质，可以通过100目筛除去。肉眼不可见的杂质，特别是悬浮性的杂质，则须采用板框压滤机、高速离心机或离子交换树脂等手段才能彻底清除。

⑦过滤时，糖液浓度较高，则过滤速度较慢；浓度小，过滤快，但会造成后期熬糖过程的周期长，影响生产能力及产品质量。所以，宜掌握适当浓度。

（2）糖的熬煮

熬糖是硬糖工艺中的关键，基本过程就是要把糖溶液内的大部分水重新蒸发除去。最终的硬糖膏达到很高的浓度和保留最低的残留水分。但是糖液的蒸发和浓缩不同于其他食品，原因当糖液达到较高浓度时，其黏度迅速提高，采用一般加热蒸发方法，很难除去糖膏中的最后多余水分。硬糖最终要求产生一种玻璃状的无定形物态体系，这种特殊的质构也要求糖液的蒸发与浓缩在一个持续的热过程中完成。

①常压熬糖：又称明火熬糖，这是一种古老的熬糖方法。其优点是设备简单。缺点是劳动强度大，产品质量不易控制，不够清洁。在整个熬糖过程中，物料受到糖液内糖的组成和比例、熬糖的操作条件等因素的制约。

常压熬糖还有一些变化，如色泽加深（常压熬糖的色泽一般比真空熬糖熬到同样浓度的糖深得多），这主要是糖浆内各种物料受热发生化学变化的结果。作为熬糖的加热形式，明火火力难以控制，有加热不均匀的缺点。直接接触火舌的地方，温度升高极快，物料过热而产生不良影响。同时由于明火熬糖最后出锅温度很高，各种物料在这种温度下，会产生不同程度的化学变化，容易发炸（明火熬成的糖果暴露在空气中，往往见风出水，此现象称为发炸）。把葡萄糖和转化糖放在同一条件下进行观察，保持相对湿度81.8%，温度25 ℃，开始3 d内转化糖吸水蒸气的速度是葡萄糖的200倍。放置长时间，并经50 d的观察，转化糖的吸水能力仍比葡萄糖高100倍。这主要是因为硬糖中含有很多转化糖，吸收水蒸气能力大大增加。一见风，就把风中的"湿气"吸收到糖的表面，糖碰到湿气就出水。

②真空熬糖：又称减压熬糖。目前在很多地区采用真空熬糖的加工工艺，明显地提高了产品质量。真空熬糖是为了避免熬糖过程在较高温度下进行而引起的化学变化，减少糖液蒸发时的表面压力，可以相应地降低糖液的沸腾温度。在加热蒸发的熬糖过程中不断降低糖液的沸点，最终同样能取得含水量低、含糖浓度高的熬煮糖果。

真空熬糖一般分为3个阶段：预热、真空蒸发和真空浓缩。

真空浓缩是紧接着真空蒸发进行的。这时糖浆温度已升到128 ℃，残余水分约为4%，黏度逐渐增大，跳动缓慢。这样一方面停止对糖浆加热；另一方面把真空熬糖的残留压力继续降低。当锅内的真空度达到80 kPa以上时，锅内糖膏发生剧烈的沸腾状态，残余水分被排除。温度因水分的散失而迅速下降，出锅时的温度仅在110~115 ℃，糖膏的浓度达到了硬糖的质量标准，糖膏的黏度增加，流动性缓慢。真空熬糖取得的产品，色泽浅、风味正，在保藏期间品质较为稳定。

（3）物料混和

糖膏熬成以后，就是糖果的胚体。随着熬糖方式的不同，出锅的温度也不同，表现在糖膏的流动性也不同。在糖膏还没有失去液态性质以前，所有的其他物料都应及时加进糖的胚体。并且要做到最佳均匀的混合，使整个物料变成一种完全均匀的状态。物料在混和中应掌握以下原则：

①物料性质影响糖膏、香味料以及其他物料的混和。由于糖膏含水分极少，虽然具有流动的特性，只是出锅时温度较高。温度高的黏度小，流动性大，添加的物料容易分散，分布不均匀。所以，应掌握适宜时间，及时加入混合。

②由于香味料及着色剂一般都是极易挥发的，因此物料混和的温度不宜太高，咖啡汁浓缩物必须待糖浆冷却至 90 ℃左右时，才能加入。因为若糖浆温度过高，会使咖啡汁中香味成分挥发，影响产品质量。但若糖浆温度很低时再加入，又会使其不易混合均匀，也同样影响最终产品质量。

③应根据糖膏主要组成中砂糖与糖浆的比例决定物料混合的温度。含糖浆比例高的硬糖膏可以在较低温度下进行物料混合。反之，则应较高温度下混和。

（4）冷却

糖膏冷却的目的是从流动性很大的液态转变为缺乏流动的半固态，使其具有很大的黏度和可塑性，便于造型。冷却还具有以下作用：

①降低返砂：液态没有固态稳定，糖膏处于过饱和时的液态，容易产生重结晶。但是，提高其黏度，就会降低返砂的速度，这样就必须进行冷却。

②保持物料稳定：香料、着色剂等添加物料对热比例敏感，冷却是使这些物质降低其分子活动的好办法，使香料物质不再向空间散逸，同时也可使酸不再对糖膏进行化学分解。

③容易成型：温度过高，糖膏不易成型，只有把温度降低到 80 ℃左右，黏度才会明显增加，糖膏才容易成型。

冷却的方法过去采用金属板冷却，但是在传热方面不理想。目前采用水作为介质进行冷却，它有很多优点：黏度小，流动性大；清洁卫生；取之不尽，用这不竭；传递热量的能量大。用水进行冷却时，也应注意水量要大，水温不能太低。

（5）成型

糖液熬到一定浓度，经过适度冷却，添加物料，混合均匀，即可成型。咖啡糖有多种成型方法，但基本上可以归纳为塑压成型和浇模成型 2 种方式。主要采用塑压成型。

塑压成型的工艺特点是利用糖膏在一定温度下的可塑性，这是介于液态和固态的一种中间状态。因此，刚熬好的糖膏仍具有液体的一切特征，即黏度较低，具有一定的流动性。但当冷却和不断翻拌后，糖膏温度下降，黏度增加，流动性减小。

糖粒在被冲压成型以后，以极快的速度出来，这时由于糖粒温度不能一下降低，糖粒还很软，非常容易变形。为了使糖粒很快达到硬化状态，一般在冲糖机口采取急速的空气冷却，使其表面温度迅速降低。

成型后的糖粒如发现有缺角、裂缝、表面毛糙、形态不完整等，应选择后剔除，将其作为糖头在下一锅糖膏冷却时掺用，掺用量不宜太大。糖头应保存在密闭的容器，避免变质。变质的糖头，不应在冷却时加入，而应在集中处理后于化糖时一并加入。为了在包装前及时发现带金属杂质的糖粒，可在运输线的尾部安装金属探测器，及时查明和剔除有问题的糖粒。

（6）包装

成型后的糖粒还需进行挑选，把不符合质量要求的糖粒剔除，合格的则可进行包装，有的也可以不包装，不包装的糖粒装袋后出售。但大部分的糖粒都要进行包装，包装对质量有重要影响。

糖果包装的作用在于防止或延缓品质劣变。合理的包装方法是给糖果以密封性的包装。研究表明，当糖果处于与外界空气完全隔绝的状态，经长达数年的保藏，也不易引起品质的变化。采用金属罐或玻璃瓶密封能使之久藏不变，保护性较强的包装形式如塑料薄膜袋、透明低涂蜡层的纸或纸盒等都只能在一定时间延缓其变质。

目前，糖果包装一般都采用机械操作，类型很多，性能也不相同。包装应于一定温度条件下进行。实践表明，包装应保持在 25 ℃，才能使包装过程的机械化顺利进行。

咖啡糖包装用玻璃纸将糖粒包好后，分装入 2.5 kg 塑料袋中，用塑料薄膜封口机封口。然后装入糖果纸箱（6 袋/箱），用打包机打包后，即可入库和销售。

12.5.3 咖啡糖果的产品质量指标

(1) 感官指标（表 12-6）

表 12-6 咖啡水果糖的感官指标

项目	要求
色泽	浅黄、有光泽、半透明
形状	长扁圆形，表面光滑
口味	有咖啡味、略带果品、甜而不腻

(2) 理化指标（表 12-7）

表 12-7 咖啡水果糖的理化指标

项目	指标/%
水分	7~8
还原糖	30~35

(3) 卫生指标

应符合 GB 8957—2016 糕点、面包卫生标准。

(4) 其他咖啡夹心糖

要求外被洁白光亮的糖衣，内含翠绿油润的心料，色泽鲜艳，香甜可口，鲜而不腻，风味独特。咖啡汁奶糖要求既有鲜爽不腻、改善口感的特点，又有提神、清凉和化食的功效。

12.5.4 低糖保健咖啡风味巧克力制作

市场上的巧克力产品多为牛奶巧克力、纯巧克力和代可可脂巧克力，产品风味比较少，而特色风味的巧克力产品更是罕见，难以满足市场对巧克力产品多样化、低糖化和功能化的需求。咖啡风味巧克力，同时结合了咖啡、黑豆、黑芝麻和可可等的风味和功能，使产品具有巧克力、咖啡、黑豆和黑芝麻的风味，风味更加多样，功能更加丰富，产品附加值更高，也满足了市场对巧克力产品低糖化、功能化和风味多样化的需求，具有广阔的市场前景。

（1）原料及配方

咖啡风味巧克力，主要成分为可可液块、可可脂、蔗糖、咖啡、黑芝麻和黑豆，其中咖啡具有抗氧化、延缓衰老和促进新陈代谢的作用。咖啡风味巧克力的质量组分基本配方：咖啡 1%～4%；可可液块 20%～50%；蔗糖 10%～35%；黑豆 1%～4%；黑芝麻 1%～4%；可可脂 5%～30%；乳粉 5%～20%；香兰素 0.01%；大豆磷脂 0.001%。

（2）工艺流程

①原料处理：选用没有生霉生虫、无异味的黑豆，130 ℃烘焙 12 min 熟化生香，干法粉碎，过 80 目筛，得黑豆粉，备用；选用没有生霉生虫、无异味的黑芝麻，120 ℃烘焙 5～15 min 熟化生香，干法粉碎，过 80 目筛，得黑芝麻粉，备用；咖啡粉选用速溶咖啡粉或者烘焙咖啡干法粉碎咖啡粉，通过 80 目筛备用。

②混合配料：按配方称取可可脂、可可液块、蔗糖、乳粉、黑豆粉、黑芝麻粉、咖啡粉等原料，并混合均匀。

③精磨：采用二次研磨法，通过调节辊筒压力与辊筒温度，使第一次通过精磨机后颗粒细度达到 85 μm 左右，第二次通过精磨机后最终颗粒细度为 20 μm 左右。

④精炼：将精磨完成后的巧克力粉料投入精炼机，启动精炼程序。物料经过干炼、糊状塑化、液化等阶段后完成风味形成和结构的重建并最终形成细腻丝滑的巧克力浆料。整个精炼过程持续 8 h 左右。

⑤调温：采用手动调温，第一阶段从 33 ℃升温至 48 ℃，第二阶段从 48 ℃冷却至 30 ℃，第三阶段从 30 ℃回升至 32 ℃，保温过程为 32 ℃。

⑥浇模成型：在 30 ℃下将巧克力浆料注入预先清洗和干燥过的模具中，并置于 18 ℃的空调室内冷却至固态后，得到预定形状的巧克力。

12.6 咖啡糕点加工

12.6.1 咖啡面包的主要原料

（1）面粉

面粉的主要成分有蛋白质、糖类、脂肪、矿物质、水分和少量维生素及酶类，它是制造面包的重要原料。通常使用的面粉有特制粉和标准粉。

（2）酵母

酵母在制造面包中使面团发酵，使制品组织疏松，并有弹性。使面包更具营养和特殊的风味。目前，大部分地区采用压榨酵母或干酵母发酵，有的地区仍采用野生酵母进行发酵。

（3）糖类

糖类按原料分为甘蔗糖和甜菜糖两类，加工咖啡面包常以白砂糖、绵白糖、赤砂糖、青糖和饴糖等作为原料。它们的作用是使成品具有甜味，并提高营养价值，提供酵母生活和繁殖的营养物质，提高制品的色泽和香味，调节面团中面筋的胀润度，改进成品组织状态。

白砂糖和绵白糖要求晶粒洁白，干燥，不带有色糖粒及糖块，溶解后成为清晰的水溶液。使用前宜予磨成糖粉或化为糖水。饴糖又称米粉、山芋粉，是由淀粉经淀粉酶水解而成，其主要成分为麦芽糖和糊精。其色泽淡黄而透明，总固形物不低于75%，是浓厚黏稠的浆状物，甜味清爽。

（4）油脂

油脂分为动物油、植物油，以及氢化油、起酥油和磷脂。常用的有猪油、奶油、花生油、豆油、菜籽油和棉籽油等。油脂营养价值高，产生热量高，可使制品具有良好的风味和色泽；油脂分布在面粉中蛋白质或淀粉粒的周围形成油膜，可以限制面粉的吸水作用，从而控制面粉的胀润度；由于油膜的相互隔离，可以使面团中面筋微粒不易彼此黏合而形成面筋网络，而使面团的黏度与弹性降低；在面包中适量添加油脂，可使组织柔软，表面光亮，便于操作。因此，要求油脂新鲜、无臭、无异味、无脂化。

（5）乳与乳制品

乳与乳制品在面包中的作用：提高面包营养成分，增加面包风味，提高制品保藏期，改善面团的胶体性能，不易严缩，使成品中心柔软，表面光滑。常用的乳与乳制品种类有：鲜乳、甜炼乳和乳粉。其要求为新鲜，不得有异味，浓度、酸度正常，鲜牛乳不得有病原菌。

（6）蛋品

蛋与蛋制品在面包中的作用：营养价值高，人体所需各种氨基酸在鸡蛋中都有存在，其消化率高达94%；增加面包香气，并使表面产生光泽；能增大面包体积，有利于面包形成蜂窝结构，提高制品的膨松与柔软性。常用鸡蛋和其加工制品有全蛋粉、蛋白粉、蛋黄粉以及冰蛋。鸭蛋、鹅蛋因有异味，很少使用。要求鲜蛋气室要小，不散黄，使用前进行蛋壳消毒。使用时还需进行逐个照蛋检查，逐个打开，进行混合。如要利用蛋白起泡性时，应将蛋黄和蛋白分开。

（7）食盐

食盐是一种调味品，在面包中的作用有：增进风味，使制品更加可口；增加面团的弹性；调节面团的发酵速度；改善面团的色泽。

常使用的是精制盐，要求色泽洁白，颗粒细的氯化钠结晶体。凡是不纯食盐禁止使用。使用前用水溶解澄清后使用。

（8）果料

面包中适量添加果料，如蜜饯、果脯、葡萄干、胡桃仁、杏仁和花生仁等，不仅可以提高制品的风味，又能提高营养价值。

（9）水

水能溶解面包的配料，如糖、盐以及水溶性的辅助材料，使面团调和均匀；水经增温后可以调节面团的温度，以利于酵母迅速生长和繁殖；水还能参与面团中面筋的生成与淀粉的糊化等。水有软水和硬水之分。生产面包时应检测水质。水质较硬时，应配用面筋力较弱的面粉；水质较软时，可使用面筋力较强的面粉。面包酵母最适pH 5.0~5.8。酸性水能增加面团酸度，加速发酵的进行。凡是不适合面包生产的酸性或碱性水，生产前可进行中和处理。碱性水用乳酸中和，酸性水用石灰中和。

（10）咖啡

咖啡是咖啡面包的主要原料，咖啡中所含化学物质及其营养保健功能。要求咖啡：不含咖啡类及非咖啡类夹杂物质；品质不劣变，经感官评价应无烟、焦、酸、霉、馊味或其他异味；没有金属及化学污染，其残留量不超过规定标准，保证咖啡洁净，符合 GB 8957—2016 卫生要求；咖啡中的主要化学成分保留完好。

12.6.2 咖啡蛋糕加工工艺

咖啡蛋糕生产过程一般先经原辅料预处理后，合理拟定配方，按一定的投料顺序，进行面团调制、发酵、整形、醒发和烘焙等工序，最后冷却包装。

(1) 咖啡蛋糕加工工艺流程

咖啡蛋糕加工工艺流程如图 12-19 所示。

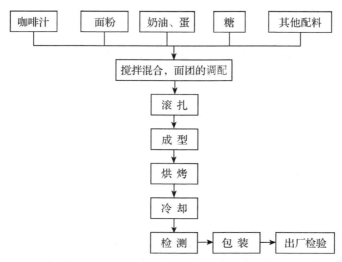

图 12-19　咖啡蛋糕加工工艺流程

(2) 面团调制

面团调制是蛋糕生产中的关键工序，面团调制的恰当与否不仅密切关系到机械的正常运动，而且又是韧性蛋糕和酥性蛋糕质量区别的分界线。

调制面团是将已处理好的各种原辅材料，加水或咖啡汁搅拌，调制成既保证产品质量要求，又适合机械运转的面团。

(3) 滚轧

调制好的面团，须要经过滚轧，达到厚度均匀、形态平整、表面光滑、质地细腻的面片，为成型做好准备。具体要求包含：疏松的面团经过滚轧机的滚轧，使面团形成具有一定黏结力的坚实面片，使面片在运转过程中不致断裂；滚轧可以排除面团中部分气泡，防止蛋糕坯在烘焙后产生较大的孔洞；韧性蛋糕的面团必须经过多次滚轧，这种操作，可以使制品达到横切面有明晰的层次结构；可提高成品表面的光洁度。滚轧工序主要使用滚轧机，我国生产的滚轧机有各种型号，可按各厂产量多少要求选用。

(4) 成型

经过滚轧工序轧成的面片，再经各种型号的成型机制成各种形状的蛋糕坯。蛋糕的成型设备随着配方和品种的不同，可分为摆动式冲印成型机、辊印机、挤条成型机、钢丝切割机、挤浆成型机、标花成型机多种。

(5) 烘焙

面团经滚轧、成型后形成蛋糕坯,进入烘焙炉后,在高温作用下,蛋糕内部所含水分蒸发,淀粉受热糊化,膨松剂分散使蛋糕体积增大,面筋蛋白质受热变性后凝固,最后形成多孔性酥松蛋糕成品。

蛋糕坯入炉烘焙时,饼坯表面温度一般不超过 40 ℃。当蛋糕坯入炉时,炉内水蒸气会冷凝在蛋糕坯的表面,由于炉内热能通过辐射、传导、对流等形式使蛋糕的表面温度很快地上升到沸点,表面水分迅速蒸发。蛋糕坯中心水分向表面移动,直到烘焙结束,表面温度可达 180 ℃。炉温常在 200 ~ 280 ℃,但蛋糕经烘焙 23 ~ 30 min 后,中心温度仅 100 ℃。直到烘焙结束时,大体上保持在 110 ℃。烘焙时间须视温度的高低而定。烘焙炉温度稍高,烘焙时间则短些,反之,烘焙时间则长。

(6) 冷却

烘焙完毕的蛋糕,表面层与中心层的温度差很大,也就是外温高、内温低,温度散发迟缓。为了防止蛋糕外形收缩,必须进行冷却。如果出炉后的蛋糕不经冷却,在余热未放出前进行包装,不仅水分不易散失,蛋糕内部的油脂也容易氧化酸败,发生霉变不能食用,夏、秋、春季节中,可以采取自然冷却,如要加速冷却,可用鼓风设备,但空气流速不宜超过 2.5 m/s。

(7) 包装

蛋糕包装的目的:①防止蛋糕在运输过程中破碎;②防止微生物污染而引起变质;③防止酸败、吸湿、脱水以及"走油"等。包装时应考虑包装质量符合贮藏要求,又须注意包装材料经济合理。

包装材料有马口铁、纸板、聚乙烯塑料袋和蜡纸等。马口铁包装有马口铁罐或马口铁桶,有普通包装、真空包装及长期贮藏的充氮包装等。聚乙烯塑料袋的使用应考虑塑料薄膜的厚度及耐热、耐寒性能,以及对蒸汽、酸类、香味和紫外线等的稳定性。

(8) 贮藏

蛋糕是一种耐贮藏性食品,但也必须考虑贮藏条件。蛋糕适宜贮藏的条件是低温、干燥、空气流通、环境清洁、避免日照的场所,库温应在 20 ℃ 左右,相对湿度 70% ~ 75%。

12.6.3 咖啡糕点质量标准

(1) 外观指标

① 块数(块/kg):以每千克计算块数,其块数幅度范围是:

25 块以下/kg	±0.5 块
25 ~ 50 块/kg	±1 块
50 ~ 75 块/kg	±1.5 块
75 ~ 100 块/kg	±2 块
100 块以上/kg	±2.5 块

② 厚度(cm/10 块):以 10 块重叠计算。

幅度范围:100 块以下 ±0.2 cm/10 块;100 块以上 ±0.3 cm/10 块。

③ 色泽:表面、底部、边缘均匀一致,具有咖啡特有的色泽为最佳。

④ 光泽度:有光洁的糊化层及油光。

⑤规格：不起泡，不缺角，不弯曲，不爬头，不收缩变形，表面无面粉，不含油污，不泊滩，不破碎，不粘边，不影响外观。

⑥底部：平整，有均匀的砂底。

⑦花纹：全部线条清晰为合格。

(2) 口感指标

①松脆度：有较小的密度及层次孔隙，不僵不硬。

②酥度：颗粒组织细腻，不黏牙床及牙齿。

③风味：本品应有独特的香味，以具有咖啡的风味为最佳，不含其他异味。

思考题

1. 简述混合型速溶咖啡的调配原理。
2. 简述意式浓缩咖啡制作方法。
3. 简述手冲咖啡制作方法。
4. 简述冰滴咖啡制作方法。
5. 简述土耳其咖啡制作方法。
6. 简述虹吸壶使用方法。
7. 简述花式咖啡制作方法。
8. 简述咖啡冰棒加工工艺。
9. 简述咖啡雪糕加工工艺。
10. 简述咖啡冰淇淋加工工艺。
11. 如何评价咖啡冷制品品质？
12. 分析咖啡糖果的加工工艺流程和质量标准。
13. 简述低糖保健咖啡风味巧克力制作工艺。
14. 简述咖啡面包的主要原料。
15. 简述咖啡蛋糕加工方法。
16. 简述咖啡蛋糕加工工艺和质量标准。

第 13 章 咖啡副产物加工利用

【本章提要】

咖啡生产过程中产生大量副产物，约占总量的45%，主要有咖啡果皮、果胶、咖啡壳、银皮、咖啡渣。本章围绕咖啡果皮、果胶、银皮、咖啡渣等主要咖啡加工副产物的利用，介绍目前各国研究及应用成果。

13.1 咖啡果皮的加工利用

生产上将咖啡的副产物分成咖啡果皮、咖啡壳、咖啡银皮、咖啡渣4类。咖啡副产物的主要成分见表13-1所列。

表13-1 咖啡副产物的主要成分   %

因 素	咖啡果皮	咖啡壳	咖啡银皮	咖啡渣
纤维素	63.0±2.5	43.0±8.0	17.8±6.0	8.6±1.8
半纤维素	2.3±1.0	7.0±3.0	12.1±9.0	36.7±5.0
蛋白质	11.5±2.0	8.0±5.0	18.6±4.0	12.6±3.8
脂肪	2.0±2.6	0.5±5.0	2.2±1.9	未确定
总多酚	1.5±1.5	0.8±5.0	1.0±2.0	1.5±1.0
总糖	12.4±0.9	58.0±20.0	6.65±10	8.5±1.2
果胶质	6.5±1.0	1.6±1.2	0.02±1.0	0.01±0.05
木质素	17.5±2.2	9.0±1.6	1.0±2.0	0.05±0.05
单宁	3.0±5.0	5.0±2.0	0.02±0.1	0.02±0.1
绿原酸	2.4±1.0	2.5±0.6	3.0±0.5	2.3±1.0
咖啡因	1.5±1.0	1.0±0.5	0.03±0.6	0.02±0.1

咖啡果皮（果肉）是商品咖啡豆初加工的主要副产品，约占浆果干重的29%。咖啡果皮果肉含有丰富的碳水化合物、蛋白质和矿物质（特别是钾），它还含有大量的单宁、茶多酚和咖啡因。咖啡果肉可用来酿酒，用于饲料、有机肥，提取蛋白质、膳食纤维、果胶等。果胶是咖啡湿法加工咖啡浆果时产生的黏液，在参与咖啡带壳豆发酵处理过程中可以提高咖啡豆风味。果胶是用于食品、美容和医药工业的重要原料。1 kg新鲜咖啡浆果，可以提取50~120 g果胶，利用价值较高。新鲜咖啡果胶可加工出各种食品，如果酱、果冻、

果汁、浓缩液和调味品。

13.1.1 咖啡中果皮有机肥料

(1) 还田作肥

咖啡果皮是咖啡处理工序上的主要衍生品,约占新鲜果实量的40%。世界上大部分咖啡种植园将咖啡鲜果脱皮处理后剩下的中果皮,堆放腐熟后回施到咖啡园中作为有机肥。咖啡中果皮干物质中氮占 1.40%～1.56%,钾占 0.32%～0.37%,磷占 2.92%～3.71%。一般来说,咖啡中果皮和咖啡渣的肥料价值高于畜肥,是作为有机肥料和土壤结构改良的好材料。据研究,经沤熟的咖啡中果皮施于咖啡植株,有利于促进咖啡生长,而且使植株增强对咖啡线虫害的抗性,大量中果皮施在咖啡园,让其慢慢分解,可改善土壤结构。其中施用5.00%以上直接堆沤腐熟的咖啡中果皮会抑制咖啡幼苗生长,降低土壤pH值,但可显著提高土壤养分含量和土壤脲酶、酸性磷酸酶活性,增加土壤养分有效性。

(2) 堆肥和沼气

大部分咖啡中果皮会露天倾倒在鲜果处理厂旁,在开始的几天内,嗜热微生物会自我抑制增殖,从而使咖啡中果皮发酵,产生高温、低pH值、对生物氧的高需求,并将其转化为缓慢的物质。缺氧使果浆从鲜红色变为黄色,最后在充气时变为深棕色。显然,在开阔的倾倒场中,微生物的增殖只会影响表层,深度不超过20～30 cm。如果中果皮留在倾倒的地方240～300 d,中果皮堆的内层不会受到发酵的影响,下一批倒在中果皮堆上的咖啡果肉将再次覆盖,杀死微生物,进一步延缓有机转化。因此,咖啡中果皮需要寻找一种更有效的好氧处理来促进物质的完全转化。

咖啡中果皮和果壳还可用来培养嗜热真菌属植物来生产沼气,同时咖啡加工中产生的废水也是生产沼气的原料。产生的沼气可用来运行发电机发电,也可用来干燥咖啡。印度利用咖啡中果皮产生沼气,每吨咖啡中果皮每月可产生沼气 70 m³,其燃烧值相当于 50 L 石油的燃烧值,利用咖啡中果皮与牛粪发酵生产沼气,既可供当地居民照明和咖啡加工厂用电需要,沤熟的废液中含有氮、磷、钾,可作有机肥。生产沼气后的中果皮果壳废水等是一种很好的有机肥。速溶咖啡生产的咖啡渣有机质含量很高,在强制通风堆肥过程中,咖啡渣和农业废弃物咖啡外果皮、中果皮混合物的适用性研究的结果是令人满意的,碳氮比 13∶1～15∶1,而 3.5×10^5 t 咖啡果肉等可转换产生约 8.7×10^4 t 的有机肥。

(3) 养殖蚯蚓生产有机肥

咖啡生产中产生大量的副产物,该副产物转化率一般较低,而养殖蚯蚓是高效的转化技术,能够用于咖啡副产物的循环利用。研究发现咖啡中果皮适合蚯蚓养殖。虽然咖啡中果皮含有较高比例的钾、木质素和纤维素,具有优异的保湿能力,但分解缓慢。在蚯蚓肠道细菌的作用下能提高分解速率,提高土壤肥力,促进植物的生长,提供更好的生长肥料和具有商业增值。

1985年,墨西哥第一个提出并使用蚯蚓粪科技将咖啡果皮转化为蚯蚓堆肥。通过在实验室条件下饲养 3 种蚯蚓表明,不同种蚯蚓在咖啡果皮内生长、繁殖和将有机物转化为泥土方面表现良好。

咖啡中果皮连同许多其他衍生废料可以转化为富含植物有效养分的物质,并且可以添加到土壤中改善其结构和肥力,也可以作为市场上可销售的盆栽土壤或植物生长介质出售。蚯蚓可以通过多种方式饲养，加速各种有机废物的分解。蚯蚓堆肥作为一种农业实践，源于某些种类的蚯蚓非常迅速地消耗有机废物并将其转化为有益的植物生长基质。有机废弃物在需氧菌群的帮助下被蚯蚓消耗、研磨和消化。然后，它们自然地转化成更细的颗粒，这些颗粒以比母体化合物更容易吸收的形式存在。最终产物是一种分解的粪便类物质，是一种结构非常精细、均匀、稳定和湿润的有机资料，具有极好的孔隙率和保水能力，富含营养物质、激素、酶和微生物群。

13.1.2　咖啡果皮茶

近年来，咖啡果皮茶开始在市场上出现。简单的果皮茶，即将咖啡果皮干燥即可。咖啡果皮茶的制作工艺：咖啡鲜果→脱下并收集果皮（外、中果皮）→蒸漂果皮→干燥→咖啡果皮茶。

自然晒干：同等成熟度的咖啡鲜果经过清洗晾干水分，将剥下的果皮直接放在太阳光下暴晒直至果皮干脆，利用自封袋密封待测。从果皮的剥离到晒干时间要控制在 3 d 内，否则果皮会因含水量高而自然发酵变酸，从而影响口感及滋味，果皮的晒制必须在天气晴朗时进行，摊晒要薄而均匀，空气湿度要小于70%，晾晒地点要通风有光。

蒸汽烫漂晒干（蒸 90 s、蒸 3 min、蒸 5 min）：同等成熟度的咖啡鲜果经过清洗晾干水分，将剥下的果皮在 90~100 ℃的蒸汽中烫漂以控制酶活性，抑制果皮褐变及果皮后续的发酵，保持果皮的鲜艳颜色，放在太阳光下暴晒直至果皮干脆，利用自封袋密封待测。烫漂时间要控制得当，烫漂时间短达不到灭酶效果，烫漂时间长花青素等营养物质流失严重。

烘干（165 ℃、1.5 h）：咖啡果皮剥离后将其放在电热鼓风干燥箱中在 165 ℃下利用热空气加热 1.5 h。烘干的时间要以达到漂烫设置温度的时间开始计时，盛装器具要用孔筛为好，孔筛利于通风，同时也利于风干均匀，烘干时咖啡果皮要平铺于盛装器具内，平铺厚度要以最薄为原则，如此果皮烘干才会均匀一致。

半晾半晒：采后咖啡鲜果经过萎凋，然后再剥皮进行自然条件下的晒制。咖啡果萎凋前要清洗去杂质、泥土，萎凋以带果蒂的咖啡果为好，萎凋时要通风，咖啡果不能外带水珠，否则咖啡果容易霉烂。

带咖啡豆蒸：采后的新鲜咖啡豆直接带果皮蒸，然后再剥皮，进行自然条件下的晒制。

一般情况下，咖啡果皮茶的制作工艺优选蒸汽灭酶 90 s 咖啡果皮茶的制作方法。

13.1.3　提取膳食纤维

农业废弃物是膳食纤维的良好来源，其包括大量的纤维素、半纤维素、木质素、果胶和其他多糖。可溶性和不溶性膳食纤维组分具有良好的健康效应，可降低胃肠道疾病、心血管疾病的发病概率，同时对肥胖也有一定的治疗效果。咖啡渣和咖啡银皮，含有较高比例的膳食纤维（80%），其次是咖啡果壳和咖啡废水。咖啡的膳食纤维具有抗氧化活性。咖啡生产国，特别是速溶咖啡的生产国，每年将产生数百万吨的咖啡渣、咖啡银皮等副产物，为具有抗氧化活性的膳食纤维提取提供了充足的原料，其可以作为日常食品的营养补充剂。中国热带农业科学院香料饮料研究所已利用咖啡加工废弃的果肉和咖啡渣提取膳食纤维，咖啡纤维具有棕黄的颜色和自然的坚果味，可用于高纤维、低能量快餐食品，如面包、谷物、疗效食品等。

13.1.4 咖啡果皮酒

咖啡中果皮含有丰富的碳水化合物、蛋白质和矿物质，咖啡中果皮可以用来制作咖啡果酒。平均15 kg的咖啡中果皮能酿制1 kg体积分数为90%的酒精。

咖啡渣含有大量碳水化合物，可分解成半乳糖和甘露糖。从咖啡渣中可提取咖啡毛油，咖啡毛油无需进行精炼即可用作油脂化工的原料，但若进一步精制则可用作食用的高级香料，升值显著。

咖啡酒按加工方式不同可分为醇化酒、浸泡酒和发酵酒3种。咖啡酒出现的历史较为悠久，咖啡醇化酒是最早出现的一种酒，最早出现在南美，当地的酒吧在将咖啡和烈性酒混合后，咖啡醇化酒散发出别具一格的浓烈香醇的味道。浸泡酒是将烘焙咖啡浸出液与基础酒勾兑，经陈化、过滤等工序，融咖啡香、酒香和适度甜于一体。

咖啡发酵酒是利用咖啡湿法加工所得副产品，既可以咖啡鲜中果皮作为原料经微生物发酵后酿制咖啡酒，也可以将咖啡脱皮脱壳过程中废弃的咖啡中果皮作为原料来生产咖啡酒。先筛选咖啡中果皮、晒干或烘干，然后破碎与糖酸水混合，接入活性干酵母发酵，发酵后的原酒经澄清、过滤、调制而酿成醇香的咖啡酒。该种方法酿制的咖啡果酒风味独特，既有咖啡香味又有酒香味，是一种纯天然低度果酒，含有17种氨基酸和多种维生素，营养丰富，具有提神之功效。利用加工鲜果脱出的果皮酿造咖啡果酒，每千克鲜果脱出的果皮可酿0.5 kg酒。

(1) 咖啡发酵酒加工工艺（半固态发酵）

咖啡发酵酒加工工艺流程如图13-1所示。

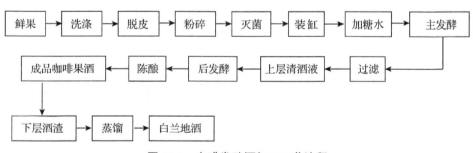

图13-1 咖啡发酵酒加工工艺流程

(2) 咖啡发酵酒的主要原料

咖啡外果皮、中果皮、酵母菌等。

(3) 加工关键技术

①菌种选择：酵母菌是酒精发酵的主要菌种，不同的酵母菌及其不同的菌株各自有不同的特点，这就要求其对作用物有一定的选择。

②外果皮、中果皮的处理：将咖啡鲜果用清水洗干净，除去过生或有虫害的果实，干净的鲜果用脱皮机脱皮，再用打浆机研磨，用高温或者药物进行灭菌处理。

③主发酵：将研磨后的咖啡果发酵罐，调入6%的蔗糖，然后接种酵母菌，在28~

30 ℃持续 24 h 后加入一定浓度的蔗糖水，继续发酵到少泡或无泡，浮渣下沉，上层发酵液清晰即可认为主发酵完成。立即压榨，榨出果酒，此酒度约 14%。

④后发酵：将主发酵完成后榨出的新酒液，装瓶或密封罐中，尽量装满，以隔绝空气，防止醋酸菌、酒花菌和杂菌的侵害。后发酵在常温下一般需要 30 d 左右。在后发酵期间，衰弱的酵母菌在装瓶或装罐时吸收空气中的氧气，又重新活跃起来，继续利用酒液中的残糖引起微弱的乙醇发酵，使果酒变得甜味圆润，口感爽口。

⑤陈酿：新酿造的果酒，风味较差，应放在密闭容器中贮藏一定时间，让酒中的挥发性物质不与乙醇形成缩合物，降低酒的刺激味，变得绵柔爽口。酒中的醇经缓慢的氧化作用变成醛或酸，醇与醛结合变成酯，从而增加了酒中芳香物质的含量，改善果酒的风味。另外，果酒中的一些不溶性物质(如色素、果胶、单宁等)，经陈酿后进一步沉淀，使果酒变得透明清亮。

(4) 咖啡酒品质

咖啡酒风味独特，既有咖啡香味又有酒香味，是一种纯天然低度果酒，含有 17 种氨基酸和多种维生素，营养丰富，具有提神之功效。

13.1.5 生产全混合饲料

利用咖啡中果皮、外果皮、壳、渣等可作饲料。肯尼亚、危地马拉用咖啡壳代替玉米粉作反刍动物的饲料。咖啡渣通常含有 1.8% 的粗蛋白、23.1% 的粗脂肪、42.5% 的粗纤维和 12.0% 的无氮浸出物，因此它也可以作为一种反刍动物的饲料。由于速溶咖啡厂排出的鲜咖啡渣含水率高，容易变质，必须及时处理。干咖啡渣虽然比较容易利用，但干燥过程中所消耗的能源费用很高。因此，鲜咖啡渣适宜调制发酵饲料或与其他饲料混合制作全混合饲料(total mixed ration，TMR)。调制的发酵 TMR 饲料不仅具有 TMR 饲料本身的优点，同时经过发酵还可以改变副产物的气味，提高家畜的适口性。

咖啡果皮全混合日粮的调制：TMR 饲料中配合饲料、猫尾草、紫花苜蓿干草、甜菜颗粒粕和矿物质维生素补充料以干物质计按 36.5∶30∶20∶12∶1.5 的比例配合。用 10% 咖啡渣替代猫尾草和紫花苜蓿干草(以干物质计)。TMR 的水分调至 55%。添加乳酸菌，添加量为 5 mg/kg 鲜重，约含有 $1.0×10^5$ cfu/g 乳酸菌。在聚乙烯发酵袋中装入 350 kg 的 TMR 进行发酵。发酵饲料在室外 5~32 ℃ 贮藏 225 d 后开封，进行干燥，即得咖啡渣发酵 TMR 饲料。

利用咖啡渣发酵 TMR 饲料饲喂羯羊，评价咖啡渣与其他饲料混合调制的发酵 TMR 饲料的发酵特性。研究发现含有 10% 咖啡渣的发酵 TMR 饲料的总可消化养分、还原糖含量以及采食量相似，发酵品质良好。

13.2 咖啡果胶的加工利用

13.2.1 咖啡果胶的提取工艺

咖啡果胶与咖啡豆和果皮的分离，主要通过机械搅拌摩擦和发酵来进行。一般情况下，通过有氧发酵后清洗分离的果胶已经被氧化分解和被水稀释了浓度，难以有效利用。

但是将清洗干净后的咖啡鲜果或者厌氧红酒发酵后的咖啡果,在减少添加水量的情况下,直接利用机械摩擦方法脱胶后得到的咖啡果胶,浓度较高,营养物质丰富,可以考虑进行蛋白质提取、制作醋酸、果胶糖等综合利用。

云南阿拉比卡咖啡豆果皮中提取果胶,采用单因素正交试验优化得到果胶的提取工艺为:料液比 1∶30,pH 1.5,提取温度 70 ℃,提取时间为 100 min,在此工艺条件下咖啡果皮果胶的提取率为 15.13%。采用酒石酸溶液提取工艺为:料液比 1∶20、pH 1.5、提取温度为 90 ℃、提取时间 80 min,在此条件下咖啡果胶的提取率为 20.17%。采用果胶酶对阿拉比卡咖啡豆果皮果胶进行水解,考察果胶水解物的抑菌效果。结果表明,阿拉比卡咖啡豆果皮果胶水解物对大肠杆菌、枯草芽孢杆菌、金黄色葡萄球菌均有抑菌活性。其中,果胶水解物对大肠杆菌和金黄色葡萄球菌的最低抑菌浓度(MIC)和最低杀菌浓度(MBC)均为 8 g、16 g,比山梨酸钾的活性弱。而果胶水解物对枯草芽孢杆菌的 MIC 和 MBC 分别为 4 g、8 g,抑菌活性和山梨酸钾相当。该提取方法相对简单,能耗较小,适合于乡镇咖啡果皮废料提取果胶,并且提取的咖啡果皮果胶理化性质符合果胶标准,有较好的抑菌活性,可开发成为一种新的天然食品防腐剂,为云南阿拉比卡咖啡豆果皮的高值化综合加工利用提供了新的途径。

美国利用废弃咖啡中果皮提取蛋白质已进入规模化生产,并开发出多项咖啡蛋白应用新技术,如采用冷却模板与挤压法制成仿肉型蛋白产品;利用咖啡蛋白 7S 部分经酶改质制成卵白状产品。这些产品是食品工业的新型原料和配料。

将咖啡加工后的废水浓缩发酵,可获得浓度为 4.6% 的醋酸,能达到食用醋规定的正常浓度。日本首创的咖啡醋即用其精制而成,营养丰富,已走销国际市场。

13.2.2 咖啡果胶糖的制作

原材料:约 2 000 g 果胶溶液,170 g 白砂糖,90 g 糯米粉,50 g 豌豆淀粉,40 g 全脂奶粉,2.0 g CMC,1.5 g 坚果香精。配料:将豌豆淀粉、糯米粉、102 g 的白砂糖混合,加咖啡果胶溶液制成含糖淀粉乳。糊化:将已混合成的含糖淀粉乳倒入锅中进行加热,在加热过程中不断搅拌使其糊化均匀,避免结焦、结块。熬糖:随着水分的蒸发,溶液越来越稠,搅拌略显困难时,就加入配料时留下的 68 g 白砂糖,并继续进行熬煮。至锅中水分降至约 14% 以下时,停止加热,将香精、CMC 及奶粉混合均匀,并边搅拌边将其加入混匀,即可起锅。整个熬糖的时间 1~1.5 h。干燥成型:将起锅的糖膏倒入铺了锡箔纸的不锈钢盘中,摊成约 0.5 cm 的厚度,放入烘箱中用 120 ℃ 干燥 2~3 h,干燥过程中进行翻转。干燥完成后切条即可。

13.3 咖啡壳的加工利用

咖啡壳可以用来种植食用菌大球盖菇,也可以与动物胶混合生产硬质纤维板和碎料板,也可以烧制成炭,并用这种炭来做烧烤用炭、水质重金属吸附剂,或者经凝结压模制造炭砖来建造房屋。

13.3.1 制作食用菌基质

利用咖啡壳在自然环境栽培大球盖菇,出菇期应在气温 15~27 ℃。云南省咖啡收获期应该在 9 月至翌年 2 月,12 月至翌年 1 月开始出菇。正常情况下 4 月底采菇结束。培养料配制:咖啡壳与刨花配制比例为 1∶1,干料总量为 5 000~8 000 kg/hm²。2 种基质均匀混合后,在铺料前再均匀拌入基质总量(干)10% 的新鲜麦麸。

培养料的处理:①预湿:将咖啡壳和刨花按 1∶1 的比例混合均匀后进行浸水处理。浸水的目的,一是使培养料吸足水分,二是降低基质 pH 值,三是使其初步软化以便于操作。浸水方法通常是在水池(先挖坑槽,内衬塑料布)中浸泡 6~12 h。培养料的浸水标准以自然沥水后含水量达 70%~75% 为宜。其判断方法是捏紧料后呈断线性滴水。②预发酵:将培养料堆成宽 1.5 m、高 1 m、长不限的料堆,预发酵。当料温升至 60 ℃ 以上时保持 12~36 h,即可翻堆。隔天再翻堆一次,1~2 d 后即可散堆,调节 pH 值至 6~7,入床铺料播种。

13.3.2 制作高温机制炭

将咖啡壳采用土窑烧制法做成炭粉,再使用机械压制成六边形的空心柱状炭,可以作为一种性能较好的无烟烧烤用炭,即窑口由燃料燃烧产生的热量上升到窑顶后,向窑内扩散,其中大部分热气流流动在上层,有小部分热量向四周辐射,由上往下缓慢干燥并达到预炭化;燃烧窑内部分竹材使窑内温度继续升高,除去挥发性物质,此时窑内烟气循环流动,各点热量和温度基本均匀,完成炭化和精炼阶段,得到结构致密的竹炭。土窑烧制法通常有烟熏预干燥、干燥、预炭化、炭化、煅烧(精炼)、自然冷却等阶段。各个阶段有不同的温度,烟熏预干燥阶段为 60~100 ℃,干燥阶段为 100~150 ℃,预炭化阶段为 150~270 ℃,炭化阶段为 270~450 ℃,煅烧阶段为 450~1 000 ℃ 左右。从土窑烧炭的过程来看,各阶段的温度和炭化速度是通过操作者"眼观鼻嗅",一是观察烟囱及窑门出烟口烟的变化;二是通过闻烟味来确定。土窑用的咖啡壳,一般在室外放置 1 周左右,在放入窑中进行烟熏预干燥,大约要 1 周,而自然冷却至窑口温度 50~60 ℃ 时也需要 1 周,出窑一般也要 2 d。所以,从装窑到出炭一般要 25~30 d,咖啡壳炭得率一般为 20% 左右。工艺合理,后期氧化燃烧的量少则得率超过 20%,否则会低于 20%。

13.3.3 提取酚类物质

咖啡壳是咖啡生产环节的副产品,通常被用作肥料。美国一项研究最新发现,咖啡壳的提取物能够减缓实验小鼠体内与肥胖相关的炎症,还能增强胰岛素敏感性。美国伊利诺伊大学研究人员带领的团队,从咖啡豆外壳和烘焙后脱落的银皮中提取原儿茶酸和五倍子酸 2 种酚类物质,并用这些物质对小鼠的脂肪细胞进行处理,观察小鼠体内的巨噬细胞和脂肪细胞以及相关激素变化,还有炎症通路的反应。此前有研究发现,体重严重超标者的腹部脂肪组织会出现慢性炎症,这种炎症通常被认为是引起胰岛素水平变化,导致 2 型糖尿病的因素之一,甚至会增加肥胖者患癌的风险。2018 年发表于英国《食品和化学毒物学》杂志的研究显示,当肥胖相关炎症出现时,巨噬细胞和脂肪细胞相互作用,脂肪细胞内线粒体减少,脂肪燃烧的能力下降,氧化应激水平提升,从而干扰葡萄糖吸收,新陈代谢速率减慢。而咖啡壳中提取的酚类物质可以阻断巨噬细胞对脂肪细胞的这种影响，使脂肪保持燃烧的能力、刺激脂肪分解，同时刺激胰岛素通路的敏感程度，促进葡萄糖摄取和利用，恢复正常的新陈代谢。研究人员表示，这一发现有望为预防 2 型糖尿病和心血管疾病等提供新的治疗方法，也为咖啡壳找到潜在商机。

13.4 咖啡银皮的加工利用

咖啡银皮是咖啡豆的外皮，在咖啡烘焙过程中咖啡银皮从咖啡豆表面上剥落。咖啡银皮具有极高的可溶性膳食纤维比例（占膳食纤维总量的 86%）和极高的抗氧化能力，可能是由于酚类化合物，也可能因为咖啡烘焙时美拉德反应形成的物质，如蛋白黑素等。咖啡银皮的纤维组织主要成分是纤维素和半纤维素。除此之外，还含有葡萄糖、木糖、半乳糖、甘露糖、阿拉伯糖和蛋白质。美国福特汽车公司发现，将咖啡银皮进行高温低氧加热之后，与塑料及添加剂混合，可转化为耐用的塑料颗粒，用于加固某些汽车零部件。含有咖啡银皮的复合材料符合汽车前照明灯灯壳以及汽车内饰和发动机引擎下零部件的质量要求。采用这种复合材料制成的汽车零部件可减重 20%，并节约 25% 的能源消耗。

13.5 咖啡渣的加工利用

50% 咖啡渣是在加工速溶咖啡时产生的，每生产 1 t 速溶咖啡即会排出 2 t 咖啡渣。咖啡渣中含有约 20% 油脂，10% 蛋白质，58% 碳水化合物，以及丰富的甘露聚糖（经酸水解后，其水解液中含有 15%~30% 的 D-甘露糖）和半乳糖等成分。

咖啡渣具有较强的吸附能力，科研人员研究了利用咖啡壳作为吸附剂来清除水溶液中重金属离子，对二价铜离子、镉离子、锌离子的吸附率分别达到 89%~98%、65%~85% 和 48%~79%。对几种未经处理的生物废料进行最高吸附量的对比试验显示，咖啡壳是一种非常适合作清除水溶液中重金属的生物吸附剂。台湾一企业利用咖啡渣的分子结构及其特性，开发咖啡纱应用于服装产业。印度咖啡研究所对咖啡果壳、果肉和果皮作为硬质纤维板的研究表明，利用这些副产品与动物胶混合可生产硬质纤维板和碎料板，其性能与目前市场销售的其他硬质纤维板相同，可用于建筑材料。咖啡渣和咖啡肉也是潜在的能源，干咖啡渣的热值为 5 000 kJ，用其作燃料，优于木炭，晒干的咖啡肉可直接作燃料或炼成碳球。

13.5.1 燃料和水质净化材料

速溶咖啡生产企业会产生大量的咖啡渣，但这类咖啡渣从萃取车间出来时含水量高达 50%~200%，经过特制的离心去水或压制后，让其水分含量降到 30% 以下，再与煤炭的燃料混合燃烧，并返回速溶咖啡生产中运用，每千克咖啡渣可产生 5 000 kJ 以上的燃料，既减少了污染，又节约了能源。

利用咖啡渣去除水中的铅和汞：将咖啡渣粉末填充到生物泡沫胶中，将其制作成过滤器。这种泡沫胶是通过糖浸出技术将 60% 的咖啡粉末和 40% 硅橡胶组合在一起制作而成的。在静水条件下,利用这种过滤器在超过 30 d 的时间内能够去除 99% 的铅和汞。在更多极限试验下,将含有铅的水通过过滤器,它能净化含铅量为 67% 的水。因为咖啡粉末是被固定的,所以使用过后容易被处理而无需进行再净化的步骤。

13.5.2 咖啡渣有机肥

咖啡渣有机肥:按照质量比 4%~8% 的腐熟菌、3%~6% 的功能菌、0~5% 的糖,其余为咖啡渣。所述制备方法包括备料、发酵、复配工序,首先将咖啡渣含水率调整至 65%~75%,然后将按配方比例称量的生物碱腐熟菌与糖、咖啡渣拌匀,在 20~30 ℃下发酵 1~2 d,再拌入按配方比例称量的高聚糖腐熟菌、油脂腐熟菌,在 30~50 ℃下发酵 2~3 d,接着拌入按配方比例称量的低聚糖腐熟菌,在 50~70 ℃下发酵 2~3 d,待物料温度降至 30~50 ℃时,继续拌入按配方比例称量的功能菌,发酵 1~2 d 后干燥即可。该咖啡渣有机肥含有大量的有机质、腐殖质,质量稳定,肥力高。

咖啡渣育苗基质营养钵:按照质量比 3%~6% 的腐熟菌、3%~6% 的功能菌、0~5% 的糖、0~3% 的黏结剂、0~10% 的保水剂,其余为咖啡渣。所述制备方法包括备料、发酵、复配、成型工序,首先将咖啡渣粉碎至 40~60 目,含水率调整至 65%~75%,然后依次将生物碱降解菌与糖、咖啡渣拌匀,在 20~30 ℃下发酵 1~2 d,拌入酚类降解菌,在 30~40 ℃下发酵 2~3 d,拌入油脂降解菌,在 40~50 ℃下发酵 2~3 d,待温度降至 30~40 ℃时,继续拌入功能菌,发酵 1~2 d,水分干燥到 7% 左右后拌入保水剂和黏结剂,装袋压制成型即可。该育苗基质营养钵有机质、腐殖质含量高,透气、透水性好,育苗成活率高,能够自然降解。

利用咖啡渣培育拮抗菌:日本爱知县农业实验场开发利用咖啡渣培育出能防治病虫害的微生物——拮抗菌。咖啡渣是一种多孔物质,能维持一定水分,很适合微生物的生长繁殖。用咖啡渣培育的拮抗菌生长稳定,产量高。经农场种植实验,使用拮抗菌的 52 株番茄的产量达 255 kg。对照组使用三氯硝基甲烷农药,结果有 18 株出现了枯萎,仅收获了 142 kg。实验证明,拮抗菌的使用效果优于农药,且对作物无毒副作用。

13.5.3 咖啡油的提取与利用

咖啡渣和/或咖啡银皮的提取物具有较高的抗氧化能力,具有潜在的保护和清除自由基功能特性,可作为食品的成分或添加剂。甘蔗长喙壳菌在水蒸气处理过加蔗糖的咖啡果壳下生长,在不同浓度葡萄糖(20%~46%)进行发酵,发酵过程中会产生强烈的菠萝和香蕉香气。

巴西研究人员利用咖啡渣提取高级食用油获得成功,咖啡含油 9%~20%,这种油富含棕榈酸,油的特性类似花生油,不饱和脂肪酸高达 50% 以上。国内海南大学以咖啡渣为原料提取咖啡油,通过探讨影响咖啡油提取率和品质的诸多因素,如溶剂种类和用量、原料干燥程度和粉碎度、提取时间等,并分析其品质,研究发现所得咖啡油的化学成分近似于食用植物油。

(1)咖啡油的提取

将新鲜的咖啡渣经烘箱干燥,粉碎过 40 目筛,装入经改制的脂肪抽提器中,再加入特定的脂肪提取剂，在水浴中加热抽提 6~8 h，最后将提取液蒸馏回收溶剂，经干燥，即得咖啡毛油。

咖啡油的精炼分为两个步骤，①水化：在咖啡毛油中加入水（约为油脂的 25%~30%），采用中温水化，搅拌速度为 60~70 r/min；②碱炼：将水化后的咖啡油加热到 35~45 ℃，加入适量碱液（用量根据油的酸价而定），搅拌中徐徐升温到 65~75 ℃，分离出油和皂角，然后水洗、沉降、分离和干燥，即可得咖啡精油。

(2) 咖啡油的主要成分

各国研究工作者采用不同有机溶剂提取的咖啡油，经 GC/MS 联用仪分析，其挥发性芳香成分略有差异，现已鉴定的 57 种挥发性香气成分中，分为 12 类：醛类 3 种、呋喃类 11 种、酚类 14 种、噻唑类 3 种、烯烃类 9 种、烷烃类 2 种、酯类 1 种、酮类 3 种、吡咯类 1 种、噻吩类 4 种、羧酸类 3 种、吡嗪类 3 种，其中，主要是以呋喃类、酚类及烯烃类为主。

(3) 咖啡油的品质

油脂品质的 3 个重要指标：酸价、过氧化值和碘价，其中酸价反映了油脂水解酸败情况，过氧化值是氧化变质指标，碘价则用来表示油脂的不饱和程度。海南大学理工学院对咖啡油的酸价、过氧化值和碘价进行测定，结合感官检测，对咖啡油的热、光、贮存和氧化稳定性等进行研究，结果表明，咖啡油的热稳定性好、贮存稳定性好、抗氧化稳定性较好，但耐光性较弱。

(4) 咖啡油的用途

咖啡渣中提取的咖啡油不仅含有 11 种脂肪酸，其中亚油酸 $C_{18:2}$ 含量高达 34.79%，软脂酸（即棕榈酸）含量 42.12%，还含有多种生物活性物质，如生育酚、谷甾醇、角鲨烯等，这些物质在医学上具有特殊的作用，能够调节免疫活性细胞、增强免疫功能、清除人体内自由基等，这对于提高人体的抗病能力、延缓人体的衰老都具有重要作用。这些成分在速溶咖啡的生产过程中富集于咖啡渣的油脂中，从而使咖啡油具有较高的营养保健价值。

现有研究成果表明，咖啡油是一种很有价值的天然香料用油，经稀释可作为食品的赋香剂或增香剂，还可用于制造咖啡香型的香水等，如法国利用咖啡渣提炼出咖啡香型的香水。其独特的性质使它具有较重要的应用价值。

13.5.4　D-甘露糖的提取

(1) 提取 D-甘露糖的主要原材料和设备

咖啡渣中含有咖啡油、蛋白质、纤维素和多糖类等，而多糖类主要是甘露聚糖。甘露聚糖是由 D-甘露糖按不同糖苷键组成的链状均多糖，各糖苷键不同，水解难易也存在着差异，选择不同的酸和不同的工艺条件水解，可得到低聚甘露糖，进一步水解可转化为 D-甘露糖。提取 D-甘露糖的主要原材料和设备：

①原辅料：咖啡渣、浓硫酸、氢氧化钠、磷酸、活性炭（糖用）、盐酸等。

②设备：搪瓷反应釜（电加热）、真空蒸发罐、结晶罐、离心机、恒温干燥器等。

(2) 咖啡渣水解制取 D-甘露糖工艺流程(图 13-2)

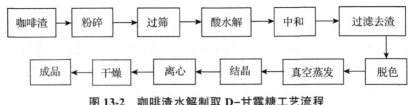

图 13-2 咖啡渣水解制取 D-甘露糖工艺流程

(3) D-甘露糖加工技术

①咖啡渣的预处理：将新鲜咖啡渣风干、晒干或烘干，使其含水量 12%，并投入粉碎机粉碎，粒度≥80 目，过筛便得到颗粒大小均匀的咖啡渣粉末。

②水解：分别称取一定量的咖啡渣粉末，投入反应釜，加入一定量热的稀硫酸溶液，浓度为 1.5~3.0 mol/L，徐徐升温使反应釜内的料温达到相应的水解温度，温度为 100~130 ℃，水解时间为 80~120 min，水解液中 D-甘露糖的提取率可达 28%~30%。

③浓缩干燥：利用反应釜中压力，使物料输入中和罐，用氢氧化钠溶液调整糖液酸度至微酸性，过滤去渣，经脱色后输入蒸发罐。糖液在蒸发罐中低温真空蒸发浓缩至过饱和状态，输入结晶罐结晶，经篮式离心机分蜜得粗糖，再经重结晶，加热干燥后得到精甘露糖。

13.5.5 蘑菇种植材料

蘑菇种植栽培：第一次利用咖啡加工副产物种植栽培蘑菇是在 2001 年由 Fan 等提出的。利用咖啡果壳、叶子和咖啡渣分别或者混合种植栽培香菇、金针菇和杏鲍菇的系统研究是在 2008 年。用咖啡果壳、咖啡渣和混合基质，在不同水分条件和接种量种植栽培，咖啡果壳、咖啡渣和混合基质的生物效率分别达到了 85.8%、88.6% 和 78.4%，该种植表明了单独使用咖啡果壳和咖啡渣而没有任何其他的预处理种植食用真菌的可行性。

利用咖啡渣种植平菇的生产方法：首先将栽培料进行一定的配比，咖啡渣为栽培料的 25%~35%，甘蔗渣为栽培料的 25%~35%，玉米芯粉末为栽培料的 10%~20%，木屑粉末为栽培料的 10%~20%，麦麸 2%~3%，磷酸二氢钾 1%~1.5%，将栽培料和水按 1：(1.3~1.5) 拌料，调至含水量 60% 左右和 pH7.5~8；将栽培料堆闷 15 d，期间每 1~2 d 翻堆搅拌一次；然后装入塑料长筒，塑料长筒的直径为 10~20 cm，长度为 15~25 cm；装袋后在 100 ℃下蒸煮 15 h，然后在冷却至常温后堆闷 8 h。保证菌丝纯正无杂菌，菌丝生长旺盛，菌龄不可过长，菌种量以 3%~7% 为宜，两端接种；棚内温度在 20~23 ℃适宜，且宜低不宜高，料温控制 22~25 ℃ 为好，短时间内不应超过 28 ℃，最高不超过 30 ℃，较低温度发菌不仅成功率高，也有利于高产。在适宜温度、湿度和通风良好的条件下，经 20~30 d 菌丝可长满栽培料，培养室内空气相对湿度不超过 70%，培养期间结合温、湿度情况进行通风，每天 2~3 次，温度高、湿度大时，应增加通风次数和延长时间，堆放数量大则加大通风，菌丝体适宜弱光下生长，黑暗条件也可，光线强反而不利于生长；翻堆并及时检查杂菌，发现有点片状杂菌发生，应予以拣出，及时进行防治，利用注射器注入消毒液或将塑料袋用剪刀 (或刀片) 剪一小口，用 pH 10 以上的浓石灰水或氢氧化钠溶液涂抹。接种后按照要求进行正常管理和采收。本方法种植出的平菇产量高，外形肥壮，味道鲜美,色泽好,营养价值高。

13.5.6 咖啡纱的加工利用

咖啡纱是将咖啡渣导入纤维制成的功能性纱线,可使用在衣服的底层、中层、外层,能迅速将皮肤产生的湿气或是外来水分吸收并迅速挥发。当身体或环境有异味时,咖啡纱会通过物理方式将异味吸收。此外,咖啡纱还具有优异的抗紫外线功能。咖啡纱产品的工艺流程及其生产技术如下:

(1)咖啡纱产品的简要加工工艺流程(图 13-3)

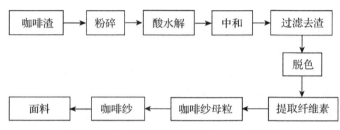

图 13-3 咖啡纱产品的简要加工工艺流程

(2)咖啡纱的生产

咖啡渣提取纳米晶纤维素(nanocrys talline,NCC)是指尺寸为 1~100 nm 的微晶纤维素粉末,纳米纤维素具有天然纤维素的基本结构和性质,同时还具有纳米粒子的特殊性质,如纯度高、结晶度高、强度高、环境友好、比表面积大、较高反应活性及超细结构等优异性能,在造纸、纺织、食品、化妆品、医学、电子产品等领域得到广泛应用。从咖啡果皮中提取纳米纤维素,是将纤维素从原料中的半纤维素、木质素、果胶等物质中分离出来,再从纯化和干燥的纤维素产品中提取纳米纤维素。目前工业生产中使用的纳米纤维素的提取方法主要是化学法,其中以酸法应用最为广泛。咖啡渣内部自身的结构发生一定的微小变化,使本有的孔道更加通畅。促成内部某些化学分子键的结合形成更多的管道。

①织造:由于咖啡纱及其纯纺纱线在染色、后整理(工艺温度在 140 ℃ 以下)。其收缩率在 10% 左右,使用纯纺或高比例咖啡纱与其他棉、黏胶纤维纱交织时。应充分考虑不同纱线之间的收缩率,合理设定织造工艺。

②染色:咖啡纱染色有两条路线可供选择。一条为阳离子染料常温常压染色。建议使用缓染剂,染色温度在 85 ℃ 左右。升温温度要低于 1 ℃/min。另外一条为分散染料高温高压染色。但 2 种染色路线染色完毕必须充分还原清洗,以洗净纤维空腔中的浮色。

③定形:面料定形使用低温定形。定形温度不要超过 140 ℃。面料中若含有氨纶,建议使用低温处理;面料中若含棉,建议后整理中使用交链型涤棉亲水整理剂。

(3)咖啡纱主要功能及其产生原理

研究证明,纱线中的咖啡渣颗粒含有纳米级孔洞,形成毛细管效应能迅速吸收人体产生的汗水和水气,并通过孔洞增加扩散面积,而使面料水分迅速挥发;纱线中的纳米级咖啡渣颗粒具有许多微小孔洞,它们能折射、散射甚至吸收紫外线;另外,表面的咖啡渣颗粒也能在纱线上对紫外线形成一定的漫射效果。咖啡纱网眼布的水气蒸发率达 96%,抗紫外线性能(UPF)大于等于 50%,具有优异的功能性。咖啡纱除了具备抵抗 UVA 和 UVB

的能力，还可以避免晒伤，降低因长期日晒造成皮肤疾病的概率。

(4)咖啡纱产品

目前已经推出规格有如下两大类咖啡纱产品。

①长丝类：涤纶 DTY 线密度为：5.5 Tex/48 f(50 D/48 f)、8.3 Tex/96 f(75 D/196 f)、8.3 Tex，72 f(75 D/72 f)、8.3 Tex/36 f(75 D/36 f)。锦纶 DTY 线密度为：7.7 Tex/48 f(70 D/48 f)、13.5 Tex/96 f(140 D/196 f)。

②短纤类：长丝切断加工成规格约为 0.1 Tex(1.5 D)、38 mm 的咖啡纤维再进行纺纱，主要有 29.0 Tex(20 s)、19.5 Tex(30 s)、12.5 Tex(40 s)，其他新产品正在开发中。

(5)咖啡纱的应用

我国台湾一家纺织厂生产的咖啡纱已于 2009 年 7 月获得了瑞士环保机构颁发的欧洲 BLUESIGN 环保认证，并在同年 10 月荣获中国纺织工程学会颁发的 2009 中国纤维纱线科技时尚品牌大奖纱线类品牌创新大奖。咖啡纱及其布料面向市场后得到了许多消费者的喜爱。多家欧美知名服装企业都推出了以咖啡纱为主要原料的系列产品。咖啡纱纺织产品包括：咖啡纱线、咖啡面料、咖啡服装、咖啡被、咖啡鞋垫等，几乎涵盖了纺织服装整个上下游产业链。

13.5.7 咖啡渣在建筑上的利用

咖啡在日常消费和速溶咖啡生产过程中会产生大量的咖啡渣，咖啡渣不但坚硬，口感也差，长久以来被当作废物扔掉。国外有专家选定聚苯乙烯(PS)粉作黏合剂，用 PS 粉将咖啡渣混合起来，用特殊方法进行加工，生成了各种质地坚硬的柱体和板形材料，取名为咖啡渣复合材料。这些复合材料在加工过程中无须使用胶水，也不必使用钉子，因此既不会产生甲醛，成本也更为低廉。咖啡渣复合材料可以在很大程度充当木材的替代品，减少对森林的破坏。该项发明已申请了专利。使用咖啡渣建筑的房子，造价低廉、节约木材、轻便安全，并且采用的是加工的废料，符合环保的理念。

13.5.8 咖啡渣乙醇的生产

研究表明，咖啡渣具有良好生产乙醇的潜力。2009 年有学者利用咖啡作为原料生产出乙醇。咖啡渣生产乙醇的工艺是先将咖啡渣粉碎然后进行酸水解，得到的水解液作为酿酒酵母发酵培养基，乙醇产量可达到 50.1%。咖啡果壳同样具有良好生产乙醇的潜力。有学者研究了使用酿酒酵母生产乙醇，最佳条件是咖啡果壳使用量为 3 g/L，发酵温度 30 ℃，乙醇产量达到(8.49±0.29) g/100g(干基)[(12.6±0.5) g 乙醇/L]。据文献资料表明，使用玉米秸秆、小麦秸秆发酵产生乙醇的量为(5~11 g 乙醇/L)。

13.5.9 咖啡渣生物柴油提取

咖啡渣在用于工业锅炉燃烧时其热值约为 5 000 kJ/kg，这是其他农业工业废弃物无可比拟的。2008 年有学者尝试使用咖啡渣提取咖啡油，并使用酯交换处理方式将咖啡油转化为生物柴油，该过程可产生 10%~15%的生物柴油，其产量取决于咖啡的品种。2010 年同样有学者使用从咖啡渣中提取的咖啡油作原料，采用酶催化转化方式转化生产柴油，转化率可达 98.5%。从咖啡渣中获得的生物柴油是较为稳定的，在超过 1 个月的观察下不变化。从咖啡渣中提取 $3.4×10^9$ gal 的生物柴油计划已经启动。提油后的咖啡渣是理想的花园肥料、乙醇原料和燃料颗粒。

13.5.10 咖啡渣活性炭吸附剂

咖啡渣高温分解后，添加磷酸使之饱和来生产活性炭，具有孔隙结构发达和吸附性高的特点。浸渍比对孔隙结构有很大的影响。2004 年已有磷酸浸泡咖啡渣生产活性炭的报道。2008 年也有使用未处理的咖啡渣从水溶液中除去重金属离子的报道。同时也有咖啡渣用来清除工业生产中亚甲基蓝和其他阳离子的报道。咖啡渣与氯化锌处理可生产活性炭。咖啡渣也可作为一种廉价的、阳离子染料废水的吸附剂。对二价铜离子、镉离子、锌离子的吸附率分别达到 89%~98%、65%~85% 和 48%~79%。对几种未经处理的生物废料进行最高吸附量的对比试验显示，咖啡渣是一种非常适合作清除水溶液中重金属的生物吸附剂。

磷酸活化咖啡渣制备活性炭方法为：以废弃咖啡渣为原料，经 10% 磷酸浸泡，于 600 ℃ 高温活化 1.5 h 制备活性炭。在此最佳条件下，炭化得率为 45.54%，比表面积达 1 058.75 m^2/g，吸附总孔容为 0.531 2 cm^3/g，平均孔径为 1.80 nm，微孔率达 84.85%。SEM、XRD、FTIR 分析表明，咖啡渣经磷酸浸泡活化后直接高温热解，能促进形成类石墨微晶碳结构，活性炭表面疏松且呈现大量微孔。活性炭吸附溶液中 Cr 时，除了与 $Cr_2O_7^{2-}$、$HCrO_4^-$ 等阴离子之间的静电作用，还包括其表面含氧、含氢官能团以及芳香环提供的 π 电子产生吸附作用。

咖啡渣热解自活化的最佳温度为 450 ℃，在活化温度为 600 ℃、真空度为 -0.02 MPa、升温速率为 20 ℃/min、活化时间为 30 min、浸渍比为 1.6 条件制备的活性炭吸附性能最佳，此时活性炭得率为 27.1%，比表面积为 1 250 m^2/g，碘吸附值为 1 398.4 mg/g，亚甲基蓝吸附值为 270.32 mg/g。最佳工艺条件下制备的活性炭吸附 100 mg/L 的 Cr 试验表明，在投加量为 7 g/L，吸附时间为 80 min、pH 值为 3.0 和吸附温度为 15 ℃ 条件下，活性炭对 Cr 的吸附量最大，最大去除率 87%。以咖啡渣为原料，利用碳化与活化反应制备出多孔的碳材料，并利用 X 射线衍射、扫描电子显微镜、Raman 光谱和 N_2 吸附脱附等方法分析该材料的物理化学性质。结果表明：该材料具有较高的石墨化程度；林海等以咖啡渣为原料，结合电子扫描显微镜、红外光谱分析仪和 Zeta 电位仪等研究吸附条件对吸附效果影响及吸附机理。结果表明：pH 值为 4、咖啡渣投加量为 20 g/L 时，咖啡渣对铅离子和锌离子的吸附量最大，分别为 5.49 mg/g 和 12.38 mg/g；吸附反应在 4 h 后达到平衡，可用拟二级动力学模型和 Freundlich 方程拟合。

思考题

1. 简述咖啡的副产品的主要化学成分。
2. 简述咖啡果皮(果肉)生产为有机肥的方法。
3. 简述咖啡果皮茶的制作方法。
4. 简述咖啡果皮酒的加工工艺。
5. 简述咖啡果胶的提取工艺。

6. 简述咖啡果胶糖的制作方法。
7. 如何利用咖啡壳制作食用菌基质？
8. 简述咖啡壳提取酚类物质方法。
9. 如何利用咖啡果皮发酵 TMR 饲料？
10. 如何利用咖啡果胶提取蛋白质？
11. 简述咖啡醋酸的加工工艺。
12. 简述咖啡银皮和咖啡渣的利用。
13. 如何提取和利用咖啡油。
14. 如何从咖啡渣中提取 D-甘露糖？
15. 如何利用咖啡渣生产咖啡纱和提取生物柴油？
16. 简述咖啡渣活性炭吸附剂制作方法。

参考文献

陈治华,2014. 小粒种咖啡初加工与设备[M]. 昆明:云南大学出版社.
顾红惠,杨开正,2010. 咖啡生豆加工与贮存[J]. 云南农业科技(2):58-61.
郭芬,2014. 咖啡深加工[M]. 昆明:云南大学出版社.
韩怀宗,2012. 精品咖啡学[M]. 北京:中国戏剧出版社.
韩怀宗,2017. 世界咖啡学[M]. 北京:中信出版集团.
华南热带农业大学,1996. 化工原理[M]. 北京:中国农业出版社.
黄家雄,2009. 小粒种咖啡标准化生产技术[M]. 北京:金盾出版社.
柯明川,2013. 精选咖啡[M]. 北京:旅游教育出版社.
李晓娇,付文相,陈建瑞,等,2019. 酒石酸法提取咖啡果胶工艺研究[J]. 广州化工,14(47):98-100.
李晓娇,付文相,杨丽华,等,2019. 云南小粒咖啡果皮中果胶的提取及其水解物抑菌活性研究[J]. 食品工业科技,41(11):79-84.
刘光华,张星灿,2010. 从深山走向世界的云南咖啡——云南咖啡种植、加工及经营[M]. 昆明:云南人民出版社.
龙宇宙,2007. 热带特色香辛饮料作物产品加工与利用[M]. 海南:海南出版社.
罗娅婷,张国忠,谢恩翰,等,2018. 咖啡果皮茶制作工艺初步研究[J]. 普洱学院学报,12:2095-7734.
莫丽珍,李姝谚,高应敏,等.2012. 咖啡的精品时代[J]. 热带农业科学,32(12):94-96.
莫丽珍,闫林,董云萍,2012. 小粒种咖啡高产优质栽培技术图解[M]. 昆明:云南人民出版社.
欧阳欢,2006. 咖啡研究历程和展望[J]. 农业与技术(4):58-60.
邵俊,沈丽,张志众,等,2019. 磷酸活化咖啡渣制备活性炭及其表征[J]. 非金属矿,42(3):92-95.
王金豹,2011. 咖啡图鉴[M]. 北京:化学工业出版社.
王庆煌,2012. 热带作物产品加工技术与原理[M]. 北京:科学出版社.
王欣,2007. 咖啡大全[M]. 哈尔滨:哈尔滨出版社.
文志华,2011. 咖啡初加工技术[M]. 昆明:云南科技出版社.
曾凡逵,欧仕益,2014. 咖啡风味化学[M]. 广东:暨南大学出版社.
詹姆斯·霍夫曼,2016. 世界咖啡地图[M]. 北京:中信出版社.
张丰,董文江,王凯丽,等,2015. 云南不同地区烘焙咖啡豆挥发性成分的HS-SPME/GC-MS分析[J]. 食品工业科技,36(11):273-280.
张箭,2006. 咖啡的起源、发展、传播及饮料文化初探[J]. 中国农史(25):22-29.
[日]田口护,2009. 咖啡品鉴大全[M]. 沈阳:辽宁科学技术出版社.
CHARIS M. GALANAKIS,2017. Handbook of Coffee Processing By-Products[M]. Academic Press.
PEREIRA G V D M, NETO D P D C, JUNIOR A I M, et al., 2019. Exploring the impacts of postharvest processing on the aroma formation of coffee beans - A review[J]. Food Chemistry, 272(30):441-452.

JANISSEN B, HUYNH T, 2018. Chemical composition and value-adding applications of coffee industry by-products: A review[J]. Resources, Conservation and Recycling.

PREEDY V R, 2015. Coffee in Health and Disease Prevention[M]. London: Academic Press.

SUNARHARUM W B, WILLIAMS D J, SMYTH H E, 2014. Complexity of coffee flavor: A compositional and sensory perspective[J]. Food Research International, 62: 315-325.